짜맞춤
그 견고함의 시작

짜맞춤
그 견고함의 시작

ⓒ 백만기 · 김랑 · 김지우 2023

초판 인쇄일 2023년 11월 7일
초판 발행일 2021년 11월 15일

지은이 백만기 · 김랑 · 김지우
편집 변상원 · 김동준 · 김현주
펴낸이 김지영   **펴낸곳** 지브레인
마케팅 조명구   **제작** 김동영

출판등록 2001년 7월 3일 제2005-000022호
주소 (04021) 서울시 마포구 월드컵로7길 88 2층
전화 (02)2648-7224   **팩스** (02)2654-7696

ISBN 978-89-5979-787-5(13630)

- 책값은 뒷표지에 있습니다.
- 잘못된 책은 교환해 드립니다.
- 해든아침은 지브레인의 취미 · 실용 전문 브랜드입니다.

짜맞춤

그 견고함의 시작

백만기 · 김랑 · 김지우 공저

해든아침

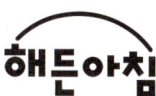

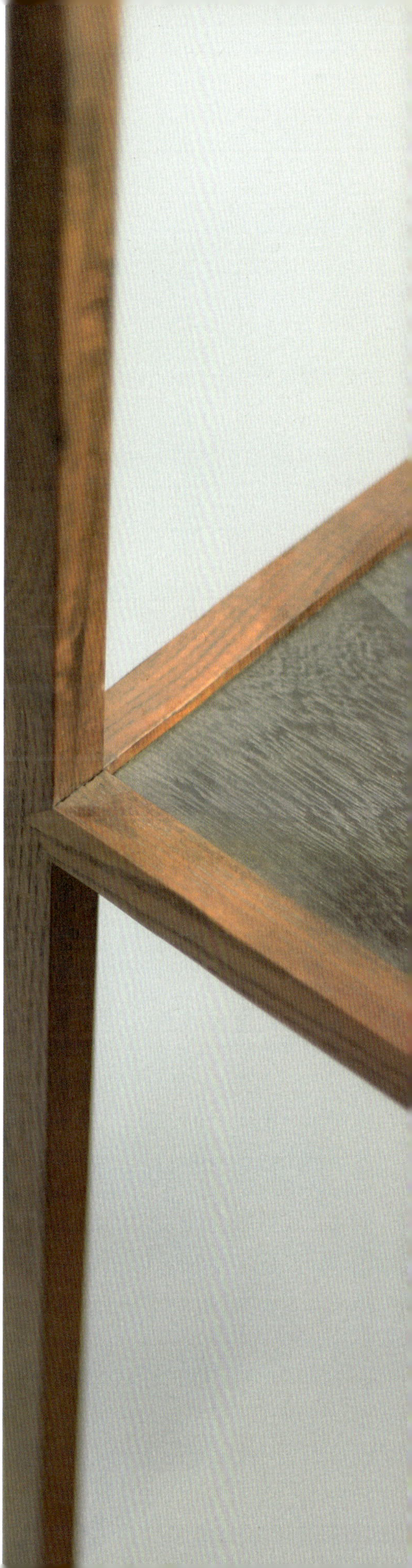

목차

작가의 말　　　　　　　　　7
일러두기　　　　　　　　　11
제작 수공구 알아보기　　　12
목재에 대해서　　　　　　16

intro

1. 대패의 이해　　26
　　1) 대패의 구조　　　　　　　　26
　　2) 대패질이 잘 안 되는 4가지 원인　27
　　3) 덧날의 중요성　　　　　　　29
　　4) 대패집에서 날물 빼기　　　　31

2. 어미날 갈기　　32
　　1) 어미날 뒷날 갈기　　　　　　33
　　2) 사용한 숫돌을
　　　 면잡이 숫돌로 평잡기　　　　39
　　3) 어미날의 각도와 앞날 배잡기　41
　　4) 어미날 앞날 갈기　　　　　　45

3. 덧날 갈기　　51
　　1) 덧날 뒷날 갈기　　　　　　　51
　　2) 나무의 결(무늬)과 덧날의 이해　56
　　3) 덧날의 앞날 갈기　　　　　　59

4. 대패질하기　　62
　　1) 대팻집에 날물 끼워 넣기　　　62
　　2) 대패 바닥 평 잡기　　　　　　63
　　3) 대패질의 이론적인 이해　　　65
　　4) 대패질의 자세　　　　　　　70

5. 4면 각재 뽑기　　　　73

1) 대패질 복습하기　　　　73
2) 부재가 수평이 맞는지 확인하는 요령　　　　76
3) 대패를 이용해서 각재 뽑기　　　　80
4) 대패의 필요성　　　　86

6. 톱　　　　90

1) 칼금 긋기 요령　　　　91
2) 톱질연습용 칼금 긋기　　　　93
3) 직선 톱질 연습　　　　96
4) 사선 톱질 연습　　　　104

7. 끌　　　　107

1) 끌의 날에 대해　　　　107
2) 끌의 날 갈기　　　　108
3) 끌질의 자세　　　　109
4) 끌질의 요령　　　　111

8. 제비촉 장부 맞춤　　　　114

1) 결구법 학습에 앞서……　　　　114
2) 부재 준비　　　　118
3) 칼금 긋기　　　　121

9. 톱과 끌로 가공하기 (제비촉 장부 맞춤)　　　　140

1) 시작하기 전에　　　　140
2) 암장부 가공하기　　　　141
3) 앉아서 톱질하기　　　　150
4) 숫장부 가공하기　　　　156
5) 조립하기　　　　163

10. 연귀 장부 맞춤　　　　166

1) 시작하기에 앞서　　　　166
2) 연습용 부재 준비 및 칼금 긋기　　　　169
3) 톱과 끌로 가공하고 다듬기　　　　176
4) 조립하기　　　　180

11. 주먹장　　　　　185

1) 주먹장의 특징　　　　　185
2) 암수 장부의 결정-목재 변형의 이해　187
3) 부재 톱질하고 마구리면 대패질하기　189
4) 숫장부 가공하기　　　　　193
5) 암장부 가공하기　　　　　205
6) 조립하기　　　　　211

12. 사괘 맞춤　　　　　215

1) 사괘 맞춤의 이해　　　　　215
2) 부재 준비 및 칼금 긋기　　　220
3) 부재 가공하기　　　　　230
4) 조립하기　　　　　235

13. 삼방 연귀 맞춤　　　　　236

1) 삼방 연귀의 이해　　　　　236
2) 부재에 칼금 긋기　　　　　238
3) 가공하기　　　　　244
4) 조립하기　　　　　253

14. 숨은 주먹장　　　　　256

1) 결구법 연습에 앞서　　　　　256
2) 부재 준비 및 숫장부 칼금 긋기　260
3) 숫장부 가공하기　　　　　265
4) 암장부 칼금긋기 및 가공하기　269
5) 나머지 부분 가공하고 조립하기　274

찾아 보기　　　　　280
QR 코드　　　　　282

작가의 말

나에게 가구란 무엇일까

저는 목수와 소목일을 하셨던 선친의 모습을 곁에서 지켜보며 자랐습니다. 그 당시의 기술자들이 대부분 그러했듯이 목수 아버지를 가장으로 둔 저희 집도 궁핍한 생활고를 겪는다는 점에서는 다른 가정과 별반 다르지 않았지요. 더욱이 선친께서 고된 노동으로 지친 심신을 술로 달래는 모습을 가까이서 지켜보며 저는 목수일은 결코 하지 않겠다고 수 차례 다짐을 했고, 그 다짐대로 평범한 직장인이 되어 사회생활을 해 왔습니다.

결혼을 하고, 아이가 생겼습니다. 그 사랑스러운 아이들을 위해 저렴하면서도 예쁜 기성 가구들을 사 주었죠. 하지만 공장 가구의 유해성을 알게 된 후로 저는 차마 더 이상 유해 물질을 뿜어대는 기성 가구들을 사줄 수 없었습니다. 결국 어려서부터 어깨 너머로 배웠던 기술을 이용해 필요한 가구들을 하나씩 직접 만들기 시작했습니다. 피는 속이지 못하는 걸까요. 목수의 아들로 자란 내가 아닌가? 이왕이면 일부분이라도 짜맞춤 기술을 이용해 가구를 만들고 싶어졌습니다. 그 과정은 몹시도 힘들었습니다. 하지만 아이들을 위하는 마음이 스며들고 나만의 이야기가 담긴 가구를 만드는 일의 매력에 저도 모르게 점점 빠져들게 되었습니다.

한발 더 나아가 내구성까지 갖춘 짜맞춤 가구를 좀 더 효율적으로 만들고 싶은 생각이 들어 결국엔 전국에 유명하신 분들을 찾아 다니며 가공법, 목재, 마감, 칠, 기계 장비 등을 연구하고 배우다가 마침내 조석진 선생님과의 인연이 닿아 은사로 모시게 되었습니다.

그 과정에서 많은 선생님들을 만나 뵈면서 우리나라 전승 가구 분야의 비참한 현실도 알게 되었습니다. 선조들의 피와 땀으로 이어온 목재에 대한 감성과 수작업 정신은 효율만을 우선시하는 근대화 시대를 거치며 생산성과 이윤의 극대화라는 거대한 흐름에 쓸려 내려 갔습니다. 그 결과 세계 최고의 기술을 가지신 분들이 생계를 걱정해야 하는 사회 환경과 명맥만 근근이 이어지고 있는 짜맞춤 기술의 현주소에 통탄을 금하지 않을 수 없었습니다.

짜맞춤 가구를 계승, 발전시키기 위해 무언가 대안이 있을 거라는 막연한 기대감에 동분서주하던 저를 보시고 조석진 선생님께서는 이러한 제반 문제들을 해결하기 위해서는 결국 저변확대가 급선무라는 말씀을 하셨습니다. 또한 당신이 가지고 있는 모든 기술을 알려 줄 테니, 대신 도제식 교육처럼 기술을 가르치는데 있어 숨기거나 뜸들이지 말고 짜맞춤 기술을 배우고자 하는 사람들에게 전부를 아낌없이 알려줄 것을 당부하셨습니다. 선생님과 저와의 작은 약속이 맺어진 것입니다.

이 약속을 시작으로 짜맞춤 가구 관련 기술의 보급과 저변확대를 저의 사명으로 삼게 되었고, 이것이 분명히 보람 있는 일이란 확신으로 미약한 힘이나마 진심을 다해 매진하다 보니 어느덧 짜맞춤 전수관도 운영하고 사단법인 한국짜맞춤가구협회까지 설립하게 되었습니다.

그리고 전수관과 협회를 통해 회원 분들에게 짜맞춤 기술을 전수함과 동시에 불특정 다수에게 모든 자료들을 공개했습니다. 그러다 보니 저는 어느덧 다양한 온/오프 라인의 활동을 통해 짜맞춤 가구를 알리고 저변을 확대하는 일선에 서게 되었습니다. 이러한 활동들이 일반인들에게도 많이 알려지면서 짜맞춤 가구와 수공구의 저변확대를 위한 일들이 어느 정도 궤도에 올라섰고, 한 걸음 더 발전할 수 있는 토대가 마련되었습니다. 이에 전국에서 짜맞춤 관련기술이 필요한 모든 사람들과 체계적으로 공유하기 위해, 그리고 오래 전부터 제게 쏟아졌던 책자를 만들어 달라는 수많은 요청들에 답하기 위해 짜맞춤 기술과 수공구에 관한 가장 기초적이고 핵심적인 노하우를 담아 이 책을 출간하게 되었습니다.

가구에 대한 저의 생각은 실용성과 내구성이 있어야 하고, 멋(디자인,만듦새)이 있어야 하며, 더불어 가구 제작 과정에 이야기가 있고 정성이 스며들어 있어야 된다고 생각합니다. 그런데 우리나라 전승가구를 보면 내구성도 좋고 아름답지만 좌식문화에서 입식문화로 생활환경이 바뀌면서 실용성 면에서는 시대의 요구에 부응하지 못해 외면당하고 있으며, 이윤과 생산성에 집착하다 보니 가구에 담아낼 이야기와 정성도 부족한 상황입니다. 따라서 예전 가구를 그대로 복원해서 만드는 것도 중요하지만 한발 더 나아가 현대 생활에 맞는 디자인 변화도 절실하다고 생각됩니다. 이에 기술적인 노하우는 앞으로 출간될 책자들과 동영상 등을 통해 평준화시키고, 목공 선진국에 항상 뒤처지고 있는 디자인에 대한 부단한 집중과 가구에 감성을 담는 노력을 기울여야 한다고 생각합니다.

가구를 제대로 만드는 목수라면 하나의 가구가 탄생하기까지 나무의 수종을 선택하고 결구법과 구조를 고민하면서, 한 점의 가구 안에 어떤 이야기와 정성이 들어가는지를 잘 보여주고 알려야 합니다. 또한 이러한 문화와 풍토가 정착되면서 선진국처럼 가구의 가치를 모든 사람들이 알고 인정해 주는 사회가 되어야 한다고 생각 합니다.

과거의 목수는 한 가족의 생사가 달린 처절함 속에서 온갖 고뇌를 이겨내고 예술로 승화시킨 업이었으며 수없이 많은 시행착오와 경험이 쌓여 목재를 이해하는 결구를 통해 잘 익은 목재와 목수의 손맛이 보태어 감칠맛 나는 가구를 탄생시켰습니다.

이제 현대 목수는 전승가구의 정체성을 고민하고 짜맞춤 기술을 체계화하여 전달하는 토대가 되어야 하고 목리와 대화하고 소통할 수 있는 감성목수가 되어야 합니다.

저는 이 책을 통해 우리나라 전통가구의 우수한 내구성과 멋을 계승하고, 실용적인 면을 발전시켜 진정한 짜맞춤 가구를 만들 수 있는 현대 목수를 양성하고 짜맞춤 가구를 사랑하고 관심을 갖는 사람들과 공유하기 위한 초석이 되고자 합니다.

돌아보면 저의 지난 10여년은 짜맞춤 가구의 계승발전을 사명으로 삼아 지내온 시간이었습니다. 그리고 앞으로 10년은 우리나라 짜맞춤 가구가 세계화 될 수 있도록 노력하는 데 바치려 합니다.

책이 발간될 수 있게 결정적인 도움을 주신 일산 공간 갤러리 문재철 관장님과 정무용 선생님, 변상원님, 안정호님께 진심으로 감사 드리며 조교로 참여한 최준, 정용현, 안성환 군도 수고 많았습니다.

짜맞춤 전수관에서

백만기

작가의 말

가구를 만드는 방식은 다양합니다.
이를 100이라고 보면 이 책에서 보여드릴 수 있는 건
단 하나에 불과합니다.
하지만 나머지 99를 받아들이고 이해하는데
그 하나가 꼭 필요한 출발점이자 밑바탕이 될 것입니다.
나아가 이 책이 단순히 가구를 제작하는
'기술의 습득'에 그치지 않기를 바랍니다.
짜맞춤은, 매우 느립니다.
힘겨울 수 있는 수작업을 통해
지친 자신의 마음을 다독이고,
그를 통해 만들어낸 작은 가구 하나가
또 다른 누군가의 마음을 치유할 수 있기를 기대합니다.

김지우

짜맞춤.
특별한 사람들만 하는 것은 아니지 않을까요?
처음 나무를 만졌을 때의 설레임은 잠시 내려놓고
차분하게
천천히
열심히 합시다

김랑

일러두기

이 책은 인천 소재의 〈짜맞춤전수관〉에서 진행되는 '입문자 과정'의 내용을 담고 있습니다. 전수관에서는 2달이 소요되는 교육 과정입니다. 기본적인 수공구의 이해와 사용법을 배우고, 이를 활용한 핵심적인 6가지 결구법을 배우고 몸에 익히게 됩니다.

글과 사진만으로 모든 내용을 이해하기 어려울 거라 판단하여, 각 파트 별로 동영상을 제작했고 그 동영상은 이 책에 수록된 QR 코드를 스마트폰으로 찍으시면 보실 수 있습니다. 책과 동영상을 병행하여 연습하시고, 혹시 미흡하거나 이해가 안 되는 내용이 있으시면 네이버 카페 〈니들목 기구 만들기〉에 문의하시거나 연락주시면 감사하겠습니다.

본문 중에는 초보이신 분들이 쉽게 접근하기 어려운 내용들도 있습니다. 대패의 세팅과 배잡기 등에서 어려움이 있으실 것이고, 마구리대나 나무연귀자 등 손수 제작하거나 구하시기 어려운 도구들도 있을 거라 여겨집니다. 역시 카페에 문의 주시면 감사하겠습니다.

이 책의 다음 시리즈는 여기서 배운 결구법을 사용해서 실제 가구를 만드는 과정을 처음부터 끝까지 다룰 예정입니다. 이를 위해 이 책의 내용을 성실하게 연습해 보시기를 권장 드립니다. 또한 전수관의 교육 과정에 맞게 2달 정도 기간에 걸쳐 연속해서 연습해 보시는 것도 좋을 것입니다.

감사합니다.

한국짜맞춤가구협회 www.zzamachum.kr
짜맞춤전수관 www.zzamachum.com

제작 수공구 알아보기

짜맞춤 가구 제작에 필요한 기본 수공구이다. 한번 구매하면 오래 사용하는 것이기에 신중하게 구입하는 것이 좋다.
본인의 작업에 적합한 것을 골라야 여러번 구매하는 낭비를 막을 수 있다.

등대기 톱

주로 세공용 톱으로 사용하는 옥조 등대기 톱이다. 전체 길이는 600㎜와 540㎜가 있으며 톱날의 길이는 240㎜ 정도이다.

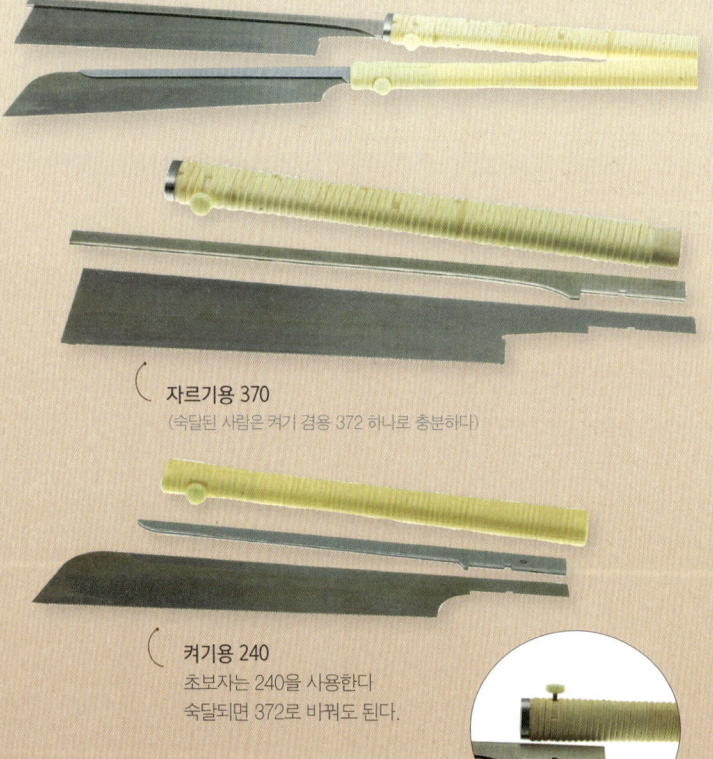

톱자루, 등, 톱날로 구성되어 있다.
톱날 두께 0.3㎜, 톱니 두께 0.5㎜

자르기용 370
(숙달된 사람은 켜기 겸용 372 하나로 충분하다)

1. 톱날과 등을 조립할 때 홈이 꼭 일치하도록 맞춘 뒤 자루에 끼워 사용한다. 그렇지 않으면 사용하다 톱날이 빠지거나 부러질 수 있다.
2. 칼금을 스치며 톱질하기 위해서는 가이드는 항상 칼금의 반을 가리고 톱질해야 한다. 날 두께보다 톱니가 약간 더 두꺼워 가공 시 더 넓게 가공되기 때문에 항상 약간 안쪽으로 가공되는 것을 잊어서는 안 된다.

켜기용 240
초보자는 240을 사용한다
숙달되면 372로 바꿔도 된다.

끌

4, 6, 8, 12, 16㎜가 주로 사용된다.

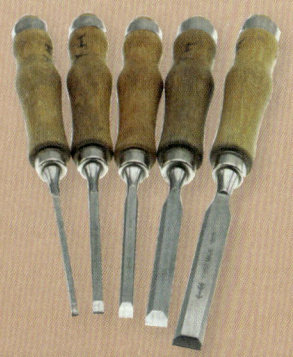

페일사의 끌은 연마가 쉬우면서 날물이 잘 버티기 때문에 많이 사용하며 고각 타격용, 저각 밀끌용으로 전환이 쉽다.
또한 날물이 길어 오래 사용할 수 있어서 가격 대비 성능이 우수하다.

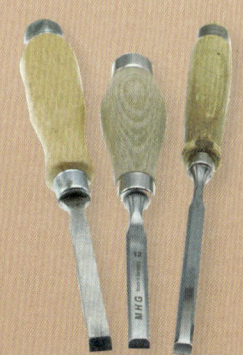

투체리, MHG 끌도 많이 사용한다. 특수목을 가공할 때는 사진 맨 왼쪽의 특수 열처리 끌을 사용한다.

대패

나들목 대패
특수목을 가공하기 위해 하이스강 대팻날을 특수 열처리하여 제작한 대패이다. 날물이 질겨 일제 고가 대패보다 훨씬 잘 버티고 가공성도 좋다.
길이 330mm, 폭 83mm, 두께 39mm, 무게 1230g
웬지 같은 특수목을 가공할 경우 고속도 열처리 대패가 필수이다.

단대패
65mm 단대패 : 길이 273mm, 폭 80mm, 두께 39mm, 무게 1130g
70mm 단대패 : 길이 273mm, 폭 87mm, 두께 39mm, 무게 1230g
일제 대패는 다양한 사이즈, 다양한 소재의 대패가 많지만 가격 거품이 심할 수 있다.
욱부사 제품은 가격 대비 성능이 괜찮은 대패이다. 초벌용으로 65mm, 마무리용으로 70mm를 사용한다.

장대패
길이 396mm, 폭 88mm, 두께 39mm, 무게 1600g
무겁고 바닥의 평을 잡기 어려워 많이 사용하지는 않지만 목재의 수평을 정교하게 잡을 때 사용한다.

턱대패
숨은 주먹장의 머리 연귀 가공 시 유용하다.

그무개

작업의 효율성을 위해 3개 이상 필요하다.

기성품

자작 그무개

정교한 작업을 위해 두 가지(왼쪽 날, 오른쪽 날)를 사용하는 것이 좋다.

자

철자
필요에 따라 150㎜, 600㎜, 1000㎜를 사용한다.
하나만 구입할 경우 300㎜가 적당하며 다소 길거나 짧아도 상관없다.

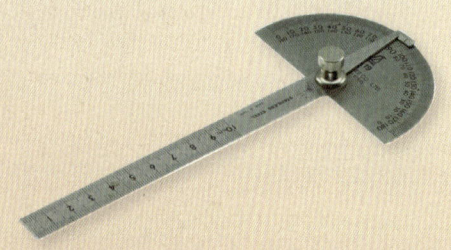

분도기
원하는 각도를 맞춘 다음 자유 각도자에 각도를 옮기기 위해 필요하다.

직각자
정밀한 검사 및 칼금을 긋기 위해 마쯔이 JIS2 등급 이상의 정밀한 직각자를 사용하는 것이 좋다.

연귀를 금긋기 칼로 그리고 체크할 때 필요하다

연귀자
스테인리스 재질이 좋다. 알루미늄으로 제작된 것은 금긋기 칼에 깎여 정밀하게 사용하기 힘들다. 신와 등의 제품을 많이 쓴다.

나무 연귀자
직각이나 연귀 톱질할 경우는 가이드로 나무 연귀자를 만들어서 사용한다.

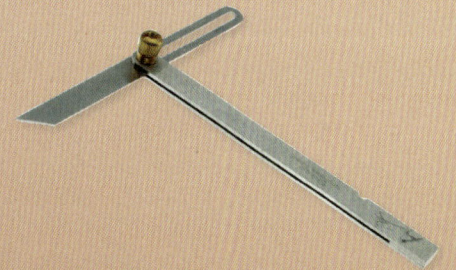

자유 각도자
필요한 각도의 사선으로 칼금을 그을 때 사용한다.

줄자
목재를 고를 때나 사이즈 측정 시 사용한다.

금긋기 칼(먹금칼)

칼금을 그을 때 사용한다.

 기성품

 자작 금긋기 칼
(조석진 명장이 사용하던 금긋기 칼)

기타

직각끌
주로 20~30mm 사이의 제품을 사용한다.

장구망치
350~500g 정도가 좋다.

숫돌(1000번, 6000번)
초벌용과 마무리용이 필요하다. 물숫돌 외에도 세라믹 숫돌, 자연석 등을 사용해도 된다

목공 샤프 펜슬
목공 작업의 특성상 심이 잘 부러지지 않고 경우에 따라 세밀하게 깎아 쓰기 위해 심 두께 2mm를 사용한다.

공구 박스
전체 수공구를 한 곳에 수납하기 편리하다.

온라인 구입처
신우 종합상사 (http://www.shtp.co.kr/)
그림툴스 (blog.naver.com/csblue1)

목재에 대해서

개인적으로 가구를 만들 때 어려운 문제 가운데 하나가 목재의 수급이다. 원목 가구에 대한 관심이 높아지면서 필요로 하는 수종도 다양해지고, 목재의 품질에 대한 눈높이도 높아져 가고 있다. 인터넷을 통해 원하는 사이즈 대로 목재를 재단해서 배송해주는 업체들이 있지만 비용 부담 등으로 인해 목재 구입이 원활하지 않다. 여기서는 목재의 수입과 제재, 그리고 유통되는 과정을 간략하게 설명해서 목재 구입에 도움이 되고자 한다.

1. 벌목 및 수입

북미 벌목장
제재용, 무늬목용 등 용도에 맞는 목재를 선별해서 구입한다. 선별된 목재는 컨테이너로 수입된다.

동남아 원목
동남아 원목 역시 수종과 사이즈, 목재 상태 등을 확인하고 선별 후 컨테이너로 수입된다.

2. 제재 및 건조

제재소 전경
수입된 원목들은 인천 북항 원목 야적장을 거쳐 매매가 되면 제재소로 이동된다.

제재소에 있는 다양한 원목들

목재 고르기

정상적으로 건조되면서 크랙이 생긴 단면   회돌아 썩은 목재 단면   나이테를 따라 회돌은 목재

제재소에서 목재를 구입할 때는 두 번째와 세 번째 사진처럼 회돌은 것은 피한다. 나이테에 수직으로 생긴 균열은 건조 시 자연스러운 현상이지만, 나이테처럼 동그란 균열은 문제가 있는 목재로 회가 돌았다(혹은 테가 돌았다)고 말한다.

제재할 목재는 지게차로 대차에 올릴 수 있도록 준비한다.

제재할 목재를 대차 위에 고정한다.   대차를 전진 후진하며 원하는 두께로 1차 가공한다.

제재가 끝난 판재들이 레일을 타고 번들로 쌓는 곳으로 이동.

판재로 사용할 경우는 그대로 쌓아 자연 건조하거나, 인공 건조장으로 보낸다.

각재 등 다른 사이즈의 목재로 만들기 위해서는 중형 제재기에서 2차 가공한다.

제재 후 자연 건조 중인 목재들.

특수목, 느티용목, 국산목 등을 구입할 경우 벌목작업, 이동, 제재, 건조, 보관, 변형에 의한 로스 등에 많은 비용과 시간이 들어가기 때문에 신중하게 접근해야 한다. 보통은 제재하여 잘 건조된 목재를 구입해서 사용하는 것이 좋다.

먹감 통목
특수목, 국산목 등은 벌목 작업을 하거나 직접 원목을 구입하여 제재소로 이동시킨다.

느티 용목을 체인쏘로 재단하는 모습

국산목의 체인톱 작업

특수목, 국산원목을 제재하기 위해서는 제재 작업의 효율성, 목재 상태 등을 고려하여 적당한 사이즈로 1차 가재단한 후에,

제재에 들어간다

물방울(퀼트) 무늬 특수목 제재

먹감 제재

제재를 마친 먹감 떡판

제재소의 다른 풍경. 큰 제재소에는 날물을 연마하고 수리하는 업체가 같이 있다. 이곳에서 사용하는 대형 톱날 자동 연마 기계.

대형 제재 톱날 초경팁 용접기.

제재시 원목에 이물질(돌, 못 등)이 있어 제재톱날에 손상이 가면 위 사진과 같이 수리한다
(수리비는 원목 주인이 부담하고 약간 손상시 8만원정도, 톱 전체가 손상되면 30만원까지 추가 지불해야한다)

제재목 사이에 산대를 넣으면서 쌓고 1년 이상 자연건조시킨다. 세워서 건조하거나 선풍기를 틀어 놓으면 더 빠르게 건조가 되지만, 이 경우 목재의 변형 등을 조심해야 한다.

자연 건조시키는 번들. 자연 건조만 한다면 몇 년이 걸리기 때문에 인공 건조를 병행하는 것이 좋다.

건조장에 도착한 제재목들은 일일이 수작업으로 산대를 넣는다.

산대를 넣은 번들을 건조장에 넣는다.

건조장 내부 모습

목재의 수종과 두께에 따라 온도와 기간을 설정하여 건조해야 한다. 국내 대부분의 건조장은 수종에 상관 없이 단시간에 건조시키기 때문에 크랙과 변형이 발생한다. 따라서 인공 건조 시 심사숙고해야 한다.

건조가 완료되면 꺼내서 다시 자연 건조 후 사용한다.

인공 건조장에서 건조 기간은 열흘에서 보름 정도 소요된다. 랜덤으로 건조하기 때문에 변형이나 할렬을 감수해야 한다.

3. 수입 업체에서 바로 구입하기

가구용 목재 수급 시 가장 좋은 방법은 수입되는 번들 제품을 구입하는 것이다. 국내 최대 규모의 북미산 하드우드 수입 업체.

창고에 보관 중인 북미산 하드우드.

목재 하역 작업 모습.

번들로 쌓여 있는 북미산 하드우드.

판재의 두께, 등급, 생산국, 건조방식 표기.

8/4(환산하면): 즉 두께 2인치
ROK: 레드오크약자
FAS: FIRST & SECOND 목재 수율 85% 정도의 등급
KD: Kin Dry 인공건조방식

필요한 목재를 주문하면 해당 목재들을 지게차로 꺼내 산매 창고로 이동한 후

산매 창고에서 주문량에 맞춰 덜어낸다.

주문 내용에 맞춰 택배 혹은 용차로 발송.

산매 창고에 있는 레드오크 집성판. 하드우드를 집성하여 사용하는 것도 까다로운 작업이므로 손쉽게 판재를 사용하려면 집성된 것을 사용하는 것도 좋다. 질도 좋고 변형도 적지만 무늬와 집성폭을 맞출 수 없다는 단점이 있다.

원스톱 구매를 돕기 위해 구비되어 있는 각종 각재들.

소프트우드 집성판들.

다양한 용도와 규격의 합판들.

1. 대패의 이해

1) 대패의 구조

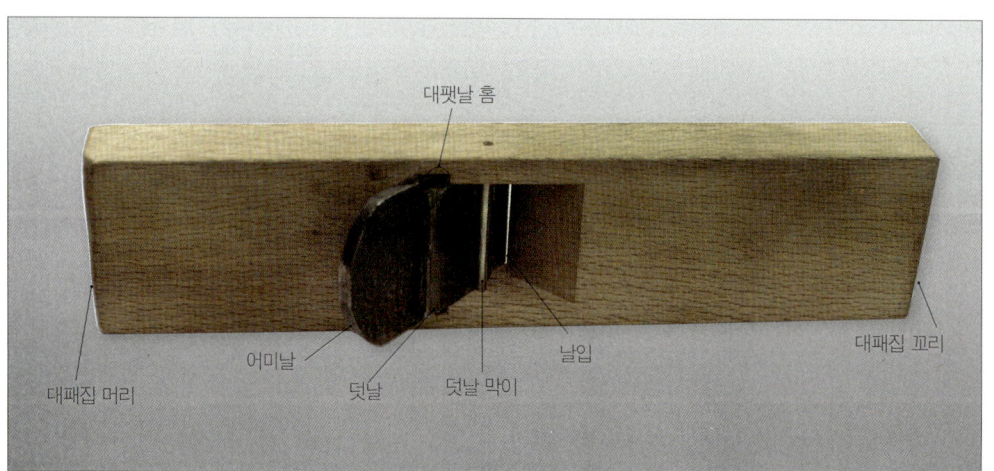

대패는 대팻집에 어미날과 덧날이 끼워져 있는 단순한 도구임에도 처음 접하는 사람에겐 가장 어렵게 느껴지는 수공구이다. 초보자들은 물론이고, 가구를 오래 만들어온 사람들조차도 다루기 쉽지 않은 수공구로, 익숙해지기 위해서는 많은 노력과 시간이 필요하다.

> 대부분의 사람들에게 대패가 어렵게 느껴지는 가장 큰 이유는 대패를 이루고 있는 구조의 핵심에 접근하지 못하기 때문이다. 그럼에도 불구하고 이것에 대해 누구도 명확하게 설명해 주지 않는다.

대팻날을 갈기에 앞서 이론부터 살피는 것은 대패의 기본적인 내용과 기초를 잘 숙지하지 않으면 대패가 어렵다는 생각을 떨칠 수 없기 때문이다. 다음의 사진을 보자.

대패 바닥과 날입.

물매각, 어미날 각, 덧날 각도.

대패의 날이 나와 있는 바닥의 모습으로, 목재의 표면을 깎는 면이다. 보이는 대로 평평한 대패 바닥에 날의 끝이 살짝 드러나 있는 단순한 구조다. 지금부터 사진들을 통해 대패의 중요한 핵심 사항들을 짚어볼 예정이다.

2) 대패질이 잘 안 되는 4가지 원인

대패질을 하기에 앞서 대패질이 잘 안 되는 원인부터 알아보자. 대패의 구조나 날물에 대한 이해 없이 무작정 날물을 가는 것은 무의미하다. 먼저 대패에 끼워져 있는 것처럼 두 개의 날물을 겹쳐

보고, 성공적인 대패질을 위한 필수적인 요소들을 살펴보자.

① 날물이 예리해야 한다

집에서 사용하는 부엌칼을 비롯해서 모든 날물의 날은 예리하지 않으면 존재의 의미가 없다. 대패 역시 어미날이 목재를 잘 깎으며 전진하기 위해서는 날물이 예리해야 한다.

② 어미날과 덧날 사이에 틈이 없어야 한다

대패질이 원활하게 되기 위해서는 대팻밥이 어딘가에 끼거나 정체되지 않고 자연스럽게 외부로 빠져 나가야 한다. 만약 어미날과 덧날 사이에 대팻밥이 끼게 되면 대패질이 제대로 될 수 없다. 숫돌에 어미날과 덧날을 갈 때도 반드시 염두해야 할 사항이다.

③ 어미날이 날입보다 크면 안 된다

대팻밥은 어미날과 덧날 사이에만 끼는 것이 아니다. 대팻집과 날물 사이에 대팻밥이 남아 있으면 정밀한 대패질을 할 수 없다. 사진을 보면 날의 오른쪽의 경우 어미날의 모서리 부분이 대팻날 홈을 덮고 있고, 왼쪽은 날물과 대팻날 홈 사이에 공간이 있다. 왼쪽은 그 공간으로 대팻밥이 빠져나가지만, 오른쪽은 대팻밥이 배출될 공간이 없어 계속 끼고 뭉치게 된다(이 경우 그라인더로 날물의 모서리 부분을 갈아줘야 한다).

④ 대패 바닥의 평이 정확히 잡혀 있어야 한다

대팻집은 나무로 이루어져 있어 뒤틀리거나 휘어진다. 아무리 단단하고 잘 마른 목재라도 언제든지 휠 수 있다. 대패 바닥의 평이 깨어진 상태에서 정교한 대패질이 될 수 없다.

초보자가 흔히 하는 경험 중에는 바닥을 보면 분명히 날이 나와 있는데 대패질이 되지 않는 경우가 있다. 이럴 때 대패 바닥을 확인하는 대신 어미날을 점점 더 내어 억지로 힘을 줘서 대패질하는데 그 결과 시작하는 부분과 끝나는 부분만 대패질이 되고 다음 그림처럼 양 끝 부분만 많이 깎이게 된다.

대패 결과물.

경우에 따라 대패질이 어느 부분만 두껍게 되거나 부재의 표면이 회복 불가능할 정도로 뜯기기도 한다.

나무의 뒤틀림과 휨, 수축과 팽창은 보통 사람들이 상상하는 것 이상이다. 대팻집은 가시나무(참나뭇과)라는 단단한 목재로 만들어진 것인데도 불구하고 많은 변형이 있다. 또한 대패집의 구조상 어미날이 대패 바닥 쪽으로 압력을 가하기 때문에 바닥의 변형은 항상 진행되고 있다고 생각하고, 하단자로 대패 바닥의 평을 사용 전에 꼭 확인한다.

3) 덧날의 중요성

그런데 한 가지 의문이 든다. 목재를 깎는 건 어미날인데 왜 굳이 또 다른 날인 덧날이 필요할까? 동양 대패를 이해하는 데 중요한 사항이므로 지금부터 덧날의 기능에 대해 자세히 살펴보자.

덧날의 기능은 크게 세 가지다
① 덧날은 어미날이 움직이지 않도록 고정시키는 쐐기의 역할을 한다. 아무리 날을 예리하게 갈

고 바닥의 평을 잡아서 올바른 자세로 대패질해도, 대팻날이 고정되지 못하고 움직인다면 아무런 소용이 없다.

② 덧날은 대팻밥이 자연스럽게 배출되도록 도와주는 기능을 한다. 대팻밥이 계속 날물 사이나 날물과 대팻집 사이에 낀다면 정밀한 대패질은 불가능하다.

③ 덧날은 스토퍼 기능을 한다. 어미날이 목재의 결을 따라 파고 들어가서 목재의 표면이 뜯기는 것을 방지하는 기능이다. 이해를 돕기 위해서 나무의 무늬와 결을 좀 더 알아보자.

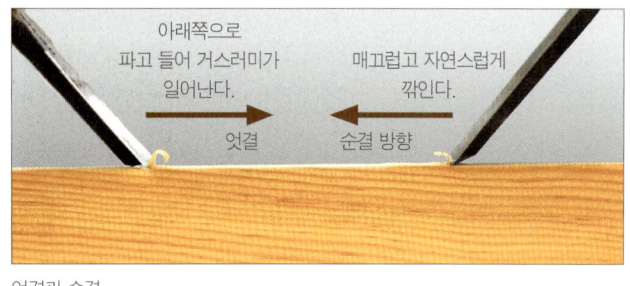

엇결과 순결.

나이테는 그저 일 년에 한 줄씩 그어지는 선이 아니다. 나이테를 비롯한 나무의 결은 우리가 생각하는 것보다 훨씬 단단하고 질긴 섬유질이다. 그 결을 이해하지 못하면 나무를 다루는 것은 힘들다. 여기서는 간단한 순결과 엇결만 먼저 이해해보자.

날카롭게 연마가 된 단단한 쇠가 나무를 쉽게 자르거나 깎을 거라고 생각하기 쉽지만 실제로는 그렇지 않다. 대패질이나 끌질을 할 때 사진에서 보듯 엇결로 진행하면 날은 나이테를 따라서 파고 들어가 뜯겨서 매끈하게 가공되지 않는다. 엇결보다는 순결로 대패질해야 한다.

대패 덧날의 역할. 파고 들어 가는 것을 막거나 최소화 시켜준다.

하지만 엇결임에도 필요에 따라 대패질을 해야 하는 경우가 허다하고, 엇결과 순결이 뒤섞여 명확하게 구분되지 않는 경우도 많다. 엇결 방향으로 대패질을 하면 어미날이 결을 파고 들어갈 수도 있는데 이 경우 어미날이 결을 따라 파고 들어가지 않도록 덧날 이중각이 멈추게 하는 역할(스토퍼)을 한다. 즉 덧날을 어미날 끝에 가까이 붙이면 덧날의 이중각이 어미날이 엇결을 파고 드는 것을 멈추게 하거나 최소화시킬 수 있다.

지금까지 살펴본 것을 정리하면 다음과 같다.

> **1. 대패질 실패의 원인은?**
> ① 날물을 예리하고 정확하게 갈지 않았고
> ② 어미날과 덧날 사이에 틈이 있거나
> ③ 어미날이 날입보다 넓고
> ④ 대패 바닥의 평이 맞지 않기 때문이다.
>
> **2. 덧날의 역할**
> ① 어미날을 단단히 고정시키고
> ② 대팻밥을 자연스럽게 배출시키며
> ③ 엇결의 대패질을 할 때 어미날이 파고 들어가는 것을 막아주는 기능을 한다.

대패가 안 되는 원인은 위 사항 이외도 많은 경우의 수가 있는데 그런 내용은 차후 대패를 좀 더 깊게 다룰때 설명하고 위의 핵심 내용은 날물을 갈고 대패질을 하면서 계속 반복되는 내용이므로 확실하게 머릿속에 새겨두자.

이제 날물을 갈아보자. 지루한 과정일 수도 있지만 몸에 잘 익혀두지 않으면 앞으로 진행될 짜맞춤 교육 과정은 무의미한 것이 될 수도 있다. '대충'이라는 단어를 몸과 머리에서 지우고 성실함을 도구 삼아 시작해보자.

4) 대팻집에서 날물 빼기

대패 잡은 손의 엄지를 덧날 위에 대고 대팻날이 빠지는 방향으로 살짝 밀며, 망치로 대패의 머리 부분의 모서리인 A나 B 지점을 툭툭 때려보자. 손가락으로 날을 밀고 있기 때문에 그 반발력에 의해 조금씩 날이 빠져나옴을 느낄 수 있을 것이다. 망치는 물매각(어미날이 대패에 꽂혀 있는 각도)과 비슷한 각도로 때려야 반발력이 커지며 좀 더 쉽게 날물을 뺄 수 있다. C 중앙 부위는 대패목이 쪼개질 수 있으니 치면 안 된다. 평상 시 대패는 항상 옆으로 눕혀 날을 보호하며, 대팻집에서 빼낸 어미날과 덧날은 뒷날이 위쪽을 향하게 놓는다.

2. 어미날 갈기

대패와 끌을 비롯한 날물을 가는 기본 방법은 의외로 단순하다. 단 힘에 의존하거나 무작정 오래 간다고 바람직한 건 아니다. 날물을 어떻게 갈아야 하는지를 이해하고, 날물 가는 자세를 익혀보자.

① 날물의 뒷날은 수평을 유지하고
② 날물의 경사면, 즉 앞날은 수평과 동시에 예리함(정확한 각도)을 유지해야 한다.

물론 재대로 날물을 갈고 유지하는 일이 쉬운 것은 아니다. 익숙해지기까지는 많은 시간과 반복 연습이 요구되지만 기초를 잘 숙달시켜 놓으면 작업의 만족도는 높아지면서 소요되는 시간은 줄어든다.

먼저 숫돌을 준비한다. 여기서는 다이아몬드 숫돌(400번/1000번)과 물숫돌 1000번과 6000번을 사용한다

효율적인 연마 순서

1. 다이아몬드 400~1000: 초벌연마
2. 물숫돌·세라믹 1000~4000: 중간연마
3. 물숫돌·세라믹 6000~이상: 마무리 작업

다이아몬드 숫돌
400/1000번
(초벌)

물 숫돌
6000번
(마무리)

물 숫돌
1000번
(중간)

다이아몬드 숫돌을 사용하는 이유

1. 날물을 잡는 힘과 숫돌에 밀착시키기 위해 누르는 손가락의 적당한 힘을 길러주고
2. 일정한 팔의 스트로크를 만들고
3. 새로 구입한 날물의 초벌 가공 시 숫돌의 수평을 계속 잡아가며 사용하지 않아도 되기 때문에 용이하다.

1) 어미날 뒷날 갈기

어미날의 뒷날은 수평을 유지해야 한다. 한번 제대로 뒷날을 잡아 놓으면 특별한 문제가 생기지 않는 한 뒷날을 다시 갈아야 하는 경우는 드물다. 따라서 처음에 뒷날 평을 정확히 잡는 것이 중요하다.

다이아몬드 숫돌이 없다는 가정 하에 물숫돌로 뒷날을 갈아보도록 하자. 이론적으로 숫돌과 숫돌에 닿는 날(ⓐ)의 면을 흔들리거나 까딱거리지 않고 왕복하며 연마시키면 뒷날은 정확하게 수평이 된다. 하지만 사람의 손으로 흔들림 없이 정확하게 반복해서 왕복운동하는 것은 쉽지 않다. 다음 사진을 살펴보자.

참고

날물을 가는 방법을 비롯해서 목공의 모든 분야에 정해진 규칙이나 방법은 없다. 수많은 목수와 장인들이 각자 나름의 방식으로 기술들을 발전시켜왔다. 거기엔 공통된 방식들이 존재하지만 그 역시 절대적으로 옳다고 단정 짓긴 어렵다. 따라서 이 책에서 진행되는 교육 역시 짜맞춤 가구를 만드는 그 첫 단계로서 초보자들이 쉽게 수공구를 손에 익힐 수 있는 길을 제시하지만 절대적인 것은 아니다. 목수마다 사용하는 숫돌의 거칠기도, 날물을 가는 방식도, 나아가 가구를 제작하는 방법이나 노하우들도 조금씩 다르다는 것을 분명히 밝힌다. 이 책에서 제시하는 방법을 잘 익힌 후 자신만의 방법을 개발할 수 있기를 기대한다.

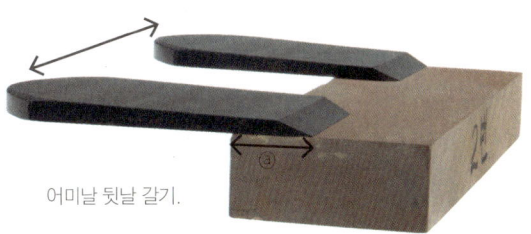

어미날 뒷날 갈기.

사진에 사용한 숫돌은 물숫돌이다.
초벌, 중벌, 마무리용 숫돌은 모두 다르지만 연마 방식은 같으므로 중복을 피하기 위해 물숫돌 1000번 사진을 사용했다.

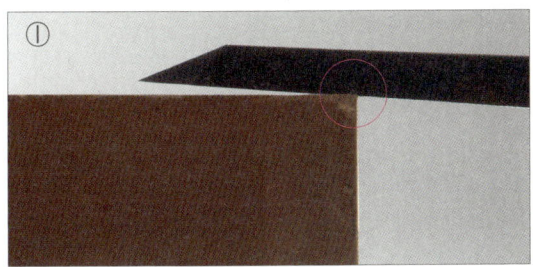

어미날의 뒤쪽에 힘이 가해지는 경우.

반대쪽을 들어서 연마하는 경우(빨리 연마하려 욕심을 부린 경우).

①은 어미날의 뒤쪽에 힘이 가해지는 경우이고 ②는 반대로 날 끝 반대쪽을 들어서 날을 가는 경우로, 다음과 같은 결과물이 나온다.

① 날 끝이 갈리지 않는다.

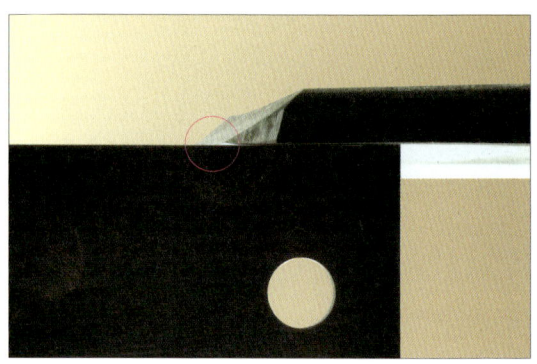
② 날 끝이 예리하지 못하고 들려 있다.

①의 경우는 날 끝이 갈리지 않고 ②의 경우는 날 끝이 깎여 있어 덧날과 정확하게 밀착시킬 수 없다. 특히 ②와 같이 되어버리면 날 끝을 기준으로 그 아래 부분을 다시 전부 갈아내야 하므로 엄청난 시간이 소요될 뿐 아니라, 대팻날이 너무 얇아져서 대팻집 안에서 헐거워진다.

수평을 유지해서 날물을 가는 것이 가능하다고 해도, 그건 숫돌의 면이 정확히 수평이라는 전제 하에서만 가능하다. 몇 번만 왕복운동을 해도 숫돌은 파이고 평이 깨져버린다. 따라서 정확한 자세로 날물을 갈되 계속 숫돌의 평을 잡으며 사용해야 한다.

숫돌에 날을 간 자리만 움푹하게 들어간다.

평이 맞지 않는 숫돌(히단자를 대보면 평이 깨진 것을 쉽게 발견할 수 있다).

사진처럼 숫돌의 평이 깨진 상황에서는 아무리 날물을 갈아봐도 소용 없다. 휘거나 이가 빠진 자로 정확히 직선을 그을 수 없는 것처럼 절대 정교하고 예리하게 날을 갈 수 없다.

다음 사진과 같이 실제 대패질을 하게 되는 Ⓐ쪽에 힘을 집중해서 누르되, 힘이 너무 들어가서 Ⓑ쪽이 위로 들려도 안 된다. 숫돌에 닿는 날물의 어떤 부분도 숫돌과 떨어지지 않도록 해야 한다. 숫돌의 한쪽에 10회가량 왕복해서 날물을 간 후 숫돌을 돌려(좌우를 바꿔서) 다시 10회가량 간다.

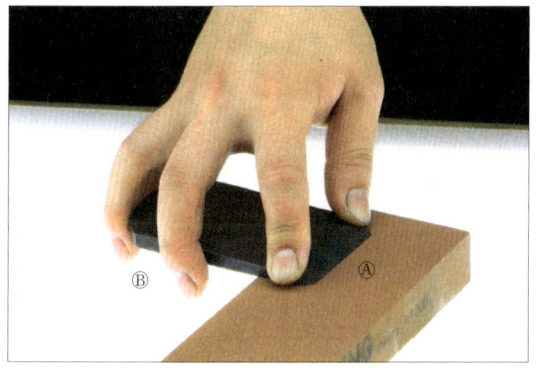

어미날 오른손 파지법

어미날 왼손 파지법

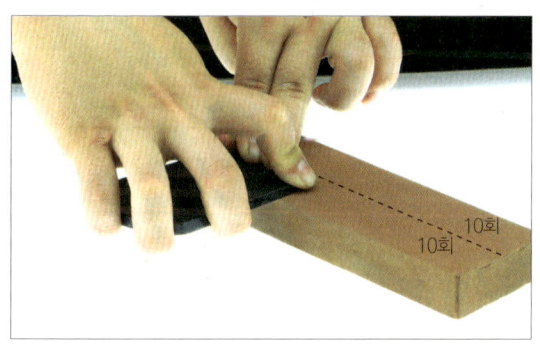

어미날 양손 파지법. 숫돌의 한쪽에 10회가량 왕복해서 날물을 갈면 숫돌을 돌려(좌우를 바꿔서) 다시 10회가량 간다.

Ⓐ 오른손 엄지와 검지로 날의 양 끝을 누르고 Ⓑ 나머지 세 손가락으로 어미날의 머리 부분을 들어 올리는 느낌으로 힘을 주며 잡는다 Ⓒ 왼손은 검지와 중지로 날 끝을 누른다(날 끝이 숫돌면에서 떨어지지 않도록 날 끝쪽 네 손가락 Ⓐ, Ⓒ은 힘껏 눌러주어야 한다). 숫돌에 닿는 어미날 부분에 어느 한쪽으로 힘이 치우치지 않도록 손가락의 힘을 일정하게 유지한다.

그렇다면 숫돌 위에 어미날의 어느 정도를 올리고 연마해야 할까?

① 너무 넓은 면적이 올라간 예

평균 20~30㎜ 정도가 좋다

② 너무 살짝(10㎜ 정도) 걸쳐 균형이 안 잡힌다.

어미날 갈기

①번처럼 숫돌 위에 너무 넓은 면적을 올리고 갈면 갈기도 힘들 뿐더러 전체적으로 날물이 얇아져서 대팻집에 넣으면 헐거워진다. 반대로 ②번처럼 너무 살짝 걸치면 균형 잡기가 어렵고 흔들려서 수평을 유지한 채 왕복운동이 불가능하다. 그 간격은 일반적으로 20~30㎜가량으로 하는 것이 적당하다.

① 일단 연마를 시작하면 가급적 그 선을 벗어나지 않도록 직선 왕복운동을 해야 하고
② 숫돌의 안쪽에서만 왕복운동을 하지 않도록 한다(숫돌 양쪽 끝으로 10㎜ 정도는 넘어가게).

① ②

숫돌의 안쪽에서만 왕복을 하면 그 부위가 쉽게 파이게 되고, 그 상태로 계속 날물을 갈면 날물의 양쪽 끝이 더 많이 갈려서 평이 깨지게 된다. 따라서 숫돌의 길이보다 더 길게(10㎜ 정도) 왕복운동을 해야 한다.

그렇다면 언제까지 갈아야 할까. 아무런 기준이나 이해없이 무작정 오래 갈기만 하는 건 바람직하지 않다. 틈틈이 어미날의 뒷날을 확인해보자.

처음 구입한 대패의 날물은 몇 번만 왕복해서 갈아도 뒷날의 색이 변해가는 것을 볼 수 있다. 동시에 숫돌과의 마찰로 인한 스크래치가 눈에 보이게 된다. 결론적으로 날 끝까지 조금의 예외도 없이 고르게 색이 변할 때까지 갈아야 한다.

고르게 날 끝의 색이 변해야 한다.

특히 날의 끝 부분이 중요하다(대략 5㎜가량).

오른쪽 사진처럼 언뜻 보면 눈에 잘 보이지 않을 정도로 색이 변하지 않는 부분, 즉 아직 숫돌에 닿지 않아 갈리지 않은 부분이 나타나게 된다. 이때 귀찮다고 그냥 넘어가면 지금까지 노력해 온 것들이 아무런 의미가 없어지게 된다.

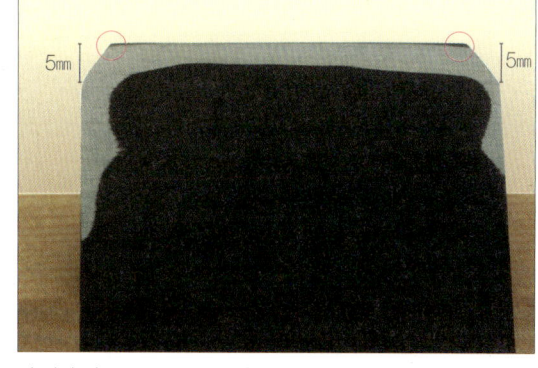

덜 갈린 예(동그라미 부분). 날의 끝 부분이 중요하다(대략 폭 5㎜ 정도는 균일한 색이 되어야 한다).

여기서 먼저 몇 가지 정리해보자.

시중에서 쉽게 구입할 수 있는 대중적인 동양 대패의 날물 상태는 복불복이라고 할 수 있다. 예를 들어 구입해서 몇 번만 가볍게 숫돌에 갈아도 바로 사용할 수 있는 날물이 있는 반면, 어떤 날물은 너무 휘어져 있거나 철이 너무 단단해서 물숫돌로는 잘 갈리지 않는 경우도 있다.

이처럼 출시될 때부터 날 끝의 일부분이 위로 심하게 휘어져 있거나, 날물을 갈 때 뒤쪽을 들고 갈았을 때는 사진처럼 그 끝을 기준으로 뒷날 전부를 수평으로 갈아내야 한다. 하지만 그렇게 되면 시간도 너무 오래 걸릴 뿐 아니라 날물이 너무 얇아져서 헐거워지게 된다.

평이 잡히지 않은 상태. 그 끝을 기준으로 뒷날 전부를 수평으로 갈아내야 한다.

날물을 처음 가는 경우 물숫돌로 뒷날을 갈아 날 끝까지 일정하고 색이 고르게 변하게 하기엔 시간이 너무 오래 걸리는 경우가 많다. 물숫돌로만 가는 것이 불가능한 것은 아니지만 시간이 오래 걸리고 물숫돌이 너무 빨리 닳아버릴 수 있으므로, 처음 대패를 구입했다면 다이아몬드 숫돌을 사용하면 평잡기가 수월해진다. 다이아몬드 숫돌이 대중화되면서 저렴한 양면형 제품들이 많이 나와 있으므로 하나쯤 보유하고 있는 것이 좋다. 다이아몬드 숫돌을 이용해 뒷날 색이 고르게 변하게 한 뒤 물숫돌로 넘어가면 힘들지 않게 날물을 갈 수 있다. 하지만 다이아몬드 숫돌이 있다고 해도 날 끝이 너무 많이 휘어져 있거나, 실수로 잘못 갈았거나 또는 날물을 떨어뜨려서 심하게 깨져 날의 두께가 너무 얇아질 정도로 갈아내야 한다면 많은 시간과 노력이 필요하다. 이때 망치로 뒷날평 조정을 할 수 있고 베를 잡을 수 있으면 좀 더 효율적인 뒷날내기와 날 연마가 가능하다.

모루에서 뒷날 평 조정을 할 수 있고 배를 잡을 수 있으면 좀 더 효율적인 뒷날 내기와 날 연마가 가능하다.

어미날 앞날 배잡기
① 사진처럼 많이 휘어진 앞날 쪽의 연철 부분을 망치로 살살 내리쳐서 반대쪽으로 휘어지게 한다. 너무 힘껏 내리치면 날물이 깨지거나 속으로 보이지 않는 균열이 생길 수 있다.
② 그라인더가 있으면 휘어진 부분이 없어지도록 갈아버리기도 한다. 앞날의 배잡기 부분에서 다시 다루겠지만 날의 각도를 그대로 유지하며 갈아야 하기 때문에 연습이 필요하다.

다시 한 번 어미날 뒷날 갈기의 중요 포인트를 정리해보자.

어미날 뒷날 갈기

① 물숫돌은 항상 평이 잡혔는지 확인한다.
② 어미날 끝의 20~30㎜ 가량을 숫돌 위에 밀착시키고 숫돌 길이보다 더 나오도록 움직이되, 누르는 힘이 한쪽으로 치우치지 않도록 주의한다.
③ 날 끝을 시작으로 최소 5㎜ 가량은 그 빛과 스크래치가 일정하고 고르게 나올 때까지 갈아야 한다.
④ 한 번만 잘 갈아놓으면 오랜 시간 편하게 작업할 수 있으니 대충 넘어가자란 생각은 금물이다.

날의 끝까지 고르게 빛이 변하면 다이아몬드 1000번으로 넘어가서 똑같은 자세와 방법으로 날물을 간다. 400번으로 갈 때보다 거친 부분이 조금씩 매끄러워지고 광이 나기 시작한다. 초보자들은 반짝반짝 나는 광에 집착하는 경우가 많다. 중요한 것은 어떤 빛이 나느냐가 아니라 날의 끝까지 예외없이 일정하고 고르게 빛이 나야 한다는 점이다.

다이아몬드 숫돌이 없을 경우 물숫돌로 지금까지의 과정을 진행해도 상관없다. 단 시간이 오래 걸리고 체력적으로 힘이 들기 때문에 자신도 모르게 자세가 흐트러지고, 날물을 예리하게 갈지 못하는 경우가 종종 있으니 그 부분만 주의하면 된다.

초보자들은 날을 갈 때 긴장하면서 날물을 누르는 손가락에 힘이 들어가게 된다. 더욱이 물이나 오일을 바르면서 날물을 갈기 때문에 무척 미끄럽고 오래 작업하다 보면 손가락 끝이 숫돌에 갈리거나, 날물에 베인 것도 모른 채 가는 경우가 많이 발생하니 항상 주의해야 한다.

물숫돌은 10회 정도만 왕복운동을 해도 쉽게 파이게 된다. 수시로 숫돌의 평을 확인하고 평을 잡아가며 날물을 갈아야 한다. 사진처럼 한쪽으로 10회가량 날물을 갈았으면 숫돌을 돌려 나머지 절반 부분을 이용해서 역시 약 10회 정도만 갈아야 한다. 그 후에 아래 사진처럼 숫돌을 맞대어 문질러보면 날물을 간 숫돌의 양쪽 부분이 파여 있는 것을 쉽게 눈으로 확인할 수 있다.

어미날 뒷날 평잡을 때 숫돌 사용 범위.

숫돌 평면잡기.

정반 사용.

2) 사용한 숫돌을 면잡이 숫돌로 평잡기

숫돌의 평을 잡는 방법은 숫돌과 숫돌을 연마시키는 방법(사용 숫돌 1개에 면잡이 숫돌 1개 또는 2개 사용), 정밀한 석정반 또는 쇠정반 위에 사포를 올려놓고 문지르는 방법 등이 있다.

날의 끝까지 고르게 빛이 변했으면 물숫돌로 넘어간다. 뒷날을 가는 자세는 동일하다. 다이아몬드 숫돌과는 달리 계속 숫돌의 평을 잡아야 한다. 날을 정확히 갈수록 더욱 빛이 맑아지며 광이

난다. 날 끝 부분에 신경을 쓰며 전체에 고르게 빛이 나도록 해야 한다. 빛이 반짝반짝 나는 것에 집중하는 게 아니라 같은 빛이 날 끝까지 고르게 퍼질 수 있도록 가는 것이 중요하다. 오래 가는 것이 중요한 것이 아니라 ① 올바른 자세로 ② 흔들리지 않도록 왕복운동을 하며 ③ 수시로 숫돌의 평을 잡아가며 정확하게 날물을 갈아야 한다.

다이아몬드 숫돌로 갈 때는 날 끝까지 고르게 빛이 변했는데 물숫돌에서 갈아보면 끝까지 빛이 변하지 않는 경우가 있다. 다이아몬드 숫돌에 날물을 갈 때 자신도 모르게 뒤쪽에 힘이 들어가 들어올려졌을 가능성이 높다. 즉 숫돌에 갈렸기 때문에 색은 변했지만 잘 눈에 띄지 않던 것이 다음 단계의 숫돌로 넘어가면 드러나는 경우이다. 이럴 때는 귀찮더라도 다시 처음

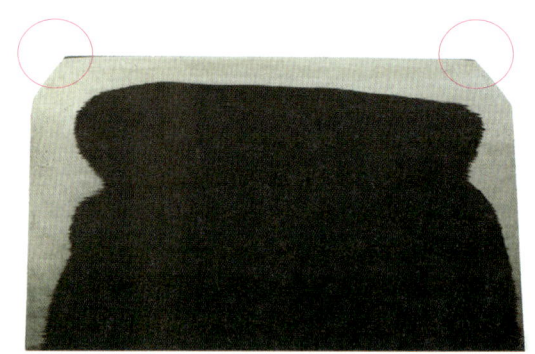

어미날 뒷날이 덜 갈린 상태.

으로 돌아가서 확실하게 마무리를 하고 물숫돌로 넘어와야 한다. 그렇지 않으면 오류를 잡기 위해 자신도 모르게 계속 뒤쪽을 들고 갈게 되고 제대로 연마가 되지 않는 결과를 낳는다.

계속 같은 이야기를 반복하는 것은 그만큼 이 부분이 중요하기 때문이다. 대충 넘어가면 두고두고 문제가 발생할 뿐더러, 마음 또한 편하지는 않을 것이다. 숫돌에 날물을 갈다 보면 곧 팔뚝, 팔목과 손가락 등이 아파오면서 짜증과 함께 그냥 넘어가고 싶은 유혹에 빠진다. 하지만 대패로 마감한다면 대팻밥은 보통 0.05㎜ 이하로 가공하여 면을 다듬는 아주 정밀한 작업임을 잊지 말아야 한다. 힘들게 준비해 놓은 부재나 멋지게 만들어 놓은 작품을 순간의 귀찮음 때문에 망치는 일이 발생할 수 있음을 잊지 말자.

어미날 뒷날 완성

물숫돌 1000번에서 뒷날이 날 끝까지 고르게 빛이 변하면 6000번으로 넘어가서 동일한 과정을 반복한다.

3) 어미날의 각도와 앞날 배잡기

뒷날의 연마가 끝나면 앞날로 넘어간다. 어미날 뒷날 갈기의 핵심이 수평이라면 앞날 갈기의 핵심은 예리함과 정확함이다. 앞날을 갈기에 앞서 대팻날의 각도에 대해 조금 더 이해할 필요가 있다. 대패나 끌을 비롯해 수공구의 날물을 갈 때 흔히 고각이나 저각이라는 용어를 자주 사용하게 된다. 명확한 기준은 없지만 일반적으로 28°를 기준으로 높으면 고각, 낮으면 저각이라고 한다. 대패의 날 역시 ①번처럼 각을 크게할 수도 있고, ②번처럼 각을 작게 할 수도 있다. 고각과 저각은 어느 쪽이 좋다거나 정확히 몇 도로 해야 한다기보다는 상황에 따라 스스로 결정해야 한다. 다만 기준은 어미날 각이 28° 전후이므로 고각, 저각의 기준은 28°로 하자.

어미날의 고각과 저각

아래는 대팻집에 어미날과 덧날이 끼워져 있는 단면 사진이다.

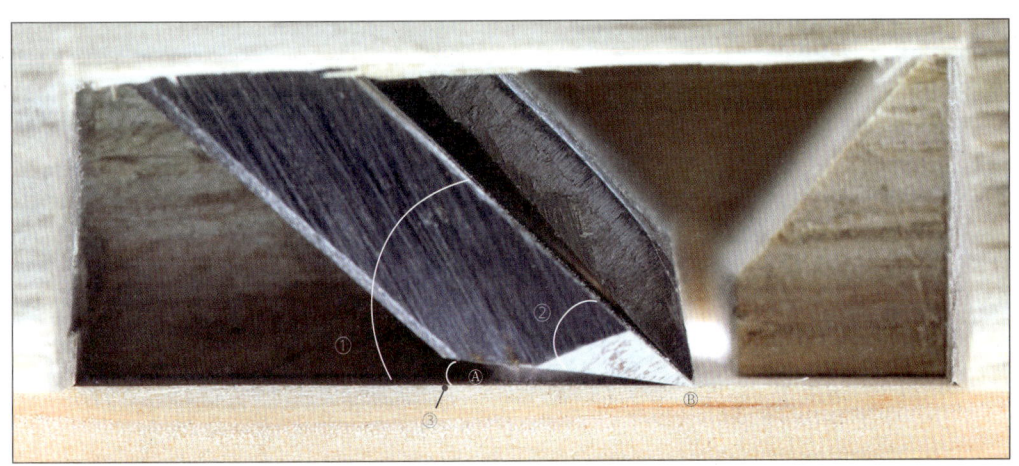

어미날과 덧날의 단면.

① 대팻집에 어미날이 들어가는 각도를 물매각이라고 부른다. 일반적인 동양 대패의 물매각은 보통 37~38° 정도이다.

② 어미날의 각도 ②는 보통 28°(최대 35°) 정도이다. 물매각은 사용자가 바꾸기 어렵지만 어미날의 각도는 가는 방식에 따라 고각으로 할 수도 있고 저각으로 할 수도 있다. 일반적으로 고각으로 했을 때는 단단한 목재를 대패질하거나 엇결 방향으로 대패질할 때 유리하다. 하지만 너무 고각으로 하면 일반적으로 10°가량인 ③의 각도가 사라지게 되고 ⓑ가 아니라 ⓐ 부분이 먼저 목재에 닿아

대패질 자체가 불가능해진다. 최근엔 음핑고나 웬지 등의 특수 하드우드 사용이 잦아지면서 고각 대패의 필요성이 대두되고 있다. 하지만 물매각이 높은 대팻집을 따로 주문하거나 만들지 않는 한, 물매각이 37~38°로 고정되어 있는 일반 대패의 경우는 무턱대고 고각으로 날을 갈 수는 없다. 또한 일반적인 대패질의 경우 굳이 날을 심하게 고각으로 할 필요없다.

여기서는 일반적인 어미날 각도, 즉 28°로 설명해보자. 앞날 갈기의 핵심은 정확함과 예리함이라고 했다. 앞날을 가는 방법도 이론적으론 단순하다. 정확하고 예리하게 앞날을 갈기 위해선 A-B의 면을 숫돌에 밀착시키고 정해진 각도를 그대로 유지한 채 앞으로 전진시키면 된다. 하지만 손의 감각이 익숙하지 않은 초보자는 앞으로 밀다 보면 미세하게 진행 방향 쪽으로 날 끝이 들리게 되는 경우가 많다.

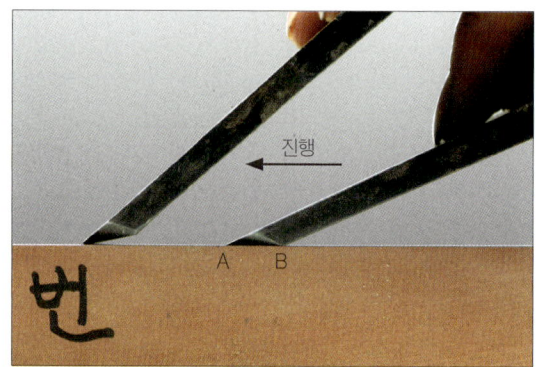

A와 B를 밀착 후 밀때 들면 안 된다.

①번 어미날의 ⓑ 부분을 들어서 연마하면 ②번 결과물 ⓒ 부분 앞 날 끝이 뜨게 된다.

그렇게 되면 ②번 결과물처럼 앞날 끝 부분이 휘어져서 날 끝 부분이 심한 둔각이 되어버린다. 이 상태에서 대패질을 하면 날 끝 ⓐ가 아니라 ⓑ 부분이 목재에 먼저 닿는 결과를 가져온다. 당연히 대패질이 잘 될 리가 없다. 반대로 오른쪽 첫 번째 사진의 ③번처럼 날물을 갈면서 뒤로 눕혀질 수도 있다. 이 경우는 날물을 갈수록 저각이 되어 날이 약해진다.

어미날 앞날 갈기.

경험이 많지 않은 사람이 28°를 유지한 채 왕복운동을 하면서 날물을 갈기란 무척 힘들다. 이를 좀 수월하게 하기 위해서 나온 방법이 '배잡기'다. 배잡기의 이해를 위해 다음 두 사진을 비교해 보자.

① 측판을 그대로 사용.

② 측판을 4개의 다리처럼 가공.

단순한 구조의 탁자가 있다. ①은 측판을 그대로 사용했고 ②는 마치 네 개의 다리처럼 보이도록 가운데 부분을 파냈다. 시간이 지나 탁자가 수축, 팽창을 하거나 뒤틀릴 때 둘 중 어느 것이 보완하기 쉬울까? ①의 경우 바닥과 닿는 모든 면을 수정해야 바닥과 빈틈이 없어진다. 하지만 ②는 바닥에 닿는 일부분만 덧대거나 잘라내면 된다. 배잡기는 이와 비슷한 원리를 적용시킨 것이다.

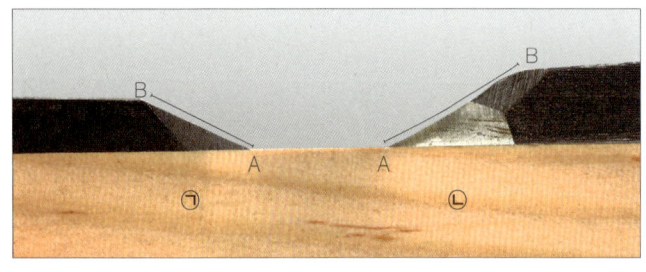

어미날 배잡은 상태.

㉠의 A에서 B까지 고르게 숫돌에 밀착시킨 채, 즉 앞날 전체가 조금도 숫돌에서 떨어지지 않도록 움직이며 갈기는 쉽지 않기 때문에 ㉡의 A와 B 사이를 사진과 같이 아예 파내는 것이다. 이를 **배잡기**라고 하는데 앞날의 연마가 빠르고 정확한 각도 유지가 수월하며 예리하게 연마할 수 있다. 하지만 단점도 있다. ㉡의 A 부분은 날끝의 살이 얇아지기 때문에 부러지기도 쉽고 그라인더로 가는 과정에서 열에 의해 날물이 약해질 수도 있다. 무엇보다 초보자가 그라인더로 배를 잡는 것이 쉽지도 않고 많은 연습이 요구된다. 개인이 그라인더를 갖고 있는 경우도 많지 않다. 물론 배잡기가 필수적인 것은 아니다. 초보자에게 조금 더 수월한 방법일 뿐이지 익숙해지면 바로 날물을 갈아 사용하는 경우도 많다. 하지만 날 끝이 심하게 깨졌을 경우에 특히 유용하며, 장기적으로 날물을 가는데 들어가는 시간 등을 고려한다면 충분한 장점을 가지고 있다. 정확한 자세만 유지한다면 그라인더로 배잡기는 누구나 익힐 수 있다.

다음은 그라인더로 배잡는 요령을 살펴보자.

그라인더로 어미날 배잡는 모습.

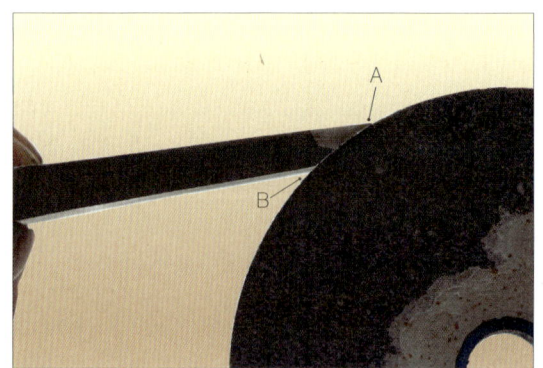

A, B 사이만 가공한다.

그라인더에 날물을 갈 때는 날물의 각도를 유지한 채 정확히 좌우로 수평운동을 해야 한다. 앞서 설명한 것처럼 A의 날 끝이 심하게 이가 나갔거나 날물이 너무 휘어졌을 때 등의 특수한 경우를 제외하면 A와 B의 양 끝 선이 그라인더에 닿지 않고, A-B 사이에만 그라인더가 닿도록 좌우 수평운동을 해야 한다.

사진처럼 앞날 끝이 갈려버리면 원래의 각도대로 전체를 다시 갈아내야 하므로 주의한다. 특히 날이 깨져서 많이 갈아내야 할 때 깨진 부분을 없애는 것에만 집중하다가 날이 급격히 고각이 될 수 있으므로 주의해야 한다. 배잡기를 할 때는 처음 날의 각도(일반적으로 28°)를 유지한다는 생각을 가지고 작업해야 한다. 또한 날물이 타지 않도록 한곳에 멈추지 말고 계속 움직이며 갈아야 한다. 너무 힘껏 힘을 줘서 그라인더에 밀착시키지 말고 살짝 스치듯이 갈아야 하며, 그라인더의 연마면을 드레서(그라인더 연마면을 정리하는 도구)로 계속 다듬으며 작업한다. 이처럼 배잡이를 하면 숫돌에 갈아야 할 면적이 좁기 때문에 굳이 다이아몬드 숫돌을 이용하지 않아도 쉽게 갈 수 있다(배를 잡지 않고 물숫돌에서 시작해도 무방하다. 하지만 진행과정에서 너무 평이 불규칙하거나 연마할 양이 많은 경우 다이아몬드 숫돌에서 기본적인 평을 잡고 넘어오면 된다).

앞날 끝을 가공할 경우 원래 각도대로 재수정해야한다.

4) 어미날 앞날 갈기

손가락으로만 날을 잡으면 가는 과정에서 흔들릴 가능성이 높아지므로 오른손 바닥 위에 대팻날을 올려 놓고 가볍게 움켜잡듯 쥐어야 한다(어미날과 손바닥이 밀착되어야 한다).

앞날 연마 시 파지법.

검지로 뒷날 끝 부분을 누른다. 한손으로만 갈면 균형을 잡기 어려우므로 왼손의 검지와 중지로 오른손 검지 옆에서 도와준다.

앞날 연마 시 파지법.

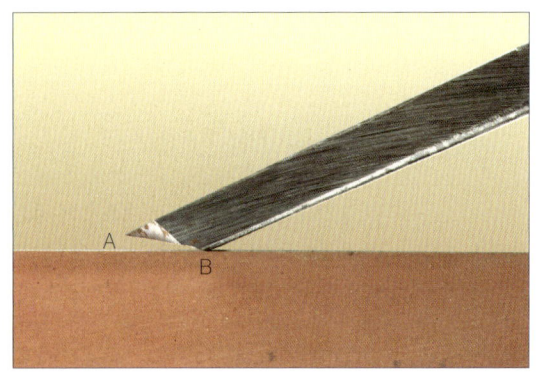 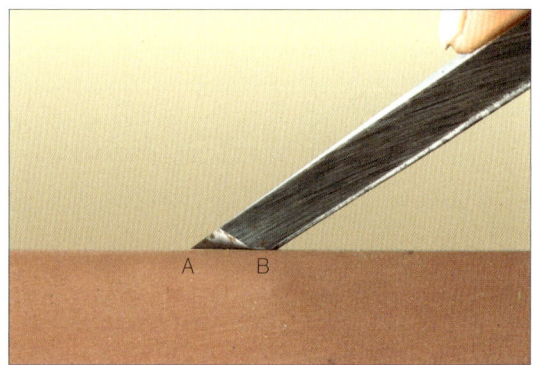

어미날 앞날 세우기.

B 부분을 먼저 숫돌 위에 가볍게 댄 후 살짝 들어 올린다. A가 숫돌에 철썩 들러붙는 느낌이 들 때, 즉 A-B면이 모두 숫돌에 밀착된 상태가 되면 그 자세를 유지한 채 앞으로 전진한다.

날의 뒷부분(C)이 더 무겁기 때문에 날물을 갈 때 무의식 중에 A가 들리는 경우가 많다. 따라서 날 끝을 눌러주는 오른손 검지와 왼손 검지와 중지가 A와 B 사이를 균형 있게 눌러야 한다. 실수로 B 부분을 더 누르면 날은 갈수록 저각이 된다.

A에 집중해 힘을 주며 진행하고 B 부분은 숫돌을 스치듯이 A의 뒤를 따라가는 기분으로 밀어주면 된다.

뒷날을 갈 때와는 달리 숫돌에 닿는 면적이 작기 때문에 같은 자세와 각도를 유지하며 왕복으로 날물을 가는 것이 어렵다. 따라서 ⓐ에서 ⓑ로 직선운동을 한 후 숫돌에서 날물을 떼고 다시 ⓐ로 돌아와서 반복해서 간다.

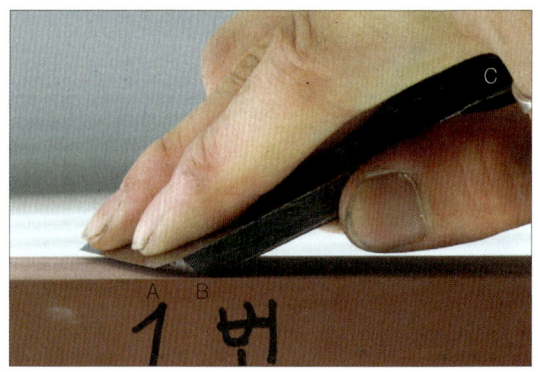

어미날 뒤에 힘이 들어가 앞날이 뜨면 안된다(A와 B를 8:2의 힘으로 밀착시킨다).

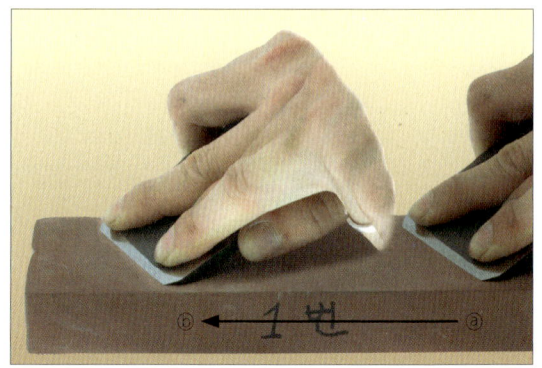

어미날 앞날 갈기.

사진처럼 날물을 크게 3등분했을 때 날을 누르는 손가락 세 개가 대체로 가운데 부분에 집중된다. 계속 같은 방식으로 앞날을 갈면 어미날 ② 부분이 ①, ③번 부분 보다 살짝 더 파이게 된다. 그 경우 제대로 대패질이 되지 않는다.

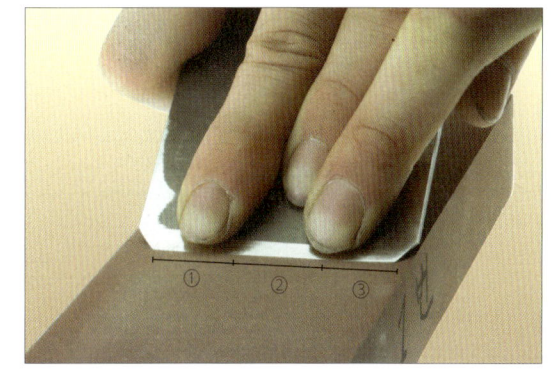

어미날을 3등분한다.

 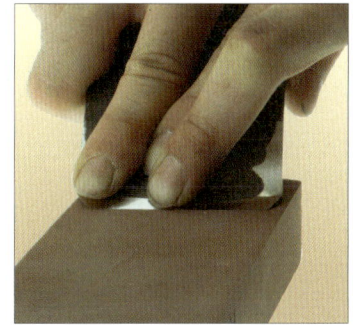 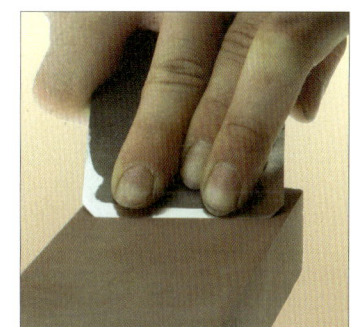

어미날 갈기.

따라서 사진처럼 누르는 세 손가락의 힘의 중심을 한 번씩 좌우로 이동시키면서 앞날을 갈아야 한다. 그렇다면 반대로 ①, ③번 양 끝이 더 갈리진 않을까? 일반적으로 어미날 끝이 정확히 직선이어야 좋을 거라 생각하기 쉽다. 하지만 꼭 그런 것은 아니다. 사진을 자세히 보면 날의 양 끝 부분이 아주 미세한 곡선을 그리고 있음을 알 수 있다.

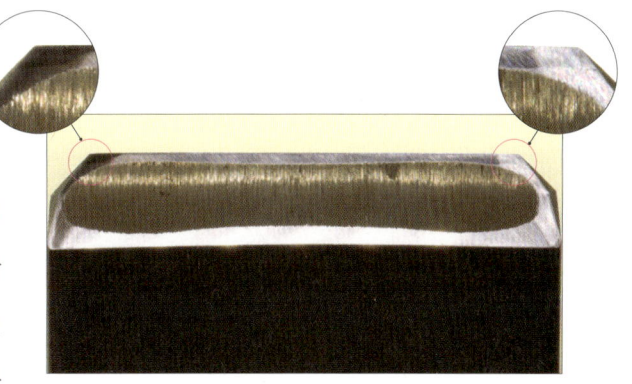

앞날 귀접이. 날의 양쪽 끝이 미세한 곡선을 이룬다.

넓은 판재를 대패질할 때 다시 설명하겠지만 일단 기억해두자. 대팻날의 끝은 완벽한 직선이 아니다. 완벽한 직선일 경우 넓은 판재에 대패질하면 양 끝의 날카로운 모서리로 인해 부재에 줄이 생기게 된다. 이를 방지하기 위해 양 끝 쪽이 미세하고 완만한 곡선이 되도록 날물을 갈아야 한다. 하지만 이를 위해 억지로 힘을 줘서 날물을 갈면 자세가 흐트러지며 정확한 날이 서지 않는다. 앞에서 말한 방식으로 자연스럽게 좌우로 중심을 바꿔가며 부드럽게 날을 가는 것이 중요하다.

그렇다면 앞날은 언제까지 갈아야 할까? 뒷날과 마찬가지로 날 끝까지 맑은 빛이 고르게 퍼져야 한다. 만족스러운 상태라면 뒤집어서 뒷날을 보자. 화살표 방향으로 스치듯 날 끝을 만지면 뒷날을 갈았을 땐 매끄러웠던 날의 끝 부분에 뭔가 거칠거칠한 것이 느껴질 것이다. 앞날 면을 숫돌에 밀착시켜 날 끝이 연마되면 갈린 쇠의 찌꺼기가 뒷날 쪽으로 넘어가게 된다. 일반적으로 '잔재'가 넘어갔다라는 표현을 사용하며, 영어로는 버^{burr}라고 부른다. 앞날의 면이 직선으로 고르게 갈리지 않으면 뒷날로 잔재가 넘어가지 않는다. 일례로 날을 제대로 갈지 못해서 끝에 이중각이 생기면 잔재가 뒷날 쪽으로 넘어가지 못하고 이중각이 생긴 지점에서 연마되어 사라진다.

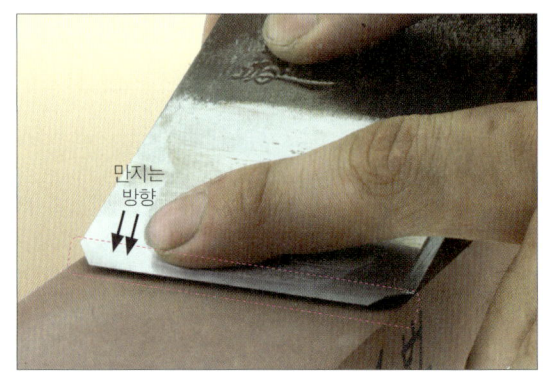
어미날 잔재 확인(앞날 연마 시 날 끝까지 갈린 부분만 잔재가 넘어간다).

어미날 앞날의 잔재를 넘긴 사진. 촬영을 위해 과도하게 넘긴 예이고 실제로는 아주 미세하여 잘 보이지 않으므로 손으로 만져 확인한다.

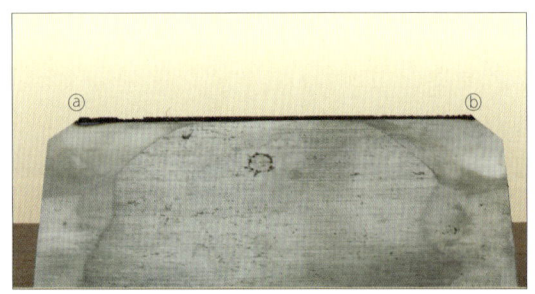
잔재가 고르게 넘어온 모습. 촬영을 위해 과도하게 넘긴 모습.

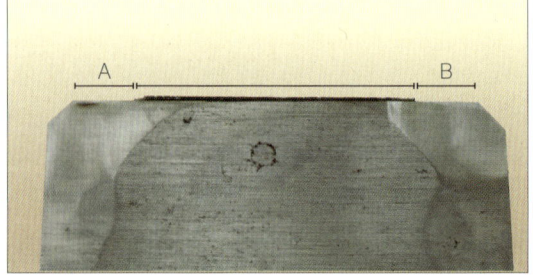
이중각이 되어 가운데만 잔재가 넘어갔다.

설령 잔재가 뒷날로 넘어왔다고 해도 ⓐ에서 ⓑ까지 전체적으로 고르게 넘어오지 않고 일정 부분만 넘어 왔다면 어딘가 날이 고르게 갈리지 않았다는 증거다. 뒷날로 넘어온 잔재를 그대로 놔두면 안 되므로 뒷날을 다시 1000번 물숫돌에서 이전과 동일한 방법으로 갈아 준다. 뒷날은 이미 평이 잡혀 있기 때문에 무리해서 여러번 갈 필요는 없다. 넘어온 잔재를 없애는 정도로만 부드럽게 두세 번 왕복해서 간 후 손가락으로 다시 만져본다. 거칠게 느껴지던 날 끝이 처음처럼 매끄러워

짐을 알 수 있다. 뒷날을 갈아도 넘어온 잔재가 사라지지 않는다면, 애초 뒷날이 제대로 갈리지 않았다는 의미이다. 뒷날 평이 잘 잡혀 있으면 쉽게 잔재가 떨어져나가 매끈한 상태가 된다. 뒷날 평을 잘 잡아야 하는 이유 중 하나이다.

어미날 앞날을 연마한 후에 뒷날 쪽으로 잔재가 고르게 넘어오고, 다시 뒷날을 몇 번 가볍게 숫돌에 갈았을 때 뒷날의 잔재가 깔끔하게 사라지면 잘 진행되고 있는 것이다.

이제 반복 작업인데 뒷날을 숫돌에 갈았기 때문에 이때 생긴 잔재가 앞날 쪽으로 넘어가게 된다. 다시 앞날을 부드럽게 몇 차례 숫돌에 갈아준다. 그럼 뒷날에서 넘어온 잔재의 일부분은 제거되고 나머지는 다시 뒷날 쪽으로 넘어가게 된다. 이처럼 앞날과 뒷날을 번갈아 숫돌에서 가는 횟수를 줄여가며 상대 쪽에서 넘어온 잔재를 제거하면 된다.

양쪽에서 모두 잔재가 느껴지지 않으면 물숫돌 6000번에서 마무리한다. 힘을 과하게 주지 말고 지금까지 잘 진행해온 날물 연마를 마무리한다는 기분으로 가볍게 숫돌에 갈아야 한다 (처음에는 5의 힘으로 앞날을 연마해 뒷날에서 떨구고 다음은 4의 힘으로 연마해 떨구고 그 다음은 3의 힘으로 연마해 떨군다).

물이 날 끝에 뭉쳐진 상태.

대팻날을 살짝 기울여 보자. 그러면 물이 흘러 내리다가 날 끝에 뭉쳐진 상태로 멈춰져 있을 것이다. 그 물 맺힘이 고르게 나오면 잔재가 거의 다 떨어진 것이다. 물이 맺힌 모양이 고르게 매끄럽지 않다면 날 끝쪽에 아직 잔재가 남아 있다는 의미이다. 이렇게 뒷날과 앞날을 번갈아가며 정리해 주면 어미날의 날물 갈기는 끝이 난다.

마무리가 된 날물을 보면 전체적으로 고르게 맑은 빛이 날 것이다.

완성된 어미날은 맑은 빛을 띤다.

잘 연마된 날물 확인 방법

1. 손톱에 날물을 찍어본다 – 미끄러지지 않고 진뜩하게 박혀야 한다.
2. 털을 깍아 본다 – 손이나 팔 다리털이 잘 깍이는지 확인한다.
3. 날 끝을 손가락으로 만져본다 – 살짝 만져서 살 속으로 파고드는 느낌이 있다.
4. 머리카락 잘라보기

3. 덧날 갈기

대체로 모든 날물을 가는 방법은 대동소이하다. 숫돌의 평을 계속 잡아가며 날물을 갈아야 하고, 정확한 자세를 일정하게 유지해야 한다. 어미날의 뒷날은 수평, 앞날은 예리함이 핵심이었다면, 덧날의 경우 뒷날은 역시 수평 연마, 앞날은 이중각이 핵심 사항이다. 앞서 설명한 덧날의 기능을 다시 떠올려보자. 그 세 번째가 스토퍼 기능이었다. 하지만 여전히 그 의미를 이해하기 힘들 수도 있다. 어미날은 목재를 직접 깎는 날이고, 덧날은 목재를 깎는 날이 아니다. 스토퍼는 어미날이 목재를 파고 들어가는 것을 멈춰주는 기능이라는 의미인데, 덧날 역시 끝이 너무 날카로우면 어미날처럼 목재를 파고 들 뿐 막아줄 순 없다는 추론이 나온다. 따라서 덧날의 끝은 이중각으로 날 끝만 급격한 고각(50°~60°)으로 만들어야 한다.

1) 덧날 뒷날 갈기

넓은 면의 평을 잡아야하는 어미날에 비해 어렵진 않다. 다만 크기가 작기 때문에 손으로 안정적으로 잡기 힘들고, 일정한 자세를 유지한 채 날물을 갈기도 어렵다. 어미날을 갈 때처럼 20㎜가량을 숫돌에 올려놓고 직선으로 움직이며 갈아보자. 크기가 작아서 손가락으로

덧날 뒷날 내기.

잡기 어렵고, 무엇보다 어미날과 달리 날이 휘어져 있어서 어느 정도를 숫돌에 걸치느냐에 따라서 날 끝이 갈리는 각도가 계속 달라진다. 어미날은 뒷날이 대체로 평평하기 때문에 왕복운동을 하는 과정에서 조금씩 들어가거나 나와도 큰 문제는 없지만 덧날은 다르다.

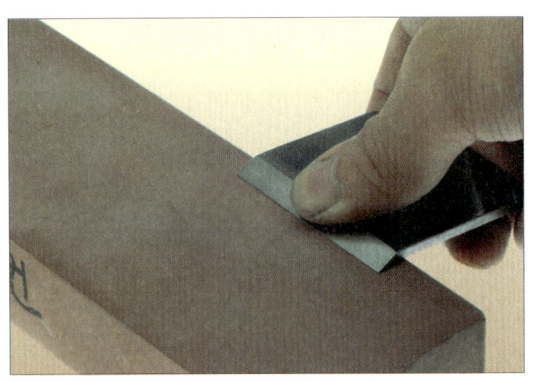

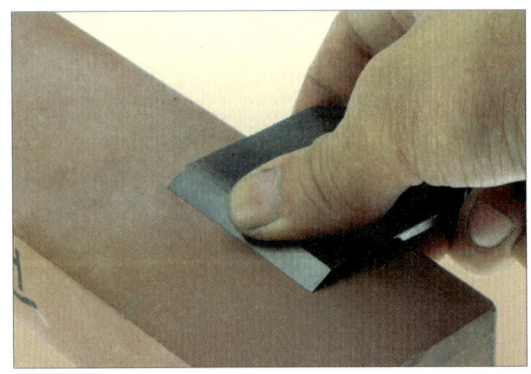

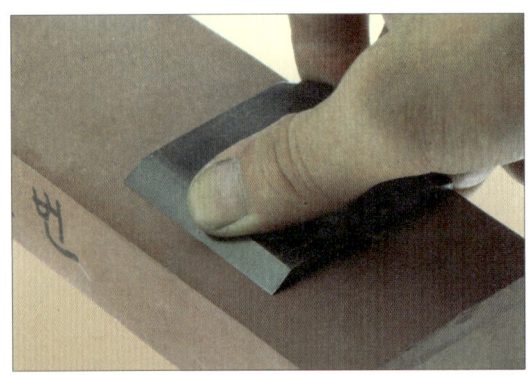
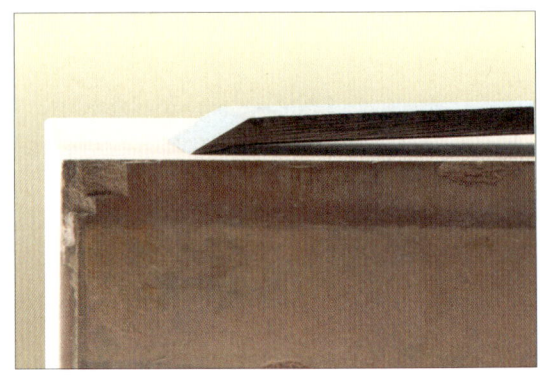

어느 위치에 놓고 가느냐에 따라 날 끝의 각도가 달라지며 수평 연마 위치가 바뀐다.

사진을 보면 알 수 있듯이 덧날은 쐐기 역할을 하기 위해 뒷부분이 휘어져 있어 숫돌 위에 어느 정도의 면적을 올려 놓고 가느냐에 따라 계속 날 끝의 수평연마 위치가 달라진다. 다음 사진을 보자.

어미날과 덧날이 밀착된 상태.

어미날과 덧날에 빈틈이 생긴 상태.

앞서 어미날과 덧날 사이엔 빈틈이 없어야 한다고 했다. 덧날을 갈고 나면 대팻집에 끼우기 전에 사진과 같이 어미날과 덧날을 붙여서 빛에 비추어 본다. 어미날과 덧날 사이에 틈이 있는지 확인하기 위한 절차다.

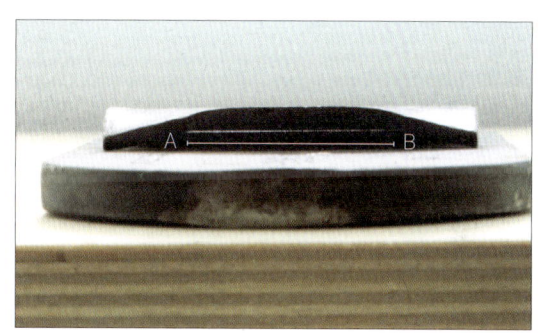

어미날과 덧날 사이에 빛이 들어오는지 확인.

대팻밥 배출이 원활하다.

대팻밥이 끼는 현상.

사진 ①처럼 대팻밥이 덧날의 앞날을 타고 빠져나가야 하는데, 두날이 밀착되지 않으면 ②처럼 그 사이에 대팻밥이 자꾸 끼게 된다.

이런 문제를 방지하기 위해 날이 숫돌에 올라오는 부분을 일정하게 유지하고 갈아야 하는데 손의 감각만으로는 쉽지 않다.

지금부터 덧날의 뒷날을 가는 유용한 방법을 알아보자.

나뭇조각을 날 끝에서 20㎜가량 떨어진 지점에 날과 평행하게 올려 놓고, 종이 테이프로 감아서 고정시킨다. 뒷날을 갈 때 가이드가 될 지그jig를 붙여 놓는 것이다.

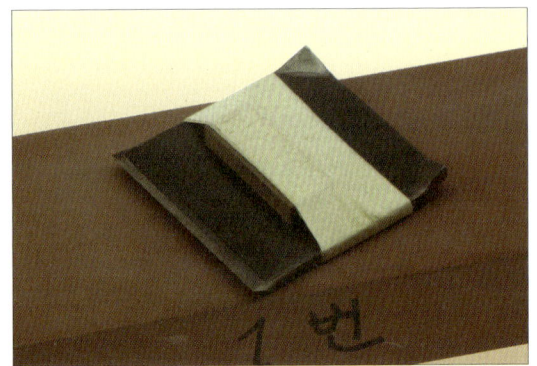
덧날에 보조목 붙이기.

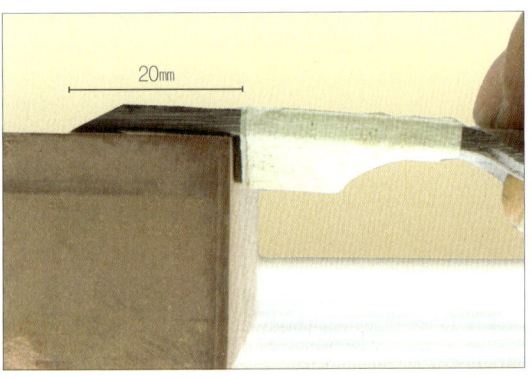
가이드가 있어서 일정 범위를 벗어나지 않는다.

그 다음은 가이드를 숫돌에 밀착시키고 갈면 된다. 다이아몬드 숫돌 400번부터 시작해보자. 20㎜ 부분을 숫돌 위에 정확히 밀착시키고 왕복한다. 이때 가이드가 있다고 해도, 날 뒤쪽을 심하게 누르면 안 된다. 또 날 끝까지 빨리 갈고 싶은 생각에 날의 뒷부분을 들어 올리면 절대 안 된다. 덧날은 한 번 제대로 갈아 놓으면 거의 손댈 일이 없기 때문에 처음에 확실하게 갈아 놓아야 한다.

덧날 뒷날 내기.

매직 칠하고 갈기.

어미날의 뒷날과 마찬가지로 날 끝까지 일정한 빛이 퍼질 때까지 간다. 연마 정도를 쉽게 확인하려면 날의 끝 부분에 매직으로 칠하고, 매직 흔적이 남지 않도록 가는 것도 좋은 방법이다.

날 끝의 평이 잘 잡히지 않는 경우

어미날과 마찬가지로 아무리 갈아도 날의 끝 일부분만 평이 잡히지 않는 경우가 제법 있다. 이런 경우 짜증도 나고 팔도 욱신욱신 아파오면서 대충 넘어가고 싶어질 것이다.

넛날 뒷날 갈기. 아무리 갈아도 끝에 조금씩 갈리지 않는 부분이 생기곤 한다.

덧날 보정하기. 어미날처럼 출시되는 날물이 다소 엉망인 것들이 있다. 어미날과 마찬가지로 망치로 앞날 부분을 살살 내려친다.

덧날을 망치로 보정해도 안 될 경우에는 어미날처럼 배를 잡으면서 날 끝 선을 정리하기도 한다. 날 끝이 직선이 아니라 심하게 휘었거나 울퉁불퉁할 경우에도 배를 잡으면서 직선으로 갈아 내기도 한다. 하지만 그라인더가 없는 경우도 많고, 무엇보다 그라인더에 날물을 가는 건 많은 경험이 필요하다. 조금 시간이 걸리더라도 다이아몬드 숫돌로 충분히 갈 수 있으니 걱정할 필요는 없다.

덧날 배잡은 모습.

날의 끝 부분까지 예외 없이 고르게 색이 변하면 다이아몬드 숫돌 1000번으로 바꿔서 갈

덧날 뒷날 1차 평잡기.

은 방식으로 날물을 간다. 날 끝까지 탁한 부분 없이 고르게 빛이 변하면 덧날의 앞날 갈기로 넘어가면 된다.

덧날의 앞날을 갈기에 앞서, 스토퍼 기능과 이중각에 대해 좀 더 자세히 이해해보자.

> **참고**
>
> **덧날의 뒷날** – 어미날의 뒷날과 마찬가지로 수평을 잡는 것이 핵심이다. 다만 어미날과는 달리 덧날은 뒷면이 휘어져 있으므로 전체적인 수평이 아니라 날 끝 부분의 수평을 잡는 것이다.
>
> **덧날의 앞날** – 날 끝을 직선으로 만든 후, 날 끝에 이중각(50°~60°)을 만드는 것이 핵심이다.

2) 나무의 결(무늬)과 덧날의 이해

기본적으로 대패는 사진과 같이 어미날이 움직이며 목재의 표면을 깎아 나간다. 그럼 대패 바닥으로 어미날이 얼마나 나오게 해야 할까? 앞서 대팻밥은 0.05㎜ 이하로 얇게 나올 수 있어야 한다고 했지만 이건 절대적인 수치가 아니다. 예를 들어 초벌 대패를 할 때는 0.1㎜ 이상으로 날을 길게 빼기도 하고 반대로 마무리 대패를 할 땐 사람의 머리카락 두께보다 얇은

어미날이 목재를 깎는 모습.

0.02㎜ 정도로 얇게 치기도 한다. 좀 더 설명한다면 깎아내야 하는 면이 들쑥날쑥한데 마무리 대패를 하듯이 날을 조금만 빼고 대패질하면 엄청난 시간과 체력이 요구된다. 반대로 가구를 만들고 마지막 마무리 대패를 치는데 날을 많이 빼는 건 어리석은 짓이다. 날을 얼마만큼 빼고 대패를 쳐야 할까의 문제는 비단 많이 깎아내야 하는 초벌 대패냐, 살짝 겉만 다듬으면 되는 마무리 대패냐의 문제일 뿐 아니라 목재의 나뭇결과도 관련이 깊다.

다음 사진을 살펴보자.

절단면.　　　　　　　　　　　　　　　　목재 뜯김 현상.

①의 방향이 목재를 자르는 방향 ②가 켜는 방향이다. 장작을 도끼로 팰 때 당연히 ②의 방향으로 내리쳐야 쉽게 쪼개지는 것은 상식이다. 앞서 순결과 엇결을 설명했던 것과 비슷하다. 그럼 마구리면인 ③의 방향으로 대패를 치면 어떻게 될까? 사진처럼 여지 없이 마구리면의 끝이 뜯겨 버린다. 그리고 날이 길게 나와 있을수록 뜯기는 양상도 심하다. 그래서 마구리면의 대패를 칠 때는 어미날을 아주 조금만 빼고 사선이나 원을 그려가며 조심스럽게 대패질해야 한다.

다시 덧날의 스토퍼 기능을 떠올려 보자. 어미날이 엇결의 목재를 파고 드는 것을 방지해준다는 설명을 했지만 이해가 쉽진 않을 것이다.

어미날로만 했을 때 파고 든다.　　　　　　엇결에서 덧날의 역할.

어미날만으로 엇결의 대패질을 하면 날의 끝이 나무의 결을 따라서 파고 들어가며 표면이 뜯기거나 거칠게 된다(날을 길게 빼면 뺄수록 더욱 많이 파고 들어간다. 따라서 엇결의 대패를 칠 땐 날을 길게 빼면 절대 안 된다). 사진처럼 어미날이 목재를 파고 들어가는 것을 방지하거나 최소화시켜줄 수 있는 장치가 바로 덧날이다.

이때 덧날이 어미날처럼 날 끝이 날카로우면 어떻게 될까. 덧날이 어미날과 같이 파고 들어갈 것이다. 이를 막기 위해 덧날의 끝을 급격한 고각으로 이중각을 만드는 것이다.

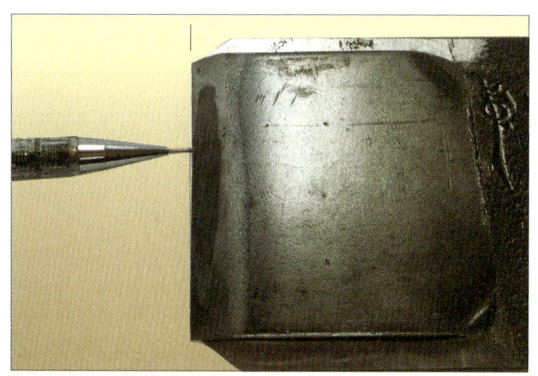
마무리 대패의 간격. 대팻밥 두께보다 얇게 띤다.

초벌 대패의 간격. 대팻밥 두께만큼 띤다.

어미날과 덧날 간격 기준 = 가공하고자 하는 대팻밥 두께

1. 초벌 시 = 대팻밥 두께
2. 마무리 대패 시 = 기준보다 더 붙인다.
3. 용목같이 엇결이 심할수록 = 어미날 끝까지 최대한 붙인다.

(마구리 가공 같은 경우 덧날은 아예 빼고 가공하기도 한다)

이 효과를 높이기 위해선 덧날이 어미날의 끝에 가깝게 붙어야 하며, 멀리 떨어져 있으면 덧날이 멈춰주는 기능을 하기도 전에 그 떨어진 거리만큼 이미 어미날은 목재를 파고 들어가 있을 것이다. 특히 주의할 점은 덧날을 어미날에 최대한 가까이 붙이려다 덧날이 어미날보다 앞으로 나와서는 절대 안 된다는 것이다. 즉 목재에 어미날보다 덧날이 먼저 닿아서는 안 된다.

또한 덧날의 끝 선이 직선이 아니라 물결치듯 휘어져 있다면 어떻게 될까. 어미날의 끝 선에 가깝게 붙이는 것이 불가능해진다. 그러므로 덧날의 앞날을 갈 때는 ①날 끝이 직선이 되도록 하고 ② 날 끝에 이중각을 만들어야 한다.

3) 덧날의 앞날 갈기

물숫돌이나 다이아몬드 숫돌 중 어떤 것부터 시작해야 할지 정해진 건 아니다. 날물의 상태나 배를 잡았는지의 여부 등에 따라서 결정될 사항이다. 날물의 상태가 좋거나 그라인더로 배를 잡아 어느 정도 정리했다면 물숫돌에서 갈기 시작해도 무방하다. 반대의 경우라면 다이아몬드 숫돌에서 정리하고 물숫돌로 넘어오면 된다. 여기서는 다이아몬드 숫돌부터 시작해보자.

원리는 어미날의 앞날과 비슷하다. 덧날 역시 앞날 전체를 숫돌에 밀착시키고 가는 것이 좋지만 앞날의 핵심은 ⓐ에서 ⓑ의 선을 직선으로 만드는 것임을 명심하고 날물을 갈아야 한다.

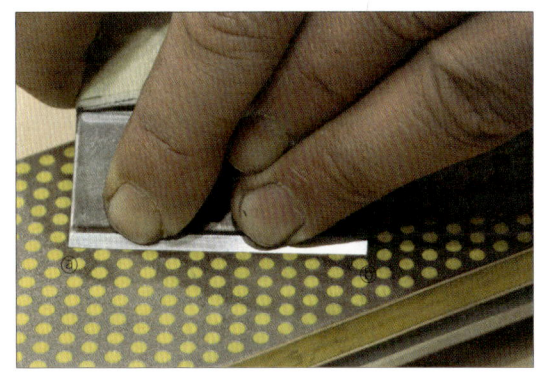

덧날 앞날 갈기.

① 평이 잡힌 숫돌이나 기타 평평한 곳에 살짝 올려보고 날 끝이 직선인지를 확인한다.
② 색이 끝까지 고르게 변하는지 확인한다.

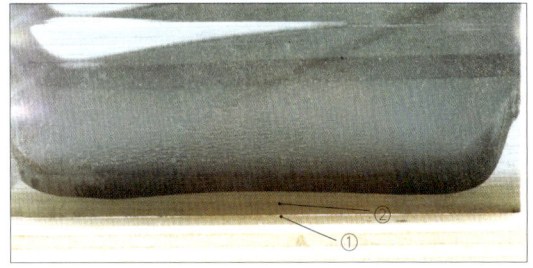

덧날 끝 선 확인.

두 가지 사항이 충족됐으면 다이아몬드 숫돌 1000번으로 옮겨 반복한다. 다시 이야기하지만 오래 갈기만 한다고 좋은 게 아니다. 정확하고 확실하게 날물을 갈아야 한다.

다이아몬드 숫돌에서 ①, ②의 조건이 충족되면 물숫돌로 넘어간다. 이중각은 나중에 살짝만 잡으면 되기 때문에 굳이 다이아몬드 숫돌에서 할 필요가 없다. 단 물숫돌은 몇번만 반복해도 푹 패이기 때문에 한두 번하고 바로 평을 잡아서 사용해야 한다. 물숫돌 1000번 평을 잡기가 너무 번거로우면 자연석 숫돌을 사용하는 것이 좋다.

물숫돌 1000번에서 뒷날부터 다시 간다. 날 끝까지 고르게 색이 변하게 평을 잡는다. 다이아몬드 숫돌에서 정확히 갈았다면 큰 어려움 없이 끝낼 수 있다. 단, 물숫돌은 몇 번만 왕복해도 푹 패이기 때문에 한두 번하고 바로 평을 잡아서 사용해야 한다. 앞날 갈기와 마찬가지로 물숫돌 1000번 평을 잡기가 너무 번거로우면 자연석 숫돌을 사용하는 것이 좋다.

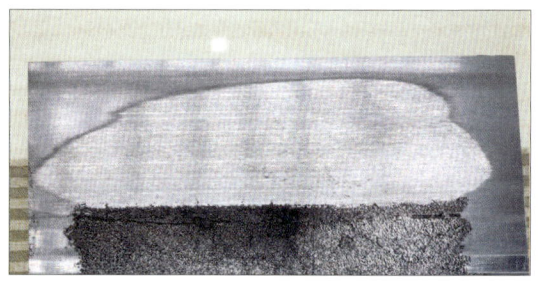

덧날 뒷날 평 확인.

앞날의 끝 선이 직선이고 날 끝까지 빛이 고르게 변했다면 이제 중요한 포인트인 이중각을 만들어야 한다. 다음 사진처럼 날을 50~60° 가량 세우고 A와 B의 선을 숫돌에 정확히 밀착시킨 상태에서 왕복운동한다.

덧날 이중각 내기(앞 뒤로 움직이면서 동시에 사선으로 움직이며 연마한다).

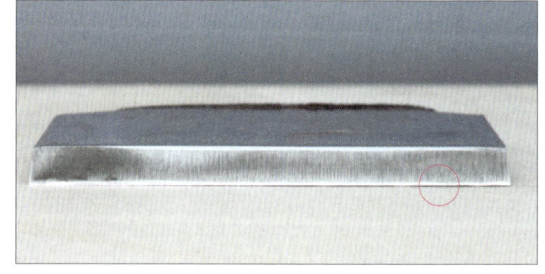
덧날 이중각 앞 모습

이미 날 끝의 직선이 잘 잡혀 있으므로 너무 세게, 여러 번 반복할 필요가 없다. 이중각은 날 끝 0.2~0.3㎜ 부분에 각이 꺾인 부분이 얇은 실처럼 고르게 빛이 나야 한다. 이중각이 아닐 경우 날 끝이 예리하므로 절대 손으로 만지면 안 된다. 하지만 이중각을 제대로 만들었다면 손가락으로 날 끝을 문질러도 베이지 않고 매끈하다.

어미날에서 설명했듯이 덧날 역시 앞날을 갈면 잔재[burr]가 뒷날 쪽으로 넘어간다. 그럼 뒷날을 다시 갈아 잔재를 떼어내고, 다시 앞날을 갈아 완전히 잔재를 떼어내면 된다. 여기서 주의할 점은

① 덧날의 날갈기가 최종적으로 마무리될 때까지 종이 테이프로 감아놓은 나무 조각은 떼지 않는다. ② 덧날을 세워서 물숫돌에 갈면 평소보다도 훨씬 더 심하게 숫돌이 파이므로 숫돌의 평잡기에 더욱 신경 써야 하며 ③ 뒷날의 잔재를 떼고 다시 앞날을 갈 때 처음의 각도를 유지해야 한다. 마지막으로 6000번에서 뒷날과 앞날을 번갈아가며 잔재를 떼어내면 덧날의 날갈기는 마무리 된다.

어미날과 덧날 사이에 빛이 새는지 확인한다.

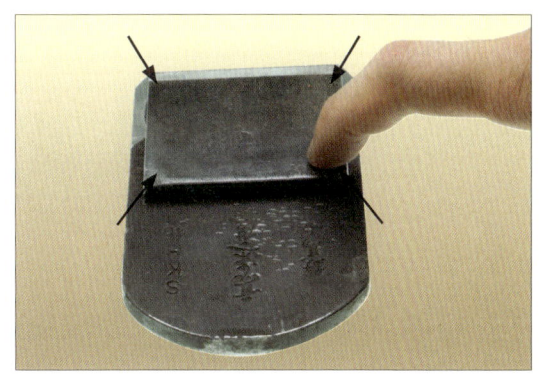
네 귀를 눌러 흔들림이 없는지 확인한다.

대팻집에 꽂기 전에 어미날과 덧날을 포개서 밝은 곳에 비춰보고 두 날물 사이로 빛이 들어오는지 확인한다. 그리고 덧날의 네 귀를 눌러 덧날이 밀착됐는지 확인해야 한다. 마치 4개의 다리를 가진 테이블을 바닥에 놓고 수평이 맞는지 흔들어 보는 것과 같다. 딸깍딸깍 흔들리면 단단한 모루 위에 구부려진 부분을 올려놓고 망치로 조금씩 때리면서 흔들림이 없을 때까지 조정한다. 덧날의 단면을 쇠에 밀착시키고 조심스럽게 때려야 한다. 이때 귀의 굽은 부위를 펴는 방향이 아니라, 더 굽히는 방향으로 망치질하는 것이 좋다.

덧날 귀 망치로 구부리기.

4. 대패질하기

처음 목공을 시작하는 사람들에게 대패 날물을 정확하게 연마하는 작업은 대패의 거의 모든 것이라 할 만큼 중요하다. 따라서 대패질하기에 앞서 잘 갈아 놓은 어미날과 덧날을 대팻집 위에 올려 놓고 지켜보는 당신은 뿌듯해할 자격이 있다.

대패 날물 완성 모습.

1) 대팻집에 날물 끼워 넣기

대팻집에 두 개의 날을 끼워보도록 하자. 먼저 손으로 어미날을 최대한 집어 넣어 보자. 어느 정도 내려가다가 멈출 것이다. 그때 날 머리를 망치로 가볍게 툭툭 치면서 날이 어느 정도 들어가는지 확인한다. 날이 날입에 닿을 때쯤 멈추고 덧날을 끼운다. 역시 먼저 손으로 끼운 후에 망치로 가볍게 쳐서 수평을 맞춰 어미날의 날 끝 근처까지 가도록 넣는다. 대패를 뒤집어 대패 바닥과 최대한 가까운 곳에서 날입 쪽을 바라본다. 그 상태에서 망치로 어미날의 머리를 가볍게 쳐본다. 처음부터 어느 정도 날을 빼야 하는지 너무 신경 쓰지 말고 일단 어미날이 일정한 높이로 보이도록 가

어미날 넣기.

덧날 넣기.

볍게 날을 쳐 보자. 손으로 바닥의 날입을 만져 보면 분명히 날은 바닥 아래로 나와 있는데 실제 눈으로 보면 도대체 날이 나온 건지 아닌지 구별하기 힘들 것이다.

어미날이 살짝 나온 모습.

앞서 날물을 갈며 설명한 것처럼 바닥으로 얼마나 날을 빼야 하는지 정해진 건 없다. 초보자라면 너무 신경 쓰지 말고 살짝만 나오게 한다는 기분으로 날을 빼 보자. 그리고 다시 뒤집어서 덧날을 어미날에 최대한 가까이 닿도록 망치로 친다. 이때도 마찬가지로 얼마나 어미날 끝 선에 붙여야 하는 건지 너무 고민할 필요는 없다. 지금은 그냥 가까이 다가가는 정도로 충분하다. 실제로 대패를 계속 쳐보면서 몸에 익혀야 할 부분이다. 단 덧날이 어미날보다 더 나와서는 절대 안 된다는 사실을 잊지 말자.

2) 대패 바닥 평 잡기

대패 바닥 평이 맞지 않아 날이 뜬 경우.

날을 잘 갈았으니 대팻집에 끼고 바로 대패질하면 될 것 같은 생각이 든다. 하지만 앞서 설명했던 것처럼 아무리 날을 잘 갈아도 대패의 바닥 평이 휘어 있거나 뒤틀리면 아무런 소용이 없다. 5분도 안 걸리는 일이 귀찮아서 대패 바닥의 평을 잡지 않고 대패질하는 것은 금물이다. 대패 바닥의 평을 잡는 것은 숫돌의 평을 잡을 때와 비슷한 원리다. 먼저 석정반 위에 사포를 올려 놓는다. 처음엔 100번 전후의 거친 사포를 이용한다.

대패 바닥 잡을 때의 파지법(검지손가락만 힘을 주어 누른다).

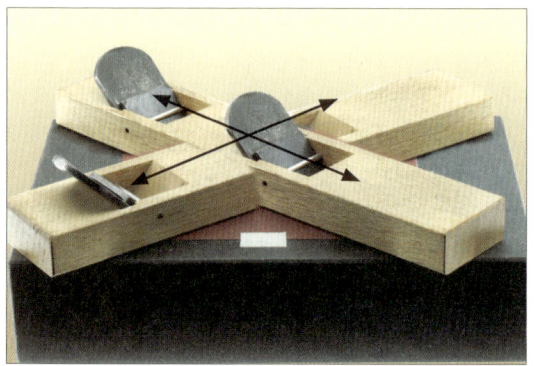
대패 바닥 잡기(사포면에서 많이 벗어나지 않게 왕복운동 한다).

① 날이 나와 있다면 당연히 날이 상하게 된다. 반대로 아예 날을 끼지 않고 대팻집 바닥의 평을 잡는 것도 무의미하다. 날을 낀 상태에서 날입에 최대한 가까이 붙여 놓고 평을 잡으면 된다.

② 초보자는 사진처럼 바닥 전체에 연필로 선을 그어놓고 문질러 보는 것도 좋다. 어느 쪽부터 어떻게 선이 사라져 가는지 살펴보고 모든 연필의 흔적이 사라질 때까지 바닥의 평을 잡는다.

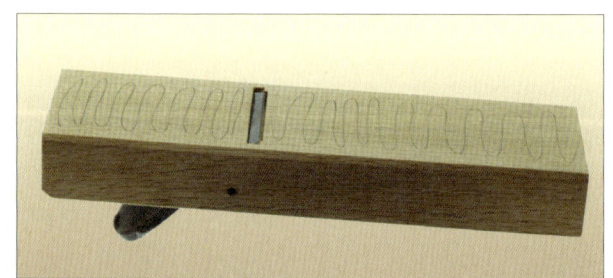
대패 바닥 연필 칠하기.

③ 너무 힘을 줘서 누르지 말고 가볍게 눌러 문질러야 한다. 한쪽에만 힘이 치우치면 대패 바닥에 경사면이 생길 수도 있으니 전체적으로 편안하게 대패를 쥐고 검지손가락만 힘을 주어 누른 상태로 문지른다.

④ 5~10회 정도 왕복운동한 후 하단자를 이용해 바닥의 평이 맞아가는 지 확인하며 갈아야 한다.

하단자로 바닥 확인하기.

⑤ 대패가 사포 밖으로 너무 멀리 나가지 않도록 주의하며 문지른다. 사포가 크지 않기 때문에 양 끝인 A와 B 지점보다 가운데 부분이 더 많이 갈릴 수 있다.
⑥ 하단자에 빛이 들어오지 않으면 300번 정도의 사포로 한 번 더 마무리한다.
⑦ 석정반이나 사포 위에 이물질이 끼지 않도록 수시로 청소해주며 평을 잡아야 한다.
⑧ 날물을 갈 때와 마찬가지로 대충 이 정도면 되겠지라는 생각은 금물이다. 바닥의 평 잡는 작업을 멈추는 것은 대패 바닥과 하단자 사이에 빛이 들어오지 않는 순간뿐이다. 대패 바닥을 정교하게 잡는 만큼 대팻밥도 정교하게 가공 가능하다.

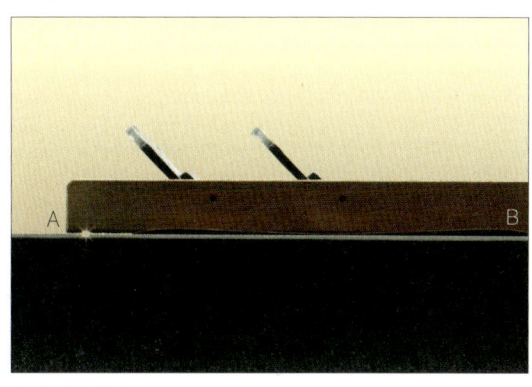
대패 바닥 잡기.

3) 대패질의 이론적 이해

이제까지 우리는 힘들게 대패의 날물을 갈았고 대패 바닥의 평도 잘 잡았다. 이제 편안한 마음으로 즐기듯 대패질을 연습해보자. 처음엔 대패를 잡는 것조차 어색할 것이다. 당장 뭔가를 정확히 하겠다는 생각보다는 힘들게 갈아 놓은 대팻날이 얼마나 예리한지 확인해본다는 마음으로 연습하자.

일단 몇 가지 사항에 집중하여 대패질을 해본다.

① 수평의 유지
필요에 의해서 목재의 어느 한쪽에 힘을 더 줘야 하는 경우도 있다. 하지만 처음엔 안정적으로 수평을 유지한 채 대패 당기는 자세를 몸에 익혀보자.

② 힘의 균형
대패를 누르는 힘을 시작부터 끝까지 동일하게 유지한다는 기분으로 대패를 친다. 처음에는 몸에 힘이 들어가고 대패를 힘껏 누르면서 힘에 의지해서 당기기 때문에 오히려 균형이 깨지고 체력만 급격히 소비된다. 날물을 예리하게 갈았고 대패 바닥의 평이 잘 잡혀 있으면 큰 힘을 들이지 않아도, 너무 세게 잡아당기지 않아도 대패질은 잘 된다. 무엇보다 빠르게 잡아당길 필요도 없다. 초보자라면 이렇게 느리게 해도 과연 대패질이 될까 싶을 정도로 천천히 잡아당기며 요령을 익혀나가도 상관 없다.

③ 순결과 엇결

설명했던 것처럼 대패질은 순결의 방향으로 하면 쉽다. 하지만 엇결임에도 대패질을 해야 하는 상황이 있고, 순결과 엇결이 섞여 있는 경우도 있다. 어느 방향이건 대패질에 앞서 목재의 결을 확인하는 습관을 들이도록 한다.

④ 몸의 자세

우리는 흔히 대패질을 부재의 왼쪽이나 오른쪽에서 하는 것으로 생각한다. 예전부터 TV나 매체들을 통해 통나무 같은 긴 부재를 대패질하는 모습을 봤기 때문이다. 목재와 대패가 내 몸의 가운데 와서 일직선이 되도록 대패질을 해야 한다. 부재가 긴 경우에는 옆에서 대패질을 해야 할 수도 있지만 처음엔 부재를 가운데 놓고 대패질의 자세를 몸에 익혀야 한다.

⑤ 어미날과 덧날의 간격

이제 각재를 작업대 위에 놓고 대패질을 해보자. 그냥 장난감을 갖고 논다는 생각으로 부담 없이 연습해도 상관 없다. 여러 가지 느낌이 들 수 있다. 대패의 날이 목재에 박혀서 대패가 당겨지지 않을 수도 있다. 당연히 날이 너무 많이 나와 있는 경우다. 반대로 날이 나오지 않거나 바닥의 평이 맞지 않으면 대팻날이 목재에 닿는 느낌이 들지 않을 수도 있다. 앞에서 대팻날을 얼마나 빼야 하는지 자세히 설명하지 않은 이유다. 본인이 감각으로 느끼면서 익혀야 한다. 전자라면 대팻집에서 날물을 뺐던 방식으로 덧날을 밀면서 툭툭 망치로 대패집 머리를 때려 날을 조금 집어 넣으면 되고, 후자라면 어미날의 머리를 살살 때려서 조금 더 나오게 한다.

필요한 만큼 어미날을 뺐으면 덧날을 어미날에 밀착시켜 보자. 덧날을 망치로 쳐가면서 어미날의 날 끝인 ⓐ의 선에 덧날의 끝 선인 ⓑ를

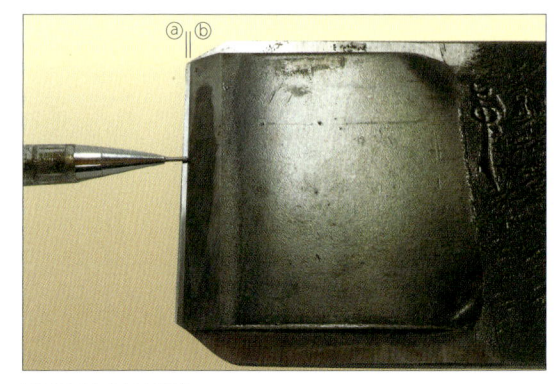

덧날과 어미날의 간격.

근접시킨다. 덧날의 앞날을 갈 때 날 끝을 직선으로 만들고, 이중각을 주는 것이 핵심이었다. 즉 ⓑ의 선을 직선으로 해 놓지 않으면 일정한 간격을 유지한 채 ⓐ의 선에 접근할 수 없다. 그리고 이중각을 줬기 때문에 ⓐ의 선에 가까워질수록 덧날에 가려서 ⓐ의 선 끝은 보이지 않게 된다.

왼쪽 사진을 보면 좀 더 이해가 쉬울 것이다. 위에서 보면 ⓐ와 ⓑ선이 모두 잘 보이기 때문에 덧날이 어미날에 얼마나 접근하고 있는지 시각적으로 확인할 수 있다. 하지만 덧날이 바닥에 가까이 내려갈수록 ⓐ의 선이 잘 보이지 않기 때문에 실수로 어미날보다 덧날이 더 나가버리기도 한다. 그럴 경우 덧날의 날이 어미날의 날 끝을 눌러서 날 끝이 상한다. 따라서

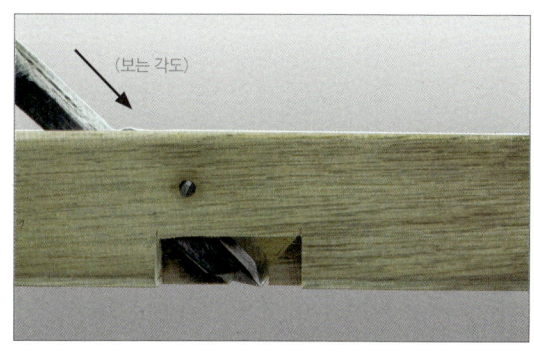

어미날 덧날 절개면(대패집 구조상 덧날의 이중각으로 인해 두 날물 끝선이 붙는 정도를 정확히 확인하는데는 한계가 있다).

처음부터 덧날을 어미날에 너무 가까이 붙이려고 하지 않아도 된다.

외날로 쳐야 하는 경우(장부촉).

외날로 쳐야 하는 경우(주먹장촉).

① 사진처럼 판재나 각재의 마구리면을 대패질할 때나 주먹장을 비롯해 반대쪽에 튀어나온 장부의 끝을 정리할 때는 어미날만을 이용해 외날로 쳐야 한다. 다만 튀어 나온 불필요한 장부가 거의 잘려 나갔을 때는 부재의 바닥면과 닿기 시작하므로 다시 덧날을 바짝 붙이고 날을 아주 예리하게 연마해서 대패질을 해야 뜯기지 않는다.

② 엇결을 쳐야 할 땐 최대한 어미날에 붙여야 한다. 앞서 설명했던 것처럼 덧날이 스

덧날의 스토퍼 기능.

토퍼 역할을 제대로 하기 위함인데, 그렇다고 덧날이 어미날과 거의 같은 선에 있거나 선을 넘어버리면 대패질이 되지 않는다. 최대한 가까이 대팻날을 붙이는 연습을 해두자.

③ 대패를 잘 모르는 경우 흔히 머릿속으로 그려보는 대팻밥은 대부분 돌돌 말린 모습일 것이다. 하지만 실제로는 다양한 모습이다. 일반적으로 어미날에서 덧날이 떨어지면 대팻밥이 돌돌 말리고(①) 가까이 붙을수록 퍼진다(②). 그리고 어미날 끝에 거의 다다르거나 일치가 될 경우에는 대팻밥에 주름이 지기 시작한다(③). 앞서 설명한 것처럼 평상시 일반적인 대패질을 할 땐 목재 표면이 깨끗하게 된다면 덧날의 조절에 대해서 너무 민감하게 고려할 필요는 없다. 하지만 추후 덧날을 어미날에 원하는 만큼 붙이기 위해서라는 다양한 형태로 대팻밥이 나올 수 있도록 연습해야 한다.

두 날이 멀면 대팻밥이 돌돌 말리고

가까이 붙을수록 대팻밥은 퍼진다.

두 날이 근접하면 대팻밥이 주름지기 시작한다.

대팻밥은 대패의 상태를 보여주는 하나의 지표이다. 어미날의 끝 선 상태, 날물의 예리함과 이빨의 상태, 대패 바닥 상태, 어미날과 덧날의 셋팅 상태 더 나아가 몸의 자세, 손의 파지 방식 등 많은 정보를 알려준다.

참고 - 어미날의 끝 (귀접이)

바닥의 날 끝 부분을 자세히 살펴보자.

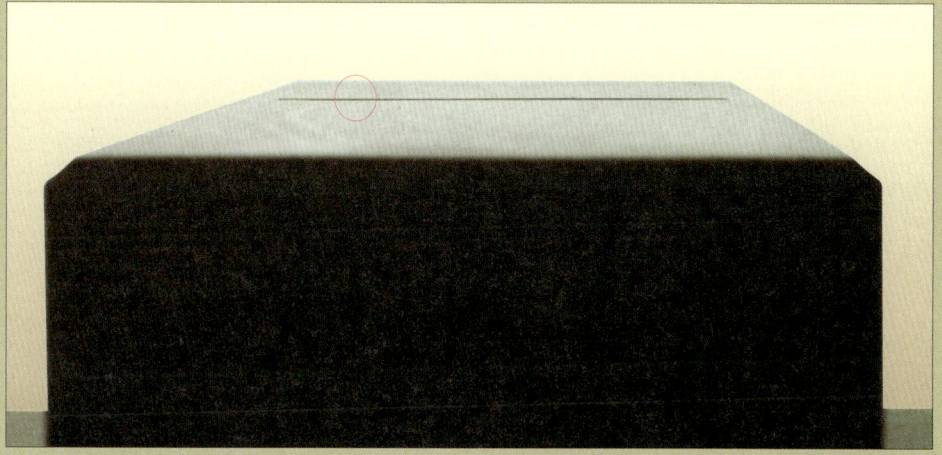

대패 바닥 날물 사진. 눈에 안 보일 만큼 살짝 나와 있다.

앞서 날물을 갈 때 설명했던 것처럼 날입 밖으로 살짝 나와 있는 어미날을 보면 날 끝이 정확히 직선이 아니다. 즉 날 가운데 부분보다 양 끝으로 갈수록 얇아지는 것처럼 보인다.

어미날 양쪽 끝이 곡선을 이룬다(귀접이의 결과).

날의 폭보다 좁은 크기의 각재를 대패질할 때는 상관 없지만 사진처럼 넓은 부재를 대패질할 때는 한 번에 할 수 없기 때문에 여러 번 나눠서 해야 한다. 이때 옆으로 이동하면서 대패질을 하면 겹쳐지는 부분이 있는 데 날물의 양 끝이 직선으로 되어 있으면 각진 모서리 때문에 단차가 생기며 부재에 선들이 남게 된다.

넓은 부재는 겹쳐지는 부분에 단차로 인한 선이 남기 때문에 귀접이를 해야 한다.

4) 대패질의 자세

대패질을 하는 자세에 대해서 좀 더 알아보도록 하자. 사진처럼 일반적으로 오른손은 대패를 흔들림 없도록 누르고 균형 잡는 역할을 한다. 왼손은 어미날과 대패 머리를 잡아서 몸 쪽으로 당기는 역할을 한다. 대패를 잡는 자세는 각재나 판재, 마구리면 같은 좁은 측면 등의 상황에 따라서 조금씩 달라진다. 예를 들어 각재 대패를 칠 땐 오른손의 세 손가락이 대패 바닥면을 잡고 있지만 판재를 칠 때는 그것이 불가능하다.

각재 가공 시 파지법.

판재의 좁은 면 가공 시 파지법.

왼손 역시 마찬가지다. 평소엔 ②, ③ 손가락은 어미날을 ④, ⑤손가락은 대패 머리를 잡고 당기지만 마무리 대패나 장대패를 사용할 땐 모든 손가락으로 어미날의 머리를 감싸듯 쥐고 당기기도 한다. 그리고 위의 오른쪽 사진처럼 좁은 면을 대패질할 때는 ①, ② 손가락으로만 어미날을 잡고 나머지 ③, ④, ⑤ 손가락을 부재에 대고 균형을 잡으며 당기기도 한다.

대패 자세.

대패질의 올바른 자세는 다음과 같다.

① 부재가 몸의 중앙에 오도록 한다. 그래야 한쪽으로 힘이 쏠리지 않고 균형 있게 대패질하는 요령을 몸에 익히기 쉽다.

짧은 부재는 몸의 중앙에 놓고 대패질을 한다.

② 허리를 너무 많이 숙이지 말아야 한다. 대패를 당기는 사이 습관적으로 몸이 숙여지는 경우가 많다. 몸을 너무 숙이게 되면 시선도 가까워지면서 바로 밑만 쳐다 보게 된다. 시선은 항상 대팻밥이 나오는 부분을 향하게 하고, 몸을 너무 숙여 팔꿈치나 팔목이 꺾이지 않아야 체력적으로도 유리하고 균형 잡힌 대패질이 된다.

상체의 각도. 허리를 많이 숙이면 팔의 각도까지 바뀐다.

③ 힘에 의존한 대패질을 하지 말고 정확한 자세를 유지하며 당겨야 한다. 날이 목재를 깎는 느낌을 온 몸으로 느끼며 천천히 당기는 습관을 들인다. 사진을 보면 대패질을 해야 하는 범위는 ⓐ부터 ⓑ까지다. 하지만 초보자의 경우(부재의 길이)는 ⓑ에 닿기 훨씬 전인 ⓓ부터 힘을 주기 시작해서 각재를 벗어난 ⓒ까지 온 힘을 다해 당겨 버리게 된다.

균일하게 대패 누르기. 안정적으로 걸쳐 놓고 그 자세로 부드럽게 당겨야 한다.

ⓓ부터 힘을 주기 시작한다는 건 대패의 많은 부분이 허공에 떠 있을 때 시작한다는 의미다. 당

연히 불안정하고 그 상태에서 힘껏 대패를 당기면 시작점인 ⓑ가 많이 파이거나, 단단한 하드우드인 경우 대패의 날이 상할 수도 있다. 그러므로 일단 날을 ⓑ의 모서리에 살며시 안정적으로 걸쳐 놓은 후 그 자세 그대로 부드럽게 당겨야 한다. 반대로 ⓐ를 한참 지나서까지 힘을 주는 것도 문제가 된다. ⓐ를 벗어나면서부터 대패의 균형이 무너지고 위에서 누르는 힘에 의해 ⓐ 부분이 파일 수도 있다. 따라서 여유 있게 천천히 대패를 당기다 자세를 흩트리지 말고, 날이 ⓐ를 지나자마자 일단 그대로 멈춘 후에 대패를 목재에서 떼어내야 한다.

시선은 시작부터 끝까지 대팻밥을 주시한다.

오직 팔의 힘에 의해 대패를 당기는 대패질은 힘이 들 뿐더러 정확한 자세를 유지하기 어렵다. 몸 전체의 리듬과 반동을 이용해야 한다. 오른쪽 발을 뒤로 빼면서 자연스럽게 상체와 팔도 그 속도와 리듬에 따라 뒤로 빠지면서 대패를 당긴다. 이 과정에서 몸이 너무 숙여지지 않도록 주의하며 시선은 시작부터 끝까지 대팻날을 타고 나오는 대팻밥을 주시한다. 대패의 자세를 글로 배우는 건 한계가 있으므로 동영상 등을 참고해서 계속 반복 연습한다.

대패질은 무척 힘이 들고 사용하지 않던 근육을 짧은 시간에 반복해서 사용하기 때문에 손가락이나 팔목, 어깨, 골반 등에 통증을 호소하는 사람들이 많다. 어쩔 수 없이 거쳐야 하는 관문이기도 하지만, 그것을 최소화시키기 위해서 온 몸의 리듬을 이용해서 올바른 자세로 반복, 숙달시키는 연습이 필요하다.

5. 4면 각재 뽑기

1) 대패질 복습하기

미리 대패나 끌 등의 수공구를 바로 사용할 수 있도록 연마해서 준비해 놓는 습관을 들여야 한다.

대패질은 정확한 자세를 유지하고, 대패가 손에 익숙해지도록 다양한 방식으로 반복 연습해야 자연스럽게 체득할 수 있다.

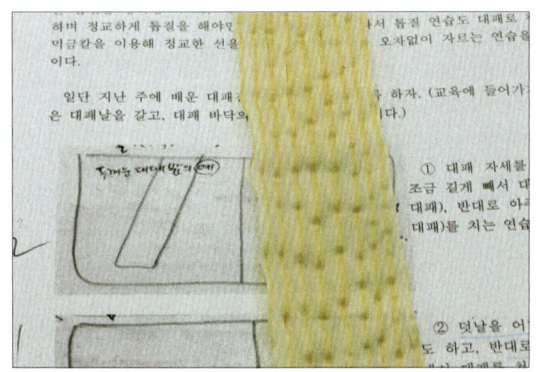
초벌 대팻날은 0.05~0.08㎜로 대팻밥이 두껍다.

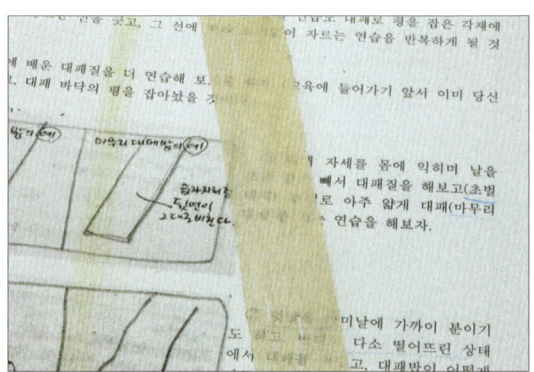
마무리 대팻날은 0.02~0.03㎜로 대팻밥이 얇다.

다양한 방식으로 대패를 연습해보자.

① 대패 자세를 바로 잡아가며 날을 다소 길게 빼서 대패질을 해보고(초벌 대패), 아주 얇게 대패(마무리 대패)치는 연습도 해보자. 마무리 대패의 경우 대팻밥의 두께가 반드시 얼마가 되어야 한다는 원칙은 없다. 날을 최대한 조금만 빼서 대패질 연습을 반복하며 스스로의 감각으로 익혀 나가야 한다. 날 상태, 셋팅 상태, 바닥 상태, 자세 등 모든 조건이 맞아야 0.02㎜ 이하 두께로 일정하게 목재 표면 가공이 가능하다.

② 덧날을 어미날에 가까이 붙이거나 반대로 다소 떨어뜨린 상태에서 대패를 쳐보고 대팻밥이 어떻게 다른지 직접 확인해보자. 일반적으로 돌돌 말린 형태의 대팻밥을 떠올리기 쉬운데 실제 대패질을 해보면 어미날과 덧날이 떨어지면 돌돌 말리고, 두 날이 가까워질수록 대팻밥은 펴진다.

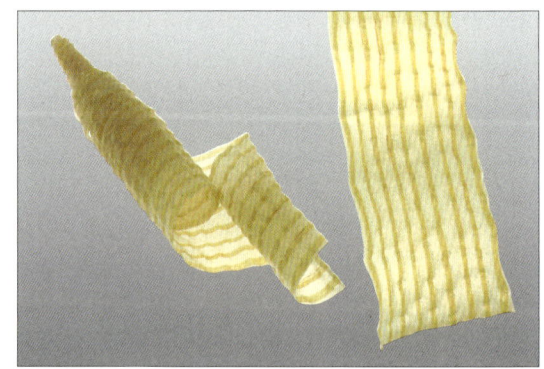
어미날과 덧날 간격에 따른 대팻밥 변화.

③ 일반적으로 순결 방향으로 대패질하는 것이 좋다. 하지만 상황에 따라서 엇결의 대패질을 해야 하는 경우도 많다. 덧날의 스토퍼 기능을 감각적으로 익히기 위해서 일부러 엇결 대패질을 연습해 보는 것도 좋다. 일단은 덧날을 붙이지 않고 어미날을 길게 빼거나 덧날을 붙이지 않고 어미날을 살짝 빼거나, 혹은 덧날을 바짝 붙여서 어미날을 살짝 빼는 등 다양한 방식으로 엇결의 대패질을 해보면서 그때 손의 느낌과 대팻밥의 형태 그리고 대패질을 한 표면이 어떻게 다른지 직접 체험해야 한다. 단 어미날을 길게 뺀 상태로 덧날을 어미날 끝에 가깝게 붙이면 덧날 역시 대패 바닥 밖으로 나오기

때문에 대패질이 잘 되지 않는다. 덧날은 대패 바닥 밖으로 나오지 않도록 해야 한다.

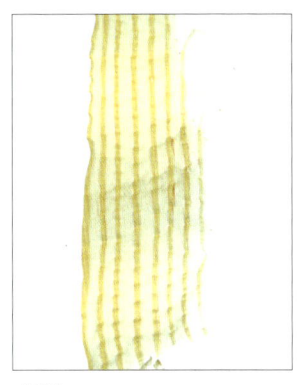

왼쪽에 힘을 줬을 경우 대팻밥 역시 왼쪽이 두껍게 나온다.

대팻밥.

좌측으로 기울어진 결과물.

④ 부재의 좌와 우, 어느 한쪽에 힘을 주면서 대패질을 해보자. 한쪽에 힘을 준다는 의미는 대패의 몸통을 한쪽으로 억지로 기울이는 것이 아니라, 한쪽에 누르는 힘을 조금 더 줄 뿐이다. 분명히 똑바로 대패질을 한 것 같은데도 결과물은 사진처럼 한쪽에 힘이 더 주어져서 기울어지는 경우가 발생할 수 있다. 이 경우 대팻밥은 위의 사진처럼 왼쪽은 선명하고 오른쪽은 왼쪽에 비해 얇거나 아예 없을 수도 있다.

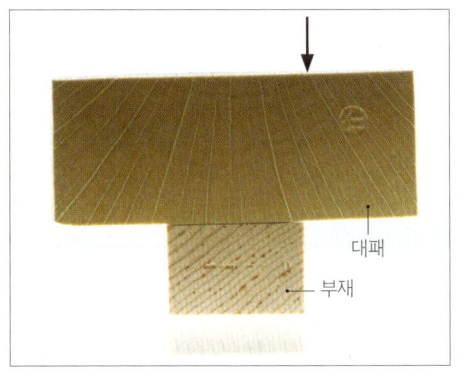

오른쪽에 힘을 줬을 경우 대팻밥 역시 오른쪽이 두껍게 나온다.

대팻밥.

좌측으로 기울어진 부재가 우측에 힘을 주어 가공하면 우측부터 수평이 잡힌다.

이럴 경우 우리는 수정을 위해 부재의 오른쪽 부분을 더 깎아내야 한다. 당연히 대패의 오른쪽에 힘을 주어야 한다. 이때도 대팻밥의 모양이 어떻게 나오는지 꼭 살펴봐야 한다. 이번엔 반대로 왼쪽이 얇아지거나 없어진 대팻밥이 나온다. 이와 같은 이유로 대패질을 할 때 항상 대팻밥의 상태를 잘 살펴보면서 대팻밥만 보고도 대패질이 어떻게 진행되고 있는지를 파악할 수 있도록 반복 연습이 필요하다.

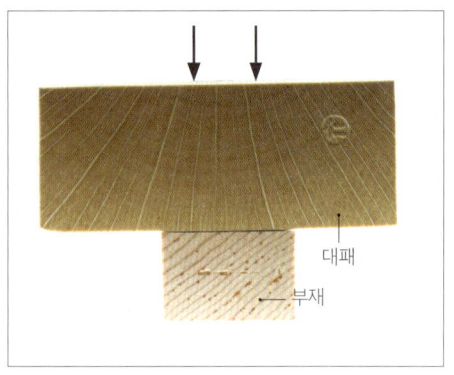

사진처럼 결과물이 수평을 이룰 수 있도록 연습한다.   대팻밥.   전체가 수평인 결과물.

    이상의 방법은 하나의 예일 뿐이다. 각자의 스타일대로 반복해서 대패질하면서 몸이 기억하도록 익혀나가고, 어미날과 덧날에 따라 대패의 결과가 어떻게 달라지는를 스스로 깨달아야 한다. 이런 연습 과정 없이 힘들게 만들어 놓은 작품을 대패질로 마감하다 망치는 경우가 많다. 그런 일이 한 두 번 반복되다 보면 대패 자체에 대해서 거부감이 생기게 된다. 또한 어떤 정해진 법칙대로만 연습하다 보면 결과가 좋지 않아서 대패를 멀리 하는 경우도 많다. 대패가 친근한 친구처럼 느껴지도록 평소에 자신만의 방식을 찾아 연습을 반복하는 것이 가장 좋은 방법이다.

2) 부재가 수평이 맞는지 확인하는 요령

    기본적으로 대패는 목재면을 수평으로 가공하는 도구이다. 이번엔 한 면의 수평을 대패로 잡는 연습에 집중해보자. 일단 연습용 각재를 준비해 한쪽 면을 평평하고 매끄럽게 대패질해보자. 경험이 오래 축척되면 수평이 맞는지 눈으로만 봐도 확인이 가능하다. 하지만 그건 오랜 경험이 쌓였을 때 가능하며, 처음엔 대패질을 한 면이 제대로 수평이 맞는지 확인하는 방법을 익혀야 한다.

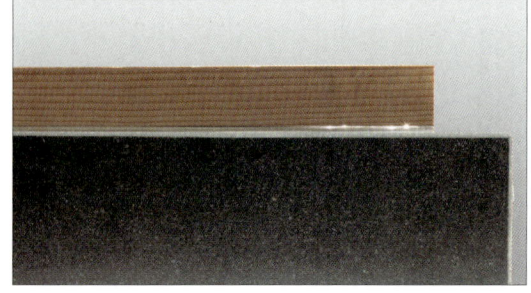

우측이 떠 있는 상태.   좌측이 떠 있는 상태.

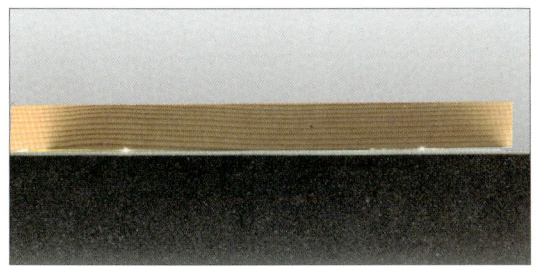
부재 양쪽이 떠 있는 상태.

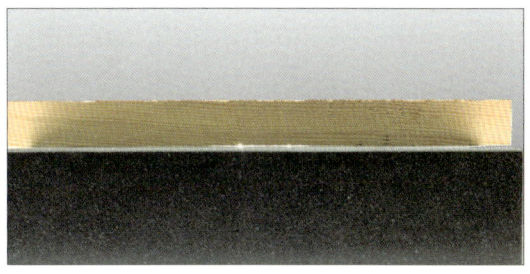
부재 가운데가 떠 있는 상태.

① 먼저 대패질한 면을 석정반 등의 평평한 면에 뒤집어 올려 놓고 눈으로 확인해본다. 당연히 바닥과 떨어진 곳은 많이 깎인 부분이므로 그 부분은 대패질을 멈추고 나머지 부분을 먼저 깎아내야 할 것이다.

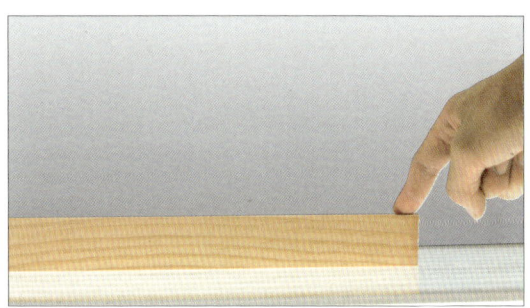
한쪽을 눌렀을 때 반대쪽이 올라가면 불룩한 부분이 있다는 의미이다.

② 평평하게 보인다고 해서 그냥 넘어가면 안 된다. 먼저 대패질한 면을 바닥에 뒤집어 놓은 상태에서 손가락으로 부재의 양 끝을 눌러보자. 바닥이 수평이라면 흔들림이나 움직임이 없어야 한다.

한쪽 끝을 눌렀을 때 반대쪽이 올라오면 널뛰기처럼 바닥 어디엔가 살짝 불룩 튀어나온 부분이 있다는 의미다. 이때 반대쪽을 눌러서 움직임이 있는지 여부에 따라 튀어나온 살의 위치를 대략 파악할 수 있다. 예를 들어 왼쪽을 눌렀을 땐 반대쪽이 올라오고, 오른쪽을 눌렀을 때 움직임이 없으면 바닥에 살이 남아 있는 부분이 왼쪽 가까운 쪽 어딘가에 있다는 의미이다.

나무가 뒤틀린 경우엔 대각선 방향으로 까딱거린다.

어느 곳을 눌러도 움직임이 없다면 수평이 어느 정도 맞았다는 의미다.

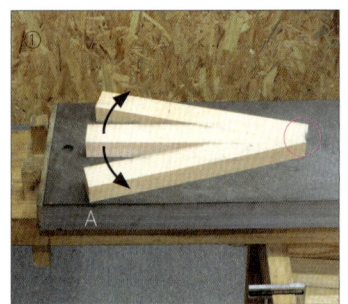  

한쪽 끝을 손가락에 걸고 바닥에서 흔들어 보면 살이 많은 부위를 확인할 수 있다.

③ 다음엔 각재의 한쪽 끝을 손가락에 걸고 좌우로 살살 흔들어 본다. 평이 맞지 않을 경우에 살이 남아 있는 곳을 중심으로 각재가 흔들리게 된다. 대략 어디에 살이 남아 있는지 확인할 수 있는 좋은 방법이다. 바닥의 평이 잘 잡히면 사진 ③처럼 지그재그로 걸어가듯 부드럽게 움직인다.

평이 잡힌 각재는 청명한 소리가 나고, 판재는 미끄러지듯 앞으로 나아간다.

④ 마지막으로 한쪽을 들어 바닥에 떨어뜨려 본다. 바닥 평이 잡혔으면 맑고 청명한 소리가 난다. 판재의 경우엔 바람에 날아가듯 앞으로 부드럽게 미끄러진다. 또한 바닥이 정확히 수평이면 공기의 압력차에 의해 다시 판재를 들어 올리려 해도 바닥에서 잘 떨어지지 않는다.

부분 대패 치기. 두드러진 부분이 있으면 그 부분의 평을 잡고 마지막으로 전체 면의 평을 잡는다.

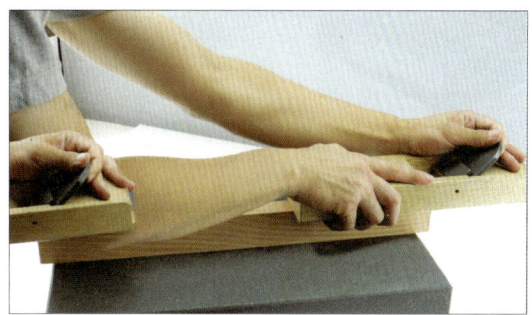
전체면 대패 치기.

이상의 방법을 모두 활용해서 감각에 의지해 평이 잡히지 않은 곳을 찾아내야 한다. 미세하게 튀어나온 부분을 찾아내면 그 부분을 집중적으로 대패질한다. 대부분 미세한 차이이므로 너무 힘껏 여러번 대패질하거나, 한 번에 끝내려는 욕심에 날을 너무 길게 빼고 대패질을 하면 다시 다른 부분에 문제가 생긴다. 예리하게 갈아 놓은 본인의 대팻날과 점점 늘어가는 실력을 스스로 믿고, 그동안 배운 자세를 그대로 유지한 채 부드럽게 대패질하면 된다. 문제가 있는 부분의 평이 잡혔다 싶으면 부재 전체를 다시 한두 번 대패질해서 전체의 평이 잡히도록 한다.

처음엔 한 면의 평을 잡는 것도 쉽지 않을 것이다. 한쪽 면의 평을 제대로 잡지도 못한 채 두꺼웠던 각재가 얇아져 버리기도 한다. 하지만 연습할수록 시간도 단축되고 몇 번 대패질하지 않아도 쉽게 평이 잡히는 경험을 하게 될 것이다.

한쪽 면의 수평을 완벽하게 잡기 위해서는 가공 시 바닥면의 상태가 흔들림이 없어야 가능하다. 따라서 한번에 면을 완벽히 잡는 것은 불가능하므로 대패 가공을 하여 상태가 좋아지면 그 면을 바닥으로 보낸 후 반대면을 가공하고 그 면이 바닥보다 상태가 좋아지면 다시 바닥으로 보내고 반대면을 가공한다. 즉, 계속 상태가 좋은 면을 아래로 보내면서 대패 가공을 해야 효율적으로 면의 수평을 잡을 수 있다.

3) 대패를 이용해서 각재 뽑기

처음 연습할 때 너무 긴 각재를 사용하면 수평과 수직을 잡아야 할 면적이 넓어서 쉽게 되지 않는다. 400~500㎜ 정도의 적당한 각재로 연습하고 차츰 길이를 늘려 나가는 것이 좋다.

각재.

각재를 뽑는다는 건 네 개의 면이 모두 90°를 이루는, 단면이 정사각형 또는 직사각형인 부재를 만들어 내는 걸 의미한다. 보통 마구리면이 정사각형이면 정각재, 직사각형이면 직각재라 칭한다. 네 면 중 한 면을 임의로 골라 평을 잡고, 그 면을 기준으로 나머지 세 면을 90°로 맞춰 나가는 방식이다. 아무리 날을 잘 갈고 대패 세팅을 잘 해도 작업대가 흔들리거나 작업대 상판이 평평하지 못하면 제대로 된 작업을 할 수 없다.

마찬가지로 작업대 상판이 아무리 평평해도 각재의 바닥면이 휘어지거나 뒤틀려서 흔들거리면 위쪽 면을 제대로 대패치는 건 불가능하다. 네 면을 바닥에 놓고 확인해본 뒤 가장 흔들림이 없는 면을 바닥에 놓고 그 반대쪽 면(위쪽)을 기준면인 1번으로 정한다. 4면 모두 흔들릴 경우엔 우선 한쪽 면을 최소한 흔들림이 없도록 대략 대패질해서 그 면이 바닥으로 오게 한 뒤 각재를 뽑으면 된다.

① 1번 면 대패질하기

1번 면은 기준이 되는 면이기 때문에 넓은 쪽 두 면 가운데 한쪽을 1번으로 정한다.

마구리면을 봤을 때 전체적인 사각의 틀에서 심하게 벗어나지 않아야 한다.

버려지는 부분

그동안 연습했던 방식대로 1번 면을 곱고 평평하게 대패질한다. 1번 면은 말 그대로 기준이 되는 면이다. 1번 면을 대충하고 넘어가면 나머지는 해볼 필요도 없다. 시간이 걸려도 꼼꼼히 하고 넘어가야 한다. 또 1번 면을 아무리 평평하게 대패질한다고 해도, 사진처럼 너무 한쪽으로 기울어지면 나머지 세 면의 대패질해야 할 부분이 너무 많다. 시간도 오래 걸릴 뿐더러 버려지는 부분도 많아진다.

② 2번 면 대패질하기

1번 면을 선택할 때와 동일하다. 1번 면과 닿아 있는 두 면 중 바닥에 올려놨을 때 흔들림이 없는 쪽을 바닥에 놓고 그 반대쪽을 2번 면으로 해야 안정적으로 대패질할 수 있다. 이 경우 바닥면이 3번 면이 된다.

1번 면의 대패질이 끝나면 그 면과 닿아 있는 두 면 가운데 하나를 2번 면으로 설정한다.

1번 면은 단순히 면의 수평만 맞추면 충분했다. 남은 면들은 수평과 동시에 기준면과 정확히 직각을 이루도록 해야 한다. 일단 감각에 의지해서 대패질로 2번 면의 수평을 맞춰본다. 수시로 직각자를 이용해서 1번 면과 직각을 이루는지 확인해야

1번 면을 기준으로 직각자로 2번 면의 직각을 확인한다.

한다. 이때는 직각자로 각재 전체를 두루 확인해야 한다. 직각자는 1번 면을 기준으로 해야 하며, 직각자를 사용할 때는 항상 기준면(여기선 1번 면)에 헤드 부분을 정확히 밀착시킨 후(①번 화살표 방향) 2번 면을 향해 부드럽게 내려서 확인한다(②번 화살표 방향).

가공할 부분 확인. 빛이 들어오면 틈이 없는 쪽을 먼저 대패질해서 깎아내야 한다.

이때 그냥 눈으로만 살펴보면 미세한 틈은 잘 보이지 않는다. 항상 형광등 같은 광원 쪽을 향해 비춰 보는 게 좋다. 하단자로 대패 바닥의 평이 맞는지 확인할 때와 동일한 방법이다. 사진처럼 어느 한쪽으로 기울어져 그 사이로 빛이 들어오면 틈이 없는 쪽을 먼저 대패질해서 깎아내야 한다. 살이 많이 남아 있는 곳을 중심으로 대패질한 뒤 전체적으로 다시 한 번 대패질을 해줘야 한다. 1번 면과 정확히 직각을 이루지 않은 채로 넘어가게 되면 나머지 면을 아무리 잘 해도, 마지막엔 결국 각도가 틀어지게 된다.

③ 3번 면 대패질하기

2번 면 자체의 수평, 그리고 1번 면과의 수직이 충족되면 3번 면으로 넘어간다. 3번 면은 2번 면의 반대쪽이므로 방법은 동일하다. 면의 수평을 잡아야 하고 1번 면과 직각을 유지하도록 해야 한다. 더불어 3번 면부터는 각재의 사이즈를 고려하며 대패질을 해야 한다.

이를 사진으로 살펴보자.

각재 뽑기.

1, 2번 두 면은 평이 잘 잡혀 있고 정확히 직각이지만, 나머지 면은 대패질 과정에서 높이에 차이가 생겼음을 알 수 있다. 따라서 3번 면을 대패질할 때는 3번 면 자체의 수평과 1번 면과의 직각 상태와 더불어, 3번 면 전체가 2번 면과 동일한 높이를 형성해야 한다. 이를 위해 3번 면을 대패질할 때는 미리 1번 면과 4번 면의 아래쪽에 그무개로 일정한 선을 그어야 한다.

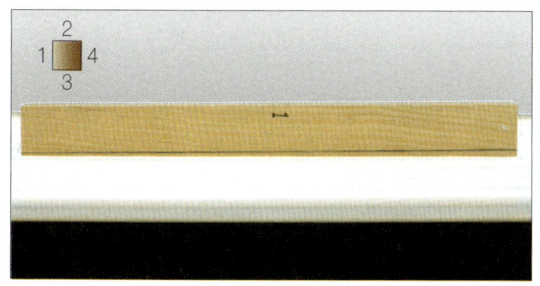

각재 편차.

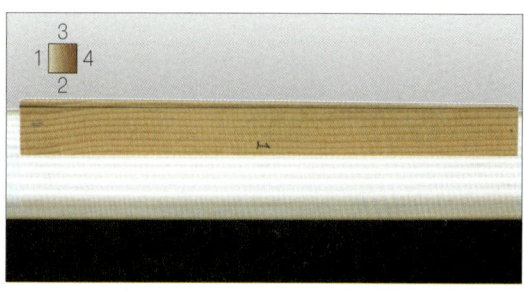

3번 면을 대패질하기 위해선 2번 면을 바닥에 둔다.

좀 더 설명하면 3번 면을 수평으로 대패질하기 위해 2번 면을 바닥 쪽으로 놨을 때 사진처럼 높이가 일정치 않다는 의미다. 즉 3번 면의 바닥으로부터의 높이가 일정해야 정확한 직각재를 뽑을 수 있다. 그래서 2번 면으로부터 일정한 높이로 선을 그어야 하는데, 이때 그무개를 활용하면 편리하다.

그무개를 이용해서 가장 낮은 쪽의 높이보다 살짝 작게 고정시키고 그무개로 선을 긋는다. 당연히 그무개는 2번 면을 기준으로 해야 한다. 앞서 사진에서 확인했던 것처럼 3번 면 전체는 2번 면과 동일한 높이여야 하기 때문이다. 반대쪽 4번 면도 당연히 높이가 같아야 하므로 같은 그무개로 선을 긋는다. 이때도 3번 면은 1번 면과 수직을 이뤄야 하므로 계속 직각자로 확인해가며 대패질한다. 2번 면을 대패질할 때는 90°가 맞을 때까지 계속 대패질을 할 수 있었지만, 3번 면은 그어 놓은 선을 넘어서면 안 되므로 좀 더 어렵다. 즉 양쪽 면에 그무개로 그어 놓은 선에 닿을 때까지 했는데도 1번 면과의 직각과 수평이 맞지 않으면 좀 더 낮게 선을 그리고 직각, 수평, 그무개 선이 동시에 맞도록 다시 가공해야 한다.

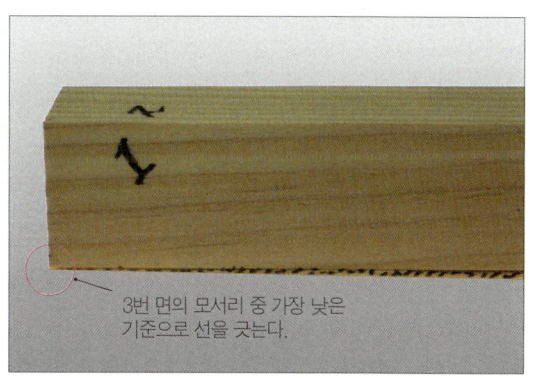

그무개 기준잡기. 반대쪽도 같은 그무개로 선을 긋는다.

각재 기준잡기. ⓐ와 ⓑ의 선을 확인해가며 대패로 수평을 맞춘다.

④ 4번 면 대패질하기

4면 대패질하기. 3번 면과 방법은 동일하다.

1, 2, 3번 면의 대패질이 끝나면 남은 면, 즉 1번 면의 반대쪽 면을 대패질한다. 방법은 동일하다. 4번 면은 아직 대패질 이전이므로 1번 면을 바닥 쪽으로 놓으면 높이가 일정하지 않다. 따라서 이번에도 가장 낮은 높이를 찾아 그무개를 고정시키고 1번 면을 기준면으로 해서 양쪽, 즉 2번과 3번 면쪽에 선을 긋는다. 수평을 잡으면서 2번, 3번 면과의 직각을 확인한다. 2번과 3번 면을 대패질할 때 1번 면과의 직각 상태를 확실하게 하지 않고 넘어오면, 4번 면은 당연히 정확히 될 수 없다. 예를 들어 4번 면을 2번 면과 직각으로 대패질한다고 해도 3번 면과 직각이 아닐 수도 있다는 의미다. 그럼 처음부터 다시 해야 한다.

참고 - 그무개 사용 시 주의사항

대패나 끌과 마찬가지로 그무개 역시 날카로운 날로 이루어져 있어 목재의 결을 따라 파고 들어갈 수 있다. 따라서 그무개를 사용할 때는 기준면에 정확히 밀착시킨 상태로, 즉 선을 긋는 과정에서 그무개가 기준면에서 떨어지지 않도록 주의하며 이동한다. 한꺼번에 힘을 줘서 선을 길게 그으면 나무의 결을 따라 칼날이 의지와 상관 없이 다른 방향으로 틀어져 버린다.

그무개 긋기. 힘을 줘서 한번에 긋다 보면 칼날이 목재의 결을 따라 움직인다.

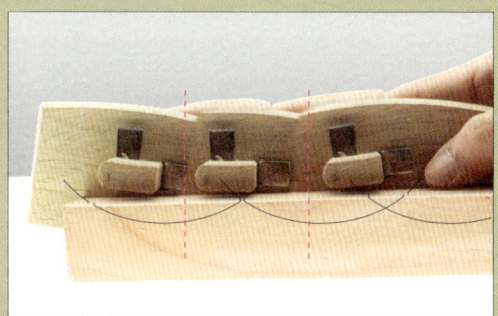

조금씩 나눠 선을 긋는다는 기분으로 가볍게 물결치듯 그어 나가야 한다. 미리 톱길을 살짝 내놓고 톱질을 시작하는 것처럼 가볍게 선을 그린다는 느낌으로 그무개를 사용해야 한다. 선이 너무 흐리거나 부족하다는 생각이 들 때는 기존에 그려 놓은 선에 따라 다시 한 번 그으면 된다.

그무개 사용법. 물결치듯 나눠서 그린다.

기계로 각재 뽑기

대패로 각재의 평을 잡는 방법은 수압, 자동 대패를 이용해서 부재를 뽑을 때도 비슷하게 적용된다. 수압 대패에서 1, 2번 면을 가공하고 자동 대패로 3, 4번 면을 잡는다.

수압 대패.

수압 대패.

자동 대패.

수압 대패에 1번 면의 평을 잡고, 1번을 고정된 가이드에 정확히 밀착시킨 상태에서 1번과 닿아 있는 양쪽 면 가운데 한쪽인 2번 면의 평을 잡는다. 그리고 그 두 면을 기준으로 (그무개로 높이를 일정하게 긋듯이) 자동 대패에서 3번과 4번의 평을 잡는다.

4) 대패의 필요성

우리는 대패만을 이용해서 각재를 뽑아봤다. 많은 사람들이 이 과정에서 스트레스를 받고 싫증 낸다. 대패류의 기계나 샌딩기 등의 전동 공구를 이용해본 경험이 있는 사람이라면 더욱 그럴 것이다. 힘들게 날물을 갈고 대패를 세팅하고, 두꺼웠던 각재가 나무 젓가락처럼 얇아지도록 대패를 쳤는데도 각재의 평이 만족스럽게 잡히지 않을 때면 그냥 포기하거나 대충 넘어가고 싶은 생각이 든다. 실제로 가구를 만드는 사람들 가운데 상당수는 평생 대패 한 번 만져 보지 않은 사람들도 수두룩하다.

> 대패의 필요성을 제일 먼저 기술하지 않고 이제 설명하는 이유도 여기에 있다.
> 대패를 도대체 왜 사용해야 하는가!

다음 단계로 넘어가기에 앞서 대패의 필요성에 대해 생각해보자. 요즘처럼 뛰어난 목공 기계나 전동 공구들이 많은 세상에 우리는 왜 이렇게 힘들게 대패질을 해야만 하는 걸까?

① 정치수 가공

수압 대패.

자동 대패.

아무리 짜맞춤 방식으로 가구를 제작한다고 해도 모든 목재를 예전처럼 톱으로 자르는 건 현실적으로 쉽지 않다. 잘라 놓은 목재를 치수에 맞게 재단할 때도 모든 작업을 대패로 하는 건 많은 시간과 노력이 요구된다. 더욱이 최근엔 성능 좋은 기계들이 많이 나와서 수압, 자동 대패로 어느 정도 원하는 수치에 가까운 재단을 편하게 할 수도 있다. 하지만 기계나 날물의 상태, 관리나 세팅 상태 등에 따라서 그 결과물의 정밀도나 표면의 상태는 천차만별이라 할 수 있다.

각재에 남은 기계 대패의 날물 자국. (촬영을 위해 심하게 연출)

판재 표면의 기계 날물 자국(가공 당시 잘 보이지 않지만 살짝 착색하면 드러난다).

테이블쏘 가공 후의 톱날 자국.

많은 경우 각재나 판재 표면에 기계 날물의 흔적이 남기 마련이고, 톱날 자국이나 톱날에 탄 시커먼 자국들도 생긴다. 더욱이 설계도 상의 수치에 따라 아무리 정밀하게 기계 조작을 해도 조금의 오차는 언제나 발생하고, 정치수가 나왔다고 해도 작업 도중에 미세한 수치의 변동은 흔하게 발생하는 문제이다. 이럴 경우 대패는 상황을 빠르고 정확하게 해결할 수 있다.

테이블쏘 톱날에 목재가 탄 흔적.

② 단차의 가공

가구를 제작할 때 넓은 판재는 대부분 직접 집성을 해서 사용한다. 이때 불가피하게 미세한 단차가 발생한다. 폭이 넓은 대부분의 집성 판재는 자동 대패에 넣을 수도 없다. 전동 샌딩기로 오차를 잡을 수도 있지만 시간이 오래 걸릴 뿐더러 정확한 치수를 유지한 채 작업하기도 어렵다.

자동 대패 게이지. 수치대로 정확하게 나오지 않는다.

집성된 판재 간에 미세한 단차가 생긴다.

제비촉의 단차(결구 표면과 관통장부).

주먹장 단차. 튀어나온 장부의 촉들은 대패로 다듬어야 한다.

샌딩기로 가공할 경우 마구리면과 표면의 갈리는 정도가 달라 굴곡이 생기고 모서리 각이 뭉개진다.

또한 짜맞춤 결구 시에 어쩔 수 없이 생기는 수많은 단차들과 튀어나온 장부들을 매끄럽게 다듬는 것은 필수 작업이다. 이때도 샌딩기 등을 이용하는 것이 불가능하거나, 정확한 평면과 가구의 직선을 만드는 것은 불가능하다. 역시 이럴 때 대패는 유용하게 쓰인다.

③ 표면 마감

대부분의 가구 공방에선 완성된 제품의 표면을 샌딩기로 매끄럽게 한다. 샌더기로 표면을 매끄럽게 할 수는 있지만 원형으로 돌아가는 사포에 의해 미세한 스크레치(일명 돼지 꼬리)가 생길 수 있다. 그리고 대패로 마감했을 때의 흠없는 표면과 반광 상태의 마감을 샌딩은 결코 따라올 수 없다. 무엇보다 대패로 마감하면 그 위에 어떤 오일로 마감해도 쉽고 결과물이 훌륭하다.

④ 작은 부재를 사용할 때

부재가 얇거나 작을 때 위험성 때문에 기계 사용이 불가능한 경우가 많다. 기계로만 작업하는 데 익숙하다면 현장에서 아무것도 할 수 없다. 이때 대패는 큰 힘을 발휘할 수 있다.

이상의 상황을 포함해 현장에서 대패를 할 수 있는 사람과 그렇지 못한 사람과의 작업 능률이나 결과물의 격차는 분명히 발생한다. 따라서 지금 대패를 몸에 잘 익혀두면 두고두고 유용하게 활용할 수 있다.

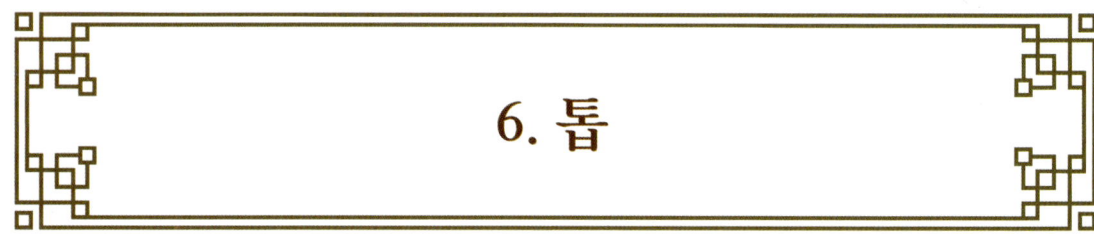

6. 톱

이번엔 대패나 끌과 더불어 대표적인 수공구인 톱질 연습을 해보자. 짜맞춤을 처음 접하는 초보자에게는 다른 공구에 비해 그나마 손에 쥐어본 경험이 많은 것이 톱이다. 하지만 그 경험이 오히려 정밀한 톱질 시 부정적인 요인으로 작용하기도 한다.

많은 사람들이 날이 잘 들지 않고 군데군데 녹이 슬어 있는 톱으로 목재를 잘라 보았을 것이다. 당연히 톱질이 잘 되지 않아 힘을 줬던 기억이 몸에 남아 있다. 또한 잘라야 할 목재가 정교함을 요하는 것도 아니었을 것이다.

우리가 앞으로 해야 하는 톱질은 장작을 자르듯 대충 힘으로 자르는 톱질이 아니라 0.1㎜까지 고려하며 정교하게 하는 톱질이다. 이에 우리는 대패로 평을 정확히 잡은 각재에 금긋기 칼을 이용해 정교한 선을 긋고, 그 선에 따라 오차 없이 톱질하는 연습을 반복하게 된다.

이 과정에서 단순히 톱질하는 요령뿐 아니라 목재에 선을 긋는 금긋기 칼$^{marking\ knife}$이나 직각자 등의 사용법에 대해서도 배우게 된다. 대패의 과정을 마친 당신에게 큰 어려움은 없을 것이다.

필요한 수공구

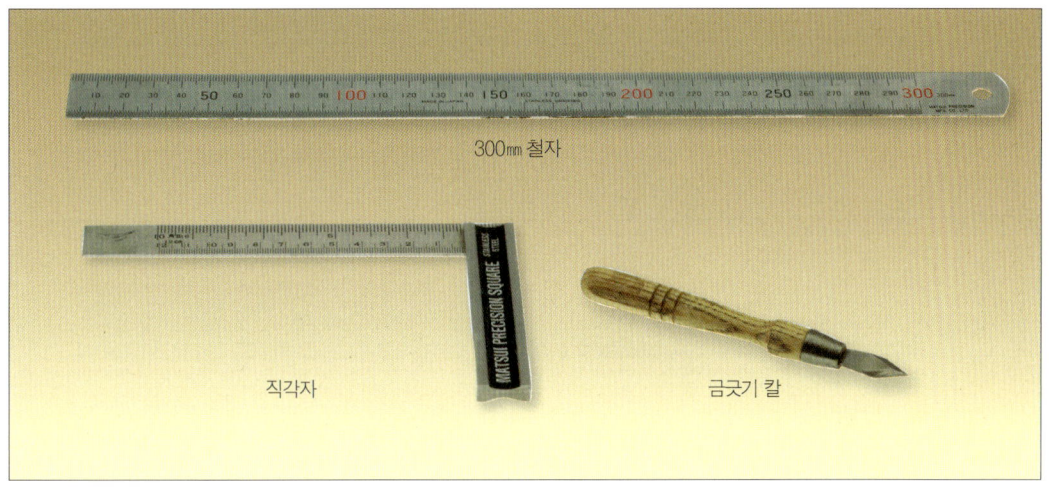

금긋기 칼을 현장에선 보통 먹칼, 먹금긋기 칼이라고 부르기도 한다. 먹금이란 용어는 예전에 먹물을 묻힌 줄을 튕겨 선을 긋는 것에서 유래한 표현으로, 여전히 칼금을 먹금이라고 부르는 목수들이 많다.

> 항상 직각자는 부재 중 사용할 부분을 가리고 금긋기 칼의 방향도 뒷날 부분은 사용할 부분 쪽, 사선 부분은 버릴 부분 쪽을 향하게 하고 사용한다.

1) 칼금 긋기 요령

톱질 연습을 하기 위해서 먼저 부재를 준비한다. 기존에 연습한 방법으로 대패를 활용해 각재를 뽑는다. 그 부재에 금긋기 칼과 직각자 등을 이용해서 칼금을 그어야 한다. 그동안 학습한 대패와 더불어 앞으로 배우게 될 끌이나 톱 등의 수공구를 다루는 일은 무척 중요하다. 가구 제작 시 대패질이나 톱질에 앞서 가장 먼저 할 일은 정확한 부재를 뽑고, 그 부재에 정확히 선을 긋는 행위이다.

톱질 연습을 위해 그어 놓은 칼금들.
선 긋는 연습과 동시에 선에 따라 정확히 톱질하는 연습을 하게 된다.

아주 기초적이면서도 중요한 내용들이니 처음부터 제대로 연습해야 한다. 먼저 선을 그을 때는 직각자 등의 가이드에 칼날의 뒷면, 즉 경사가 진 앞날이 아니라 평평한 뒷날 쪽이 닿도록 해야 한다. 그래야 정확하고 흔들림 없이 선긋기를 할 수 있다. 금긋기 칼뿐 아니라 끌 등의 날물 사용 시 기본이 되는 사항이다.

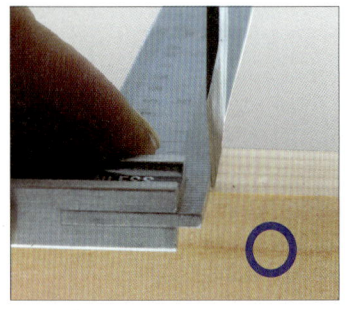  

금긋기 칼 사용 예. 자에 뒷날을 수직으로 붙여서 선을 긋는다.

개인에 따라서 금긋기 칼을 자에 대고 금을 긋는 습관은 조금씩 다르다. 사진의 경우처럼 지나치게 한쪽으로 기울이면 오차가 발생해 정확한 금긋기가 불가능하다. 이론적으로는 첫번째 사진처럼 금긋기 칼의 뒷면을 정확히 가이드에 밀착시키는 게 이상적이겠지만, 실제로는 오른쪽으로 아주 미세하게 기울인 채 선을 긋는 것이 보통이다.

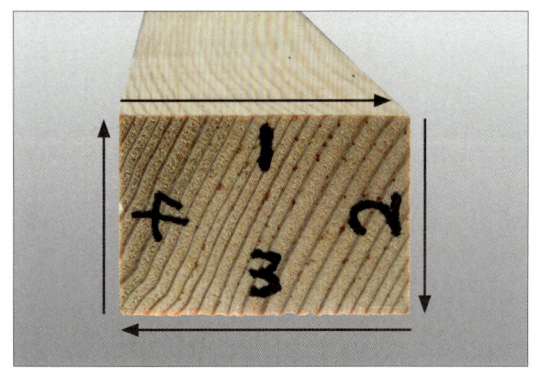 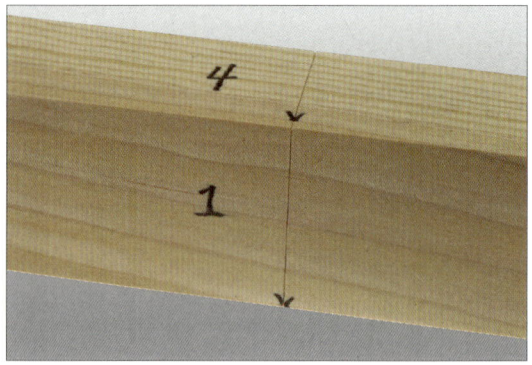

칼금 돌려 긋기. 한 바퀴를 돌아가며 선을 그었을 때 1번과 4번이 정확히 맞아 떨어져야 한다.

일단 직각자를 이용해서 한 면에 기준이 되는 선을 긋는다. 각재의 방향을 돌려 기준선의 끝에 금긋기 칼의 날을 대고 직각자를 밀착시켜 고정시킨 후 금긋기 칼을 떼서 금을 긋는다. 단순해 보이지만 막상 해보면 정확히 맞아 떨어지도록 긋는 것이 쉽지 않다.

그 원인은 다양하다.

① 대패를 이용해서 뽑은 각재가 정확하지 않거나 뒤틀렸다.
② 직각자에 금긋기 칼을 대는 방식이 일정하지 않다.
③ 모서리를 돌아 다음 면으로 이어갈 때 미세한 오차들이 발생했다.

부재를 정확하게 뽑아야 하는 건 물론이거니와, 그 오차를 최소화하기 위해선 자신만의 고정된 '영점'을 잡아야 한다. 이를 위해 금긋기 칼을 잡은 손가락을 제외한 나머지 손가락은 당구 큐대를 고정시키는 왼손가락처럼 부재 위에 대서 흔들리지 않도록 균형을 잡고 선을 그어야 한다. 직각자의 헤드 부분을 기준면에 정확히 밀착시키며 선을 긋는 연습도 잊어서는 안 된다. 또한 오차를 최소화하기 위해 한 바퀴를 돌아가며 선을 긋지 않고 사진처럼 기준선의 양쪽으로 선을 내리고 반대쪽 선을 긋는 방식을 활용한다.

칼금 돌려 긋기 순서. 기준선을 긋고 양쪽으로 넘어가면서 선을 긋는 방법이 좋다.

2) 톱질연습용 칼금 긋기

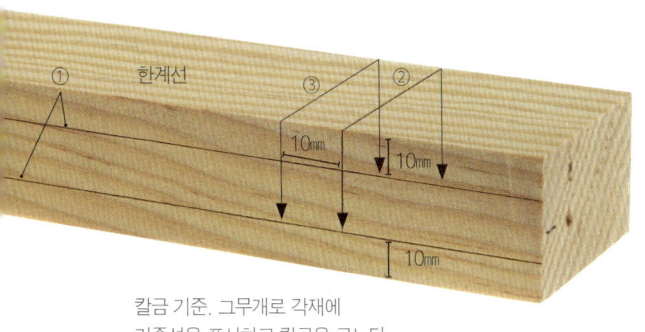

칼금 기준. 그무개로 각재에 기준선을 표시하고 칼금을 긋는다.

① 먼저 그무개로 각각 위, 아래면을 기준으로 10㎜ 거리에 한계선을 긋는다.
② 각재의 오른쪽 끝 부분쯤에 직각자와 금긋기 칼을 이용해서 기준이 되는 선 하나를 긋는다. 그 선을 기준으로 양측 면에도 선을 그어 내린다. 단 아래쪽에 무개로 그려 놓은 선까지만 그린다.
③ ②번과 같은 방식으로 ②번 선으로부터 10㎜ 간격으로 선을 그어 나간다.

좀 더 자세히 살펴보자.

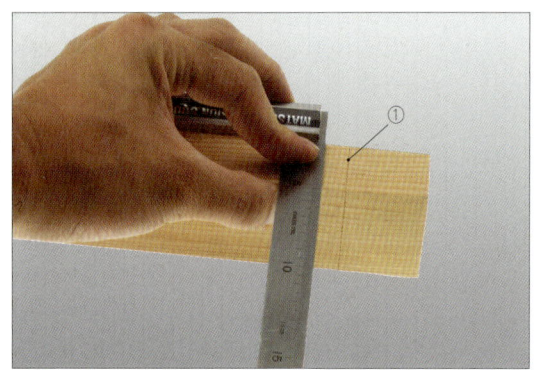

칼금 긋기. 기준선으로부터 10㎜ 간격으로 선을 긋는다.

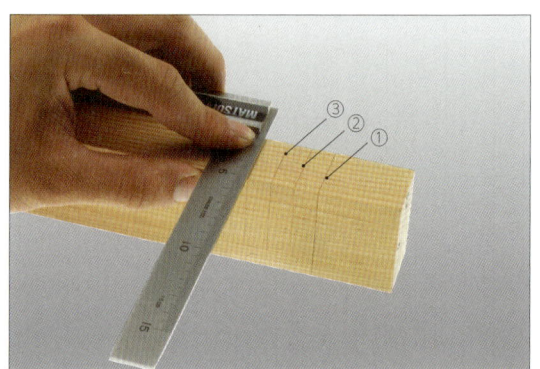

한 선을 그을 때 두세 번 반복해서 그리고 (한번에 세게 그리면 오차발생) 눈으로 직접 확인할 수 있을 정도만 그린다. 너무 진하게 그리면 부재가 찌그러진다.

선을 그을 때 기본이 되는 사항이므로 기억해두자. 사진처럼 기준선으로부터 10㎜ 떨어진 곳에 두 번째 선을 그었다. 그 선으로부터 다시 10㎜ 떨어진 곳에 세 번째 선을 그으려고 한다. 어떻게 그어야 할까. 이때는 2번째 선을 기준으로 10㎜ 떨어진 곳에 긋는 것이 아니라, 첫 번째 기준선으로부터 20㎜ 떨어진 곳에 그어야 한다. 어느 한 선을 기준으로 다른 선을 그을 때 아무리 정확히 한다고 해도 미세한 오차가 생긴다. 이것이 계속 반복되면 나중엔 큰 오차가 발생하게 된다.

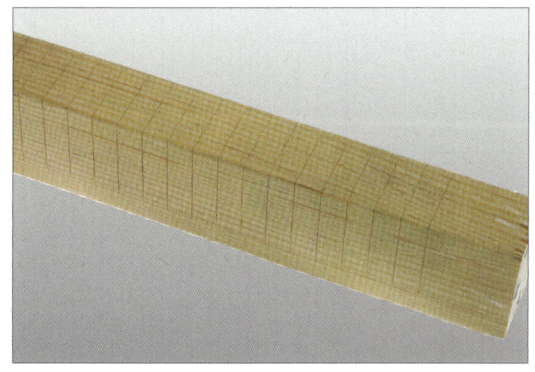

칼금 긋기. 한쪽 면이 완성되면 뒤집어서 같은 방식으로 선을 긋는다.

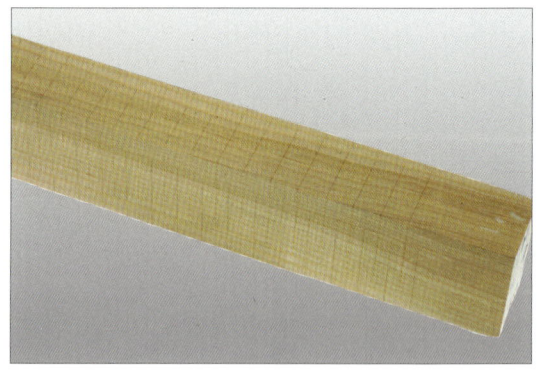

동일하게 10㎜ 간격으로 선을 긋되 앞서 그린 선들과 중복되지 않도록 중간지점(5㎜)에 교차하도록 그어 내려야 한다.

가구를 제작하는 과정에서 그무개를 정확하게 사용하기 위해서는, 자로 치수를 재서 그무개의 조임쇠나 쐐기를 고정시킨 후에 바로 사용하면 안 된다. 일단 자투리 나무 등에 대고 선을 그어서 원하는 치수의 선이 그어지는지 먼저 확인하는 습관을 들이는 게 좋다.

그무개 치수 맞추기. 그무개를 뒤집어 날을 기준으로 치수를 잰다.

금긋기 칼 긋기. 직각자 헤드 부분을 걸치고 밀착시켜 선을 긋는다.

또한 직각자를 이용해서 선을 그을 때 기준이 되는 선이 위쪽이면 직각자의 헤드를 위쪽으로, 기준점이 아래면 아래쪽 면에 헤드를 대고 선을 긋는다. 마지막 숙지사항은 항상 금긋기 칼을 위에서 아래 방향으로 그어야 한다. 칼날 평면은 부재의 살리는 쪽, 사선은 버리는 쪽을 향한다. 그리고 직각자를 사용할 때는 항상 기준면에 헤드 부분을 정확히 밀착시키고 사용한다.

3) 직선 톱질 연습

이제 그려 놓은 선에 따라 톱질 연습을 해보자.

① 톱질의 자세

톱질할 각재의 부분은 기껏해야 20~30㎜ 높이에 불과하다. 그 짧은 거리를 수직으로 자르며 내려가는 건 언뜻 보면 참 쉬워 보인다. 일단 그려 놓은 가장 우측 선을 따라 톱질해보자.

처음 톱질해보는 사람이 세 면에 그려진 선에 따라 정확히 톱질하는 건 거의 불가능에 가깝다. ⓐ와 ⓑ 사이에 톱질을 위해 직선 톱길을 내고 ⓒ와 ⓓ선을 타고 수직으로 내려가는 동안 예외 없이 오른쪽이나 왼쪽으로 휘게 마련이다. 특히 눈에 보이지 않는 뒤쪽의 ⓑ-ⓓ의 선이 정확히 잘리고 있는지 확인하기 어렵다. 설령 눈에 보이는 ⓐ-ⓒ선과 ⓐ-ⓑ선에 정확히 톱질이 된다고 해도 ⓑ-ⓓ선이 정확히 잘리지 않는 경우가 많다.

톱질 시작하기.
ⓐ와 ⓑ에 톱길을 내고 수직으로 내려 간다.

그리고 무엇보다 '선을 스치게' 톱질한다는 것의 정확한 의미조차 모호하다. 톱으로 선을 없애란 건지, 선을 남겨 놓고 그 바로 옆으로 톱질해야 하는 건지, 옆이라면 선과 얼마나 떨어져야 하는 건지 난감하다. 다른 수공구들과 마찬가지로 톱을 쥐는 순간 긴장이 되면서 팔과 손 등에 힘이 잔뜩 들어간다. 그래서 사진처럼 엄지를 손잡이 위쪽 가까이 오도록 꽉 붙잡고 힘껏 톱질을 하게 된다. 게다가 등대기톱은 날이 얇기 때문에 정밀한 작업을 할 수 있지만 그만큼 잘 휘어진다. 본인이 원하는 방향으로 잘 나아가지 않고 휘어지거나 비뚤어진다. 이러한 현상은 힘

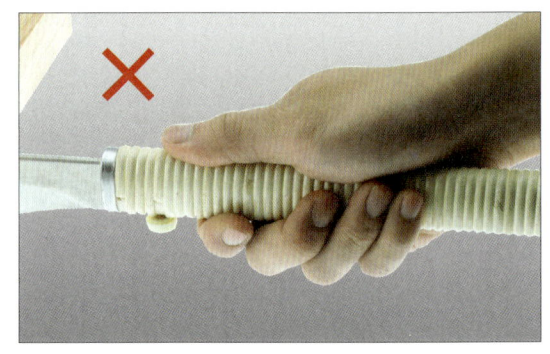

톱질할 때 오른손에 힘이 들어간 파지법. 엄지가 손잡이 위로 오고 힘을 주는 것은 안 좋은 자세이다.

을 주면 줄수록 더욱 심해진다.

우리는 ⓐ-ⓑ선에서 수직으로 내려가는 것부터 해보자. 설명한 것처럼 선에 따라 톱길을 잘 내고 내려가도 톱의 진행 방향이 왼쪽 ①방향이나 오른쪽 ②방향으로 휘어진다. 이는 어깨와 팔 등에 힘을 줄수록 더욱 심해진다.

이번에는 ⓐ-ⓑ선을 따라 직선으로 왕복하는 것을 해보자.

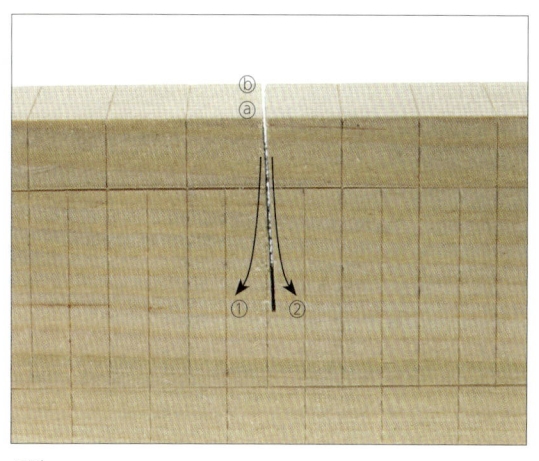
톱질.

정확한 왕복운동(직선운동).

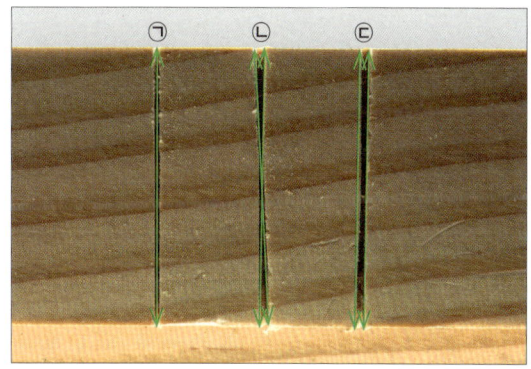
다양한 결과물.
㉠ 직선 ㉡ 톱질 각도가 틀어진 경우 ㉢ 톱이 흔들린 경우

내려가면서 방향이 틀어질 망정 위에서 봤을 때 사진 속 ㉠의 경우처럼 일단은 직선운동을 해야 한다. 그 자세만 유지할 수 있으면 내려가면서 양쪽으로 휘어지는 것만 나중에 바로 잡으면 정확한 톱질이 가능하다. 하지만 ㉡이나 ㉢처럼 직선운동을 못하고 시작부터 좌우로 흔들리게 되면 제대로 톱질을 할 가능성조차 없다는 뜻이다. 그렇다면 ㉠처럼 직선으로 흔들림 없이 톱질하기 위해서는 어떤 자세로 톱질을 해야 할까. 기본자세를 먼저 익혀보자.

톱질 익히기 순서
1. 직선운동 → 2. 수직 조정 → 3. 직선 자르기 → 4. 사선 자르기 → 5. 직선 켜기 → 6. 사선 켜기

먼저 엄지가 아니라 검지가 손잡이 위쪽에 오도록 올려 잡고 연습해보자. 톱날과 검지, 팔뚝이 일직선을 이루도록 위치시키는 것이다. 그 상태로 힘을 빼고 직선운동을 한다.

톱질 오른손 파지법. 톱날과 검지, 팔뚝이 일직선이 되어야 한다.

이때 중요한 것은 톱을 당겼을 때 아래 왼쪽 사진처럼 팔꿈치가 등 뒤의 허공으로 나오지 않게 옆구리 쯤에 멈추도록 해야 한다는 점이다.

당겼을 때 팔꿈치가 옆구리까지만 와야 한다. 멀어질수록 오차가 심해진다.

팔의 동작은 옆구리까지이며 톱날의 길이만큼 움직임의 폭을 잡는다.

연습용 각재를 놓고 자세를 잡아보자.

① 앞에서 설명한 자세를 잘 기억하고
② 톱을 당긴 상태에서 팔꿈치를 옆구리 정도에 위치시킨 후
③ 왼손은 굽히지 말고 쭉 펴서 부재를 붙잡고
④ 왼손 엄지를 톱에 갖다 대서 가이드 역할을 하게 한다.
⑤ 자세가 잡히면 손잡이 위에 올렸던 검지를 자연스럽게 내린다(검지를 올린 채 톱질하면 자신도

모르게 힘이 들어갈 가능성이 높다).

⑥ 톱의 길이 전체를 이용해서(톱의 일부분만 사용해서 깨작깨작거리듯 톱질하지 말 것)

⑦ 밀었다가 가볍게 자른다는 기분으로 당긴다. 그리고 한 박자 쉰다는 느낌으로 멈췄다가 다시 밀었다 당기기를 반복한다.

⑧ 이때 시선은 한쪽으로 치우지지 말고 톱날을 양눈의 가운데 위치시킨다. 즉 왼쪽 눈으로는 톱의 왼쪽 날을, 오른쪽 눈으로는 톱의 오른쪽 날을 봐야 한다.

⑨ 한번 자세가 잡히면 톱질이 끝날 때까지 멈추지 말고 마무리하는 것이 좋다. 특히 초보자는 자신의 톱질에 대해서 확신이 서지 않기 때문에 두어 번 톱질 후 멈춘 채로 오른쪽, 왼쪽으로 고개를 돌려 선에 따라 제대로 톱질이 되고 있는지를 계속 확인한다. 심지어 보이지 않는 건너편 쪽이 선에 따라 잘 내려가고 있는지 확인하려고 톱을 그대로 쥔 채 몸을 앞쪽으로 숙여 건너편을 보기도 한다. 그 순간 예외 없이 자세는 흐트러지고 직선운동이 아닌, 좌우로 흔들리는 톱질이 된다. 처음에 아무리 자세를 바로 잡고 시작해도 중간에 자꾸 멈칫거리면 그럴 때마다 자세가 흐트러진다고 봐도 무방하다.

톱질의 기본은 팔에 힘을 빼는 것이다. 사진처럼 손가락 두 개로만 잡고 아무런 힘을 주지 않고 톱질해보자. 상상했던 것보다 훨씬 더 잘 될 것이다. 톱질은 힘이 아니라 속도로 한다는 느낌으로 해야 한다.

톱질은 힘이 아니라 자연스러운 느낌으로 속도를 내며 해야 한다.

이상의 내용들을 잘 숙지하고 준비해 놓은 각재에 톱질해보자. 톱질은 스스로 자세를 바로 잡아가면서 반복해서 연습하는 것 외엔 다른 요령이 없다. 있다면 자를 땐 힘을 빼고 길 난 데로 따라가고, 켤 땐 오른손에 텐션을 주는 것이 요령이다.

② 칼금에 따라 톱질하기

이제 앞서 말한 선을 따라서에 대해서 살펴보자. 금긋기 칼로 그어 놓은 가는 선을 따라 직선으로 흔들림 없이 정확히 톱질한다는 건 사실 어려운 일이다. 따라서 우리는 먼저 가이드를 대고 톱길을 내는 연습부터 해보자. 첫 톱길을 잘 내는 건 톱질의 절반이라고 해도 무방할 만큼 중요하다.

나무 연귀자.

나무 보조대.

나무 연귀자는 45°나 90°로 톱질할 때 가이드로 사용하는 유용한 도구다. 대부분 직접 만들어서 사용한다. 초보자는 연귀자를 만드는 일이 쉽지 않을 것이다. 이럴 경우는 평이 잘 잡혀 있는 자투리 나무를 보조대로 활용해도 좋다. 다만 나무 연귀자와 달리 지지할 수 있는 면이 없기 때문에 톱질을 할 때 흔들리지 않도록 주의한다.

일반인이 보면 칼금은 그저 가는 선에 불과하다. 하지만 짜맞춤을 하는 사람은 그렇게 보면 안 된다. 칼금에도 분명 두께라는 것이 있다. 그런 좁은 간격과 싸우는 것이 결국 짜맞춤의 시작인 셈이다. 그렇다면 우리가 그려 놓은 칼금의 어느 부분을 기준으로 톱질해야 하는 걸까?

각재 위에 나무 연귀자를 대고 톱의 등으로 가볍게 톡톡 쳐가며 선에 밀착시켜 보자. 일반적인 표현을 빌리자면, 가이드는 칼금이 보일

칼금선과 나무 연귀자. 손으로 가이드나 부재를 움직여 선에 맞추기는 쉽지 않다.

듯 말 듯한 지점에서 멈춰야 한다. 선의 중간쯤에 가이드를 댄다고 생각하면 된다. 먼저 선에 맞춰 톱날의 왼쪽 톱니가 칼금선을 스치게 톱길을 낸다. 그 톱길 자체가 흔들리지 않고 직선운동을 할

수 있는 또 하나의 가이드가 되는 셈이다.

길내기 톱질 시 파지법. 손잡이를 짧게 잡고 톱길을 낸다.

일반 톱질 시 파지법. 톱길을 낸 후 앞서 설명한 자세로 고쳐 톱질한다.

특히 좀 더 정확한 톱길을 내기 위해서는 톱날이 흔들리지 않도록 손잡이 안쪽을 짧게 잡고, 가이드에 정확하게 밀착시키기 위해 오른손 검지를 톱날의 오른쪽 면에 살짝 대고 밀었다 당기며 시작한다. 그리고 자세가 흐트러지지 않게 조심하며 톱날이 목재 표면으로 5㎜ 정도 들어갈 때까지 (톱이 흔들리지 않게) 길을 내준다. 톱길이 나면 가이드를 떼고 앞서 설명한 자세로 고쳐 잡고 본격적인 톱질을 한다. 톱을 밀 때는 톱날이 바닥에서 떨어지지 않도록 하고, 당길 때는 힘을 빼되 머뭇거리지 말고 팔의 스트로크를 이용해서 속도감을 유지한 채 당긴다. 그리고 시작하면 멈추지 말고 그무개로 그어 놓은 한계선까지 톱질하며 내려가 보자.

어떤 결과가 나왔는지 확인해보자. 여러 가지 결과물을 예상할 수 있다.

A는 가이드가 칼금을 가려버린 경우다. 우리가 원하는 사이즈보다 크게 톱질한 셈이다. 이럴 경우 톱질 후에 끌 등을 이용해서 칼금까지 남은 살을 정리해야 하므로 시간이 많이 소요된다. B는 가이드를 댈 때 칼금이 다소 많이 보인 경우다. 원래 계획했던 사이즈보다 작아져 후작업이 더욱 복잡해질 수 있다. C는 칼금에 정확히 가이드를 대고 톱질한 경우다.

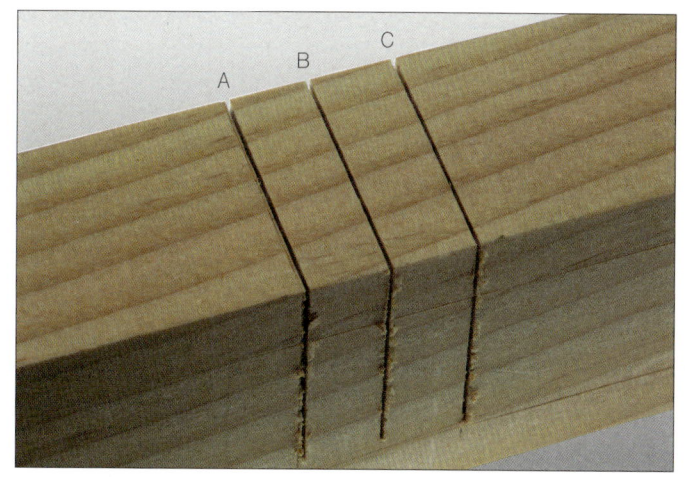
톱질 결과물.

좀 더 자세히 살펴보기 위해 몸쪽 면을 보자. A는 칼금과 톱질 사이에 살이 많이 남아 있다. B는 칼금을 살짝 먹은 채 톱질되었음을 확인할 수 있다. C는 대체적으로 칼금에 따라서 정확히 톱질되어 있다.

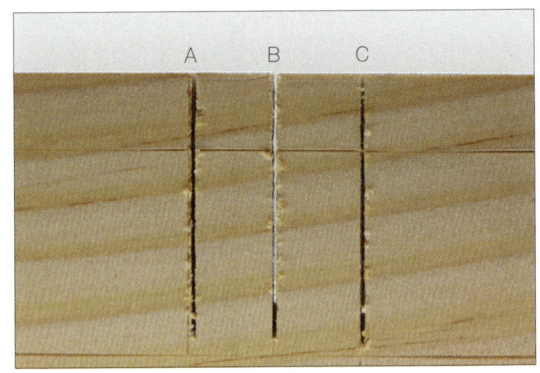

몸쪽면 톱질 결과물.

가이드를 댄 채 칼금에 따라서 톱길을 정확히 내고 좌우로 흔들리지 않은 채 직선운동을 통해 톱질하는 연습을 반복한다. 이제 남은 문제는 톱질을 해서 내려갈수록 한쪽으로 휘어지는 현상이다. 특히 오른쪽 사진처럼 톱질을 할 때 선을 넘어가면 안 된다는 두려움 때문에 톱길을 정확히 냈음에도 불구하고 내려갈수록 본능적으로 선에서 멀어지는 경우가 많다. 이 경우 눈

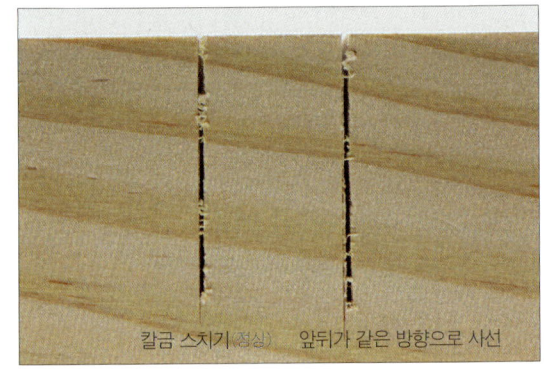

톱질 후 옆면에서 보는 톱길. 일정한 사선으로 내려가는 경우.

에 보이는 쪽과 보이지 않는 반대쪽이 비슷한 경사로 휘어지는 건 그나마 톱질이 일관되게 진행되고 있다는 긍정적인 신호이기도 하다.

반면 보이는 앞쪽과 보이지 않는 반대쪽이 일관되지 않게 톱질이 되는 경우도 많다. 한쪽은 잘 됐는데 반대쪽은 휘어지는 경우도 자주 발생한다. 사진처럼 한쪽은 칼금에 따라 톱질이 잘 됐는데 반대쪽은 칼금과 거리가 있는 경우에 해당된다. 이는 직선운동을 하지 못한 경우로, 톱질하며 내려갈 때 이미 목재와의 저항으로 인해 뻑뻑해지고 심지어 더 이상 톱이 움

반대쪽 바깥면에서 보는 톱길. 앞뒤가 다른 방향으로 사선일 경우

직이지 않는 상황도 발생한다. 경험이 쌓일수록 결과물을 보지 않아도 톱질을 하는 손의 감각만으로도 톱질이 잘 되고 있는지 어느 정도 알 수 있다.

참고 – 목재의 성질과 칼금의 중요성

왼쪽은 금긋기 칼 선, 오른쪽은 연필로 그은 선을 톱질한 사진이다. 어떤 차이가 보이는가. 그냥 톱질하면 양쪽에 거스러미가 생긴다. 칼금을 정확하게 스치며 톱질을 하면 선을 그은 쪽엔 거스러미가 일어나지 않고 깔끔하게 정리되어 있는 모습을 확인할 수 있다.
여기서 금긋기 칼의 중요한 기능을 알 수 있다.

① 예리하고 정밀한 작업이 가능하다.
② 목재를 미리 살짝 자르는 기능을 한다. 이는 목재의 성질을 이해하는 데 중요한 사항이다.

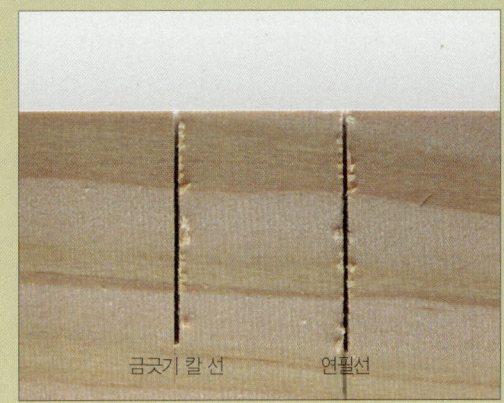
칼금과 연필선 가공의 차이. 금긋기 칼에 비해 연필은 정밀한 작업이 어렵다.

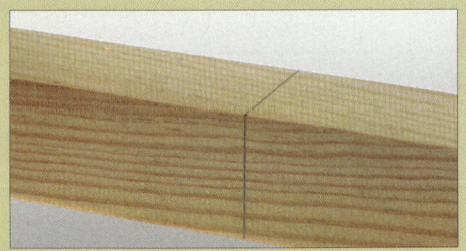
연필선.

연필선 가공 예.

가구를 만들 때 연필로 선을 그었다고 가정하자. 선이 두꺼워서 선의 어느 부분을 기준으로 작업해야 할지 선택이 쉽지 않다. 또한 끌질이나 톱질 등의 작업 시 선 가까이에 어떠한 힘이 가해지면 섬유질로 이루어진 목재의 특성상 선 반대편까지 쉽게 그 힘이 전달돼서 쪼개지거나 표면이 뜯기기도 한다.

선을 칼금으로 그어 놓으면 마치 방파제처럼 반대쪽에서 발생한 힘의 흐름이 그 선에서 단절되고, 선 안쪽으로는 전달되지 않는다.

마구리면에 힘이 가해질 때도 원하는 선 너머까지 힘이 전달되어 쪼개지는 것을 방지해준다.

4) 사선 톱질 연습

준비해 놓은 각재 하나면 수십 번의 톱질 연습이 가능하다. 어떤 결과물을 얻었는가? 그저 잘 됐다, 안 됐다에만 집중해서 일희일비하지 말고 한 번 톱질할 때마다 왜 안 됐는지, 혹은 손에 어떤 느낌이 들 때 톱질이 잘 됐는지 등을 떠올리며 연습을 반복해야 한다. 몸에 힘이 과하게 들어가진 않는지, 톱질하는 팔의 움직임이 직선운동을 하고 있는지, 자세에 문제가 있는 건 아닌지, 가이드를 칼금에 어느 정도 위치시켰을 때 가장 만족스러운 결과물이 나오는지, 수직으로 내려가지 않고 좌우로 틀어지는 이유가 뭔지 등에 대해 계속 확인해야 한다. 결국 반복 연습 외엔 지름길이 없다.

이번엔 45° 사선 톱질을 연습해보자. 가구를 만들 때는 직선 톱질 못지않게 사선으로 톱질해야 하는 경우가 많으므로 중요한 과정이다.

다시 각재를 뽑고 선을 그어 보자. 직선 톱질 연습용 선긋기와 거의 동일하다.

칼금 사선 긋기. 연귀자를 이용해 45° 사선을 긋는다.

그무개를 이용해 한쪽 면에 양 끝에서 10㎜ 간격의 한계선을 긋는다. 톱질 윗면에 우선 기준선으로 한 개의 사선을 긋고 그 선을 기준으로 10㎜ 간격으로 계속 그어나간다. 사선이 모두 그어지면 사선의 양쪽 끝에서 톱질 아래쪽 방향에 그무개로 한계선을 그은 곳까지 직선을 그어 내린다.

반대쪽에도 기존의 선과 교차하도록 같은 방식으로 선을 긋는다. 완성되면 그어 놓은 선에 따라 톱질해보자.

사선 칼금 완성.

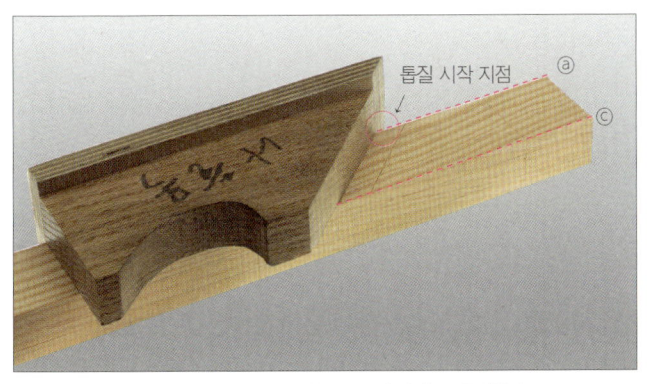
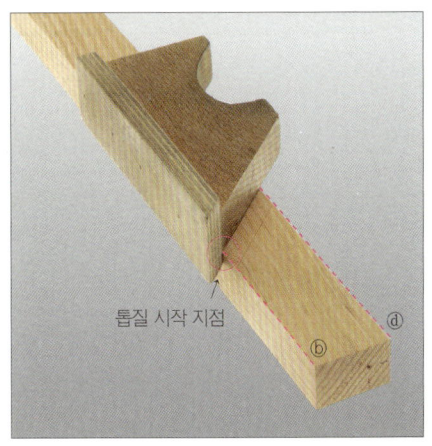

연귀자 사선 대기. 연귀자는 각재의 모서리 부분에 밀착 후 톱질한다.

나무 연귀자의 45° 부분을 가이드로 이용한다. 나무 연귀자가 없으면 평이 잘 잡힌 자투리 부재

톱 105

를 가이드로 활용해도 무방하다. 선에 따라 톱길을 낼 때는 ⓐ와 ⓑ의 골짜기 부분에 톱이 살짝 걸린다는 느낌으로 시작하면 좋다. ⓒ와 ⓓ에서 시작할 경우 사선을 따라 미끄러져서 가이드와 톱길 사이에 간격이 생길 위험이 있다.

부재를 45°로 놓았을 뿐 직선 톱질과 크게 다르지 않을 것 같지만, 사선 톱질을 해보면 느낌이 다르다는 걸 확인할 수 있다. 톱날은 더 휘어지고 톱이 제멋대로 움직이기도 한다. 저항이 커지고, 자르는 것과 켜는 것의 중간 성격이라 섬유질도 복잡해진다. 또한 사선 톱질의 특성상 몸에 힘이 들어가고 자세가 흐트러진다. 무엇보다 톱질을 해서 내려갈수록 직선 톱질이 선과 자꾸 멀어지는 경우가 많았다면, 사선 톱질은 들여 썰기나 내어 썰기에 따라 선을 타고 안쪽으로 파고 들어가기도 하고 바깥으로 멀어지기도 하므로 좀더 까다롭다. 사선 톱질은 앞으로 연습하게 될 제비촉이나 연귀를 톱질할 때 필수이므로 잘 익혀둬야 한다.

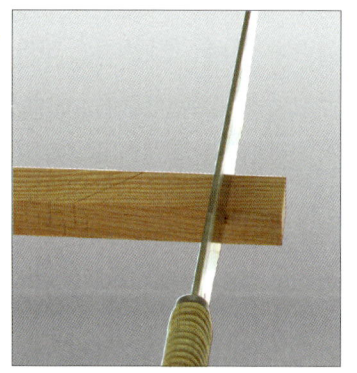
직각 톱질.

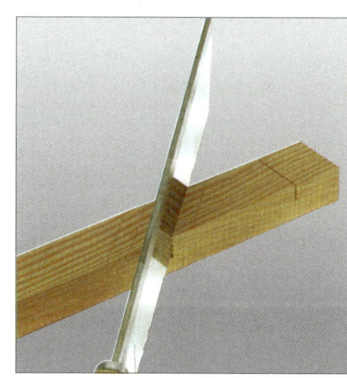
사선 톱질(들여 썰기).

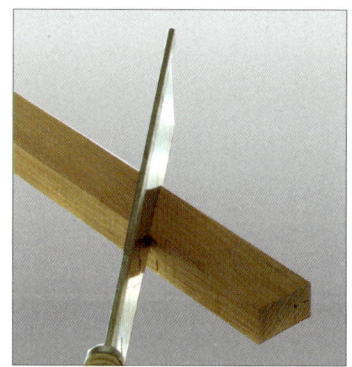
사선 톱질(내어 썰기).

지금까지 직선 톱질과 사선 톱질을 연습해보았다. 대패나 끌과 더불어 톱은 앞으로 진행될 모든 결구법 연습에 있어서 가장 필수적인 공구 중 하나다. 톱질이 제대로 되지 않으면 나머지 부분을 전부 끌로 깎거나 다듬어야 하는데, 이로 인해 시간과 체력이 몇 배로 들어가게 된다. 반복 연습만이 톱질을 잘 할 수 있는 비법이다. 무작정 반복만 하는 것이 아니라 자신의 자세를 끊임없이 복기하며 잘 될 때의 느낌을 몸에 익히고, 실패할 경우의 원인을 파악해서 수정해 나가야 한다.

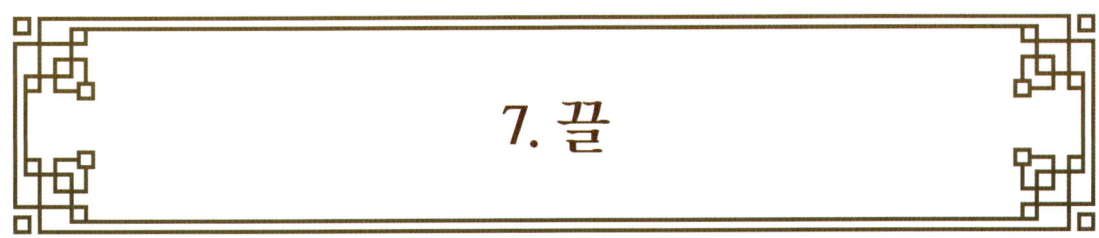

7. 끌

1) 끌의 날에 대해

끌은 크게 밀끌과 타격끌로 나뉜다.

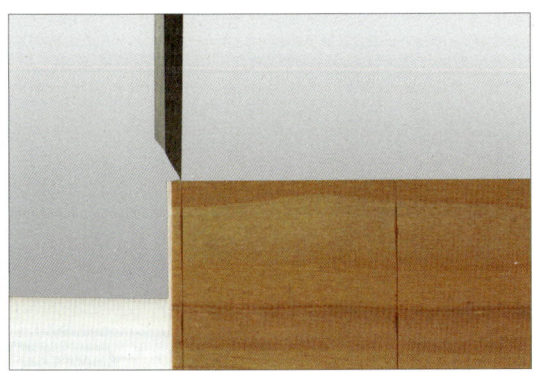

고각끌. 타격용. 단단한 목재 가공용.

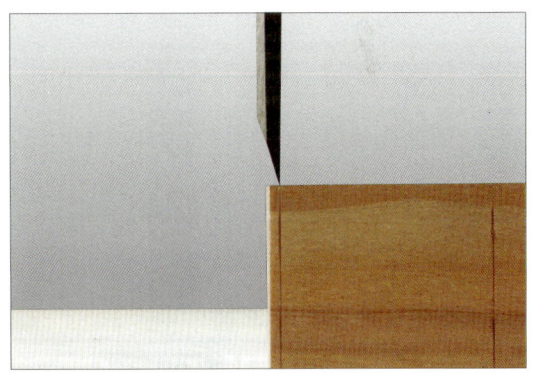

저각끌. 밀끌용. 무른 목재 가공용.

밀끌은 손으로 쥐고 몸의 힘으로만 끌질을 할 때 이용하고, 타격끌은 사람의 힘으로만 끌질하기 어려운 경우 망치 등으로 머리를 때려서 사용하는 끌을 말한다. 원론적으로 밀끌은 몸의 힘을 이용해야 하므로 날이 예리하고 날카로워야 하고, 타격끌은 순간 많은 힘을 가해야 하기 때문에 날이 튼튼해야 한다.

상황에 따라 다르지만 대개 밀끌은 저각, 타격끌은 밀끌에 비해 다소 고각으로 갈아야 한다. 대패 어미날과 같이 30°를 기준(겸용)으로 저각(15°~20°), 고각(35°~45°)으로 구분한다.

끌질을 할 때 남아 있는 살이 많으면 저항 또한 세져서 칼금을 넘어서 밀리는 경우가 많다. 따라서 칼금선에 0.5㎜ 정도까지 넘기고 필요없는 살들을 덜어내고 마지막에 끌을 칼금에 걸어 떨구는데 이때도 끌이 고각이라면 저항이 심해져서 선을 침범할 수 있다.

그래서 밀끌은 보통 저각으로 하는 것이 좋은데 통상 25° 전후로 한다. 반대로 대패의 경우에서 보았듯이 날들이 너무 저각이면 날 끝이 쉽게 부러지거나 자주 날을 갈아야 하는 단점이 있다. 특히 강한 힘이 가해지는 타격끌은 저각으로 하면 날이 부러지거나 이가 뭉그러지기 쉽기 때문에 보통 35° 이상의 고각으로 한다.

끌도 대패의 어미날과 비슷한 구조라 날물을 가는 원칙도 거의 동일하다.

① 끌의 뒷날은 수평을 유지해야 한다.
② 앞날은 예리하고 정확해야 한다.
③ 대패 어미날처럼 앞날을 정확한 각도를 유지한 채 숫돌에 정확하게 밀착시켜서 갈기 어렵기 때문에, 끌의 앞날도 배를 잡아서 사용하기도 한다. 이 경우 날 끝이 약해질 수 있으니 주의한다.

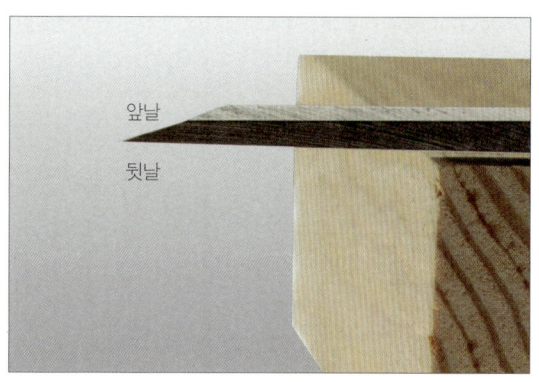

배를 잡은 상태. 숫돌에 앞날을 밀착시키기 어렵기 때문에 배잡기를 하고 사용하기도 한다.

2) 끌의 날 갈기

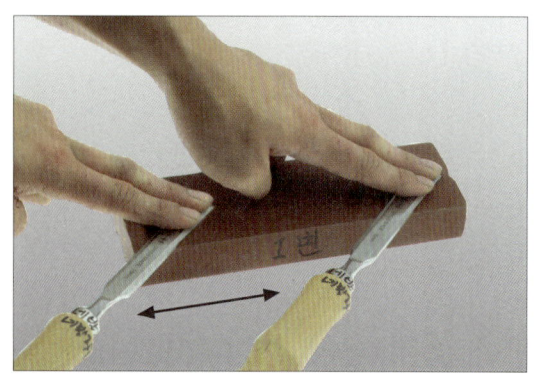

끌 뒷날 내기.

뒷날을 숫돌에 밀착시킨다. 뒷날 갈기의 핵심은 수평의 유지다. 대패의 뒷날처럼 색과 빛이 날 끝까지 고르게 변해야 한다.

끌의 뒷날을 갈 때는 대팻날을 갈 때처럼 날의 바닥이 숫돌과 정확히 밀착되도록 해서 사선으로 왕복운동을 하며 간다. 대팻날처럼 앞부분이나 끌의 뒷부분이 살짝 들리지 않도록 주의하며 날물을 갈아야 한다. 마찬가지로 빛과 색 그리고 스크레치들이 날 끝까지 고르게 변해야 한다. 최근에 많이 사용되는 끌은 물숫돌 1000번에서 갈아도 무방하다. 날이 너무 단단하거나 날 끝이 휘어져서 시간이 오래 걸릴 경우엔 다이아몬드 숫돌에서 어느 정도 뒷날의 평을 잡고 물숫돌에서 정리하는 것이 좋다.

앞날도 대패와 어미날과 거의 동일하다. 끌을 사진과 같이 숫돌 바닥에 눌러 파지하고

그대로 세운다. 세우는 각도는 끌의 사용 용도에 따라 본인이 정해야 한다. 일반적으로 25° 정도가 적당하다.

사진처럼 날 전체를 숫돌 바닥에 눌러 자세를 잡은 후에 그대로 세워 앞날 전체를 정확하게 숫돌에 밀착시키고 앞으로 이동한다. 끌을 갈 때도 수시로 숫돌의 평을 잡아가며 날물을 갈아야 한다.

원하는 각도를 유지하고 잔재^{burr}가 뒷날로 넘어올 때까지 앞날을 연마한다. 날 끝까지 일정하고 고르게 갈리면 반대쪽, 즉 뒷날 쪽으로 잔재가 일정하게 넘어 온다. 그럼 고운 숫돌(6000번)에서 뒷날을 갈아 넘어온 잔재를 없애고 마무리한다.

3) 끌질의 자세

본격적으로 끌을 사용하기 전에 끌질의 자세와 주의 사항에 대해서 잠시 살펴보자. 끌은 안전 사고 발생이 빈번한 대표적인 수공구다. 작업 중에 다치기도 하지만 끌을 손에 쥔 채 움직이다가 다른 사람을 다치게 할 수도 있기 때문에 주의가 요구된다. 당구를 칠 때 한 손으로만 큐대를 정확히 움직일 수 없다. 또 당구공이 움직이는 방향에 사람이 서 있으면 공이 날아와서 다칠 수도 있다. 같은 원리이다. 끌을 한 손으로 잡고 작업하면 미끄러지면서 반대쪽 손에 상처를 낼 수 있다.

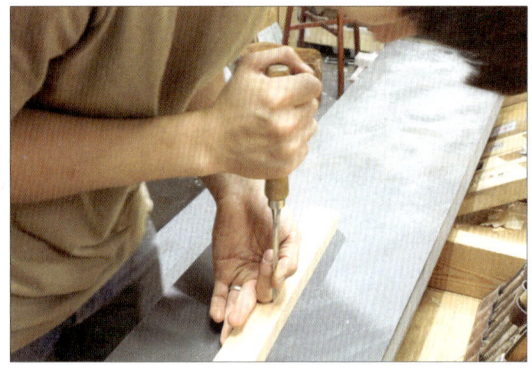 

끌질 파지법. 상황에 따라 손의 모습이 약간씩 다르지만 공통 사항은 항상 두 손이 끌에 닿아 있어야 한다는 것이다.

상황에 따라서 끌의 파지법은 조금씩 달라진다. 하지만 어떤 경우에도 항상 한 손으로 손잡이를 움켜잡고 남은 손으로는 날 끝 부분을 잡거나 대주어야 한다.

날 앞에 손이 있으면 안 된다.

부재는 항상 고정을 시켜 놓고 작업해야 한다. 몸 전체를 이용해서 가슴으로 누르듯 컨트롤해야 수직 가공이 용이하고 힘 조절이 수월해진다.

또한 끌의 진행 방향 주변에 손을 포함한 신체의 일부분이 놓여 있어선 안 된다. 부재는 항상 끌을 쥐지 않은 손으로 단단히 고정시켜서 움직이지 않도록 해야 한다. 흔히 끌질은 손과 팔의 힘으로 한다고 생각하기 쉽다. 하지만 끌은 몸 전체의 힘으로 조절해야 한다. 손의 힘에만 의존해 끌질을 하면 컨트롤이 안 되고 정교함이 떨어지며 손가락이나 팔목 등에 무리가 와서 지속적인 작업이 어렵다.

끌질은 몸으로 하는 것이다. 몸 전체를 이용해서 가슴으로 누르듯 끌질을 하는 것이 좋다.

몸통과 턱을 이용하여 누르는 모습.

4) 끌질의 요령

① 처음부터 잘라내야 할 칼금에 대고 끌질을 하면 거의 예외 없이 원하는 선이 뭉개지면서 안쪽으로 파고 들어간다.

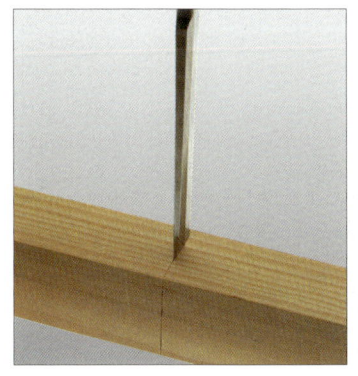
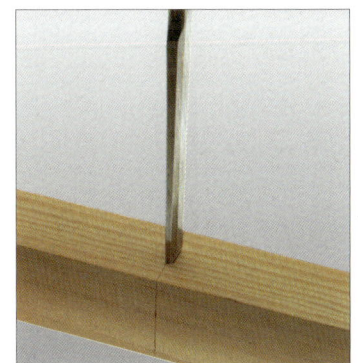

칼금선에 대고 타격하기.

  날을 아무리 예리하게 갈아도 칼금에 대고 힘을 가하면 끌 앞날의 경사면으로 인해 저항을 받게 되어 칼금 선을 넘게 된다. 원하는 선대로 끌질이 될 수가 없다.
  다음 사진을 보며 확인해보자.

끌이 뒤로 밀리는 현상.

살이 많이 남아 저항으로 끌이 선을 넘어갔다.

저항이 적을수록 밀리는 정도가 약해진다.

칼금이 지켜졌다.

첫 번째 사진처럼 칼금 건너편에 살이 많이 남아 있을 때 선에 따라 한번에 타격이나 힘을 줘서 끌을 누르면 저항에 의해 끌이 뒤로 밀리며 선을 넘어가게 된다. 남아 있는 살이 적어질수록 선을 넘어 뒤로 밀리는 정도가 약해진다.

따라서 원하는 칼금에 따라 끌질을 할 때는 최대한 남아 있는 살을 제거해서(0.5㎜ 정도 남을 때까지) 저항을 최소화시킨 후에 해야 칼금에 맞춰 잘라낼 수 있다.

② 살을 제거한 후에 끌질을 한다고 해도 칼금을 정확히 지키면서 끌질을 하는 건 쉽지 않다. 다음의 방식으로 반복해서 연습하자.

먼저 끌의 날 끝을 칼금선에 걸고

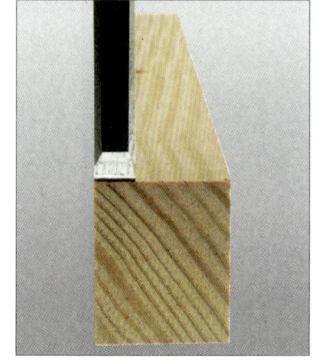
끌을 칼금선에 걸고

끌을 좌우로 흔든다. 앞뒤로 흔들면 날이 상하고 칼금선 직각도 손상된다.

좌우로 살며시 흔들어보자. 이때 끌을 앞뒤로 흔들면 칼금이 뭉개져 버리므로 반드시 좌우로 흔들어야 한다.

그러면 칼금에 가까운 끝쪽 살이 살짝 떼어진다. 우리가 나무 연귀자 등의 가이드를 대고 정확히 톱질을 하는 것과 비슷한 원리다. 살이 떨어진 부분에 끌을 가이드 삼아 밀착시키고 누르면 선을 훼손하지 않고 잘라낼 수 있다. 이 역시도 남아 있는 살이 많지 않을 때만 해당된다.

끝쪽 살을 덜어낸다.

③ 끌질은 반드시 위와 아래쪽에서 절반씩 나누어 해야 한다.
④ 끌질 후에는 제대로 됐는지 확인한다.

끌의 뒷면을 가공면에 대어보고 잔재가 남아 있는지 확인한다. 안쪽에 살이 남아 있는 경우 어느 한 쪽이 목재와 떨어지게 된다.

가공 후 꼭 끌을 대고 잔재가 있는지 확인한다.

아래 사진처럼 가공면에 남아 있는 살이 아주 적을 경우엔 끌이 걸리지 않고 경사면을 따라 미끄러져 내려가 버린다. 이 경우는 끌을 앞으로 살짝 숙여서 안쪽을 미세하게 파낸다는 느낌으로 끌질을 해야 한다. 사진처럼 양 끝은 끌의 뒷면에 닿고 중앙 부분은 살짝 떠 있는 정도로 끌질하는 게 좋다.

남은 살이 너무 적으면 끌질이 되지 않을 경우도 있다.

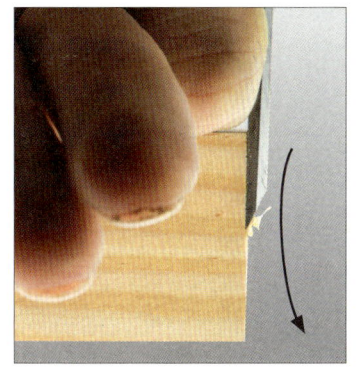

이때 끌 각도를 살짝 숙여 가공한다.

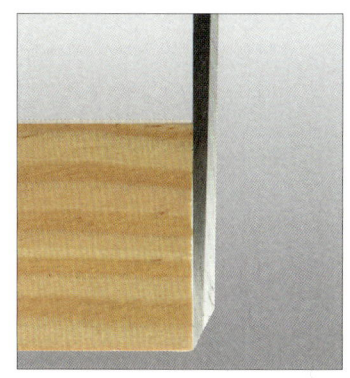

중앙 부분이 조금 뜰 정도의 여유를 주는 것이 좋다.

8. 제비촉 장부 맞춤

1) 결구법 학습에 앞서……

지금까지 우리는 대패를 세팅하고 각재를 뽑아냈으며, 부재에 칼금을 긋고 그 선에 따라 톱질하는 방법을 연습했다. 여기까지 오는 동안 포기하는 사람이 나오기도 하고 몸살이 나거나 손이나 팔, 허리 등에 통증을 호소하며 정형외과를 찾는 사람도 많다. 앞으로의 과정도 반복을 통한 연습의 연속이다. 결구법을 시작하기에 앞서 지난 내용을 정리해보자.

> 1. 먼저 대팻날을 예리하고 정확하게 갈고, 대패 바닥의 평을 잡는다(사용하기 전 반듯이 바닥 평 확인).
> 2. 대패를 이용해 각재의 네 면이 수평과 수직을 이루는 부재를 뽑아낸 후
> 3. 각재에 칼금을 정확히 긋고, 그 선에 따라 정확히 톱질과 끌질을 한다.

그동안 대패와 톱 등의 수공구의 사용법을 연습했다면, 앞으로는 그 수공구를 활용하여 짜맞춤의 기본 결구법을 연습하게 될 것이다. 가구를 만들 때 사용될 각재와 각재, 판재와 판재를 연결시키는 방법을 배우는 과정을 통해 여러 수공구를 다루는 법을 자신의 몸에 익히게 될 것이다. 또한 나무의 성질이나 특성들을 깨닫게 될 것이다.

지금부터는 가장 기본이 되는 여섯 가지의 결구법을 배우게 된다. 각재와 각재를 연결시키고, 이것을 3차원의 구조로 확장시킨다. 또한 각재보다 넓은 판재와 판재를 연결시키는 결구도 배우게

된다. 실제 가구를 통해 살펴보자.

① 제비촉 (제비초리)
② 연귀 장부
③ 주먹장
④ 사패 맞춤
⑤ 삼방 연귀
⑥ 숨은 주먹장

각종 결구법.

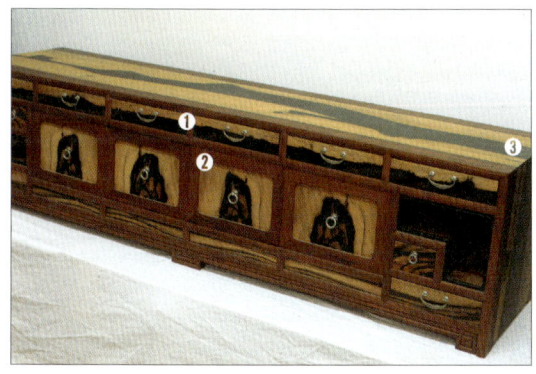

문갑 1.

문갑 2.

먹감 나무로 제작된 문갑을 찍은 사진이다. 제작에 사용된 짜맞춤 기법을 알아보자. 자세히 살펴보면 외곽 몸통 상판과 측판은 숨은 주먹장(③), 중간판과 동자는 제비촉(①), 두껍닫이 문짝은 연귀 맞춤(②), 서랍 앞판과 측판은 반턱 주먹장(④), 서랍틀은 주먹장(⑤)으로 결구되어 있다. 이런 큰 틀을 기억하며 첫 번째 결구법인 제비촉 장부 맞춤을 시작해보자.

현장에선 '제비촉'이라고 간단히 부르지만 정확히 표현하면 제비촉 장부 맞춤이라고 해야 한다. 앞의 '제비촉'은 겉으로 드러나는 모양의 이름을 뜻하고, 두 개 이상의 부재를 연결시키는 방식의 하나로 '장부'를 이용한다는 의미다. 장부는 다른 표현으론 '촉'이다. 조립식 장난감에서 흔히 볼 수 있는 것처럼 장부(숫놈=tenon)를 장부 구멍(암놈=mortise)에 끼워 연결시키는 것이다.

제비촉 장부 맞춤(제비초리).

일반 장부 맞춤. 짜맞춤의 가장 기초적인 결구 방식이다.

울거미 연귀. 연귀 장부 맞춤.

겉으로 드러나는 모양을 제비촉이 아니라 연귀 모양으로 하고 안쪽은 장부와 장부 구멍으로 맞추면 연귀 장부 맞춤이 된다.

관통 장부(내다지).

숨은 장부(반다지).

반대쪽으로 장부(촉)가 완전히 나오면 '관통 장부(내다지)', 안에 숨어 있으면 '숨은 장부(반다지)'가 된다. 촉을 길게 뽑아서 관통시키면 장부와 장부 구멍이 닿는 면이 많아지면서 견고함은 커지지만, 촉이 외부로 드러나는 것을 감수해야 한다. 반대로 장부를 짧게 해서 안쪽에 숨기면 촉이 튀어나오지 않아 외부가 깔끔하지만 촉이 짧은 만큼 견고함은 관통 장부에 비해 상대적으로 떨어진다.

이방 장부 맞춤.

이방 장부촉 내부.

또한 이 장부 맞춤을 다양한 형태로 3차원적인 구조로 확장시킬 수도 있다.

관통 장부.

제비촉 관통 장부.

결과적으로 제비촉 장부 맞춤이란 기본적인 장부 맞춤을 바탕으로 바깥쪽 면에 제비촉을 집어넣는 결구 방식인 셈이다.

판재 장부 맞춤.

판재 제비촉 장부 맞춤.

이러한 결구 방식은 판재와 판재의 결합에도 그대로 적용시킬 수 있다. 이런 전체적인 개념들을 염두에 두고 본격적으로 결구법 연습에 들어가 보자.

2) 부재 준비

준비 단계는 새로울 것이 없다. 대패의 날물을 갈고 대패 바닥의 평을 잡은 후 각재를 뽑는다.

부재 준비하는 것으로 시작한다.

가구를 만들 때는 말할 것도 없거니와, 연습할 때도 항상 정확한 부재 준비가 그 시작이다. 수평과 수직이 잘 맞아야 하고 사이즈가 정확해야 좋은 결과물을 낼 수 있다. 각재 하나의 평을 잡고 그것을 잘라서 활용해보자. 부재 두 개를 대패로 뽑아내야 하는 시간을 절약할 수도 있지만, 무엇보다 톱으로 마구리면을 정확히 자르는 연습이 가능하다.

절단할 부분에 칼금을 넣는다.

먼저 절단할 부분의 4면에 직각자와 금긋기 칼을 이용해서 칼금을 긋는다. 금에 따라 한 번에 톱질하면 좋겠지만, 대부분 깔끔하게 톱질하기는 어렵다. 살이 조금 남아 있으면 톱날이 걸리지 않아서 다시 톱질하는 건 불가능하다. 그렇다고 끌로 마구리의 넓은 면을 부재와 직각으로 정확히 다듬기도 어렵다. 최대한 톱으로 정확하게 마구리면을 자르는 것이 중요하다.

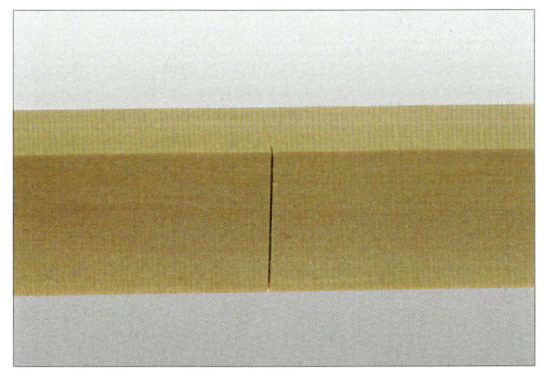
절단 시 바닥면이 뜯어지는 것을 방지하기 위해 톱질로 1차 가공.

먼저 톱질을 할 때 바닥에 닿을 면의 선을 따라 정확하게 톱길을 낸다.

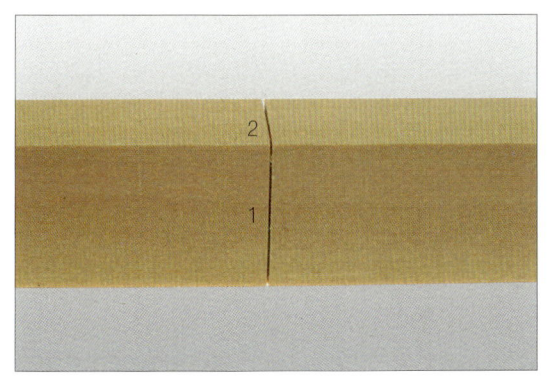
자를 면에 톱길을 내준다.

그리고 톱질을 할 때 몸에서 가까운 측면 쪽에도 동일하게 살짝 톱길을 내준다. 톱길을 미리 내주는 건 잘라야 할 선을 정확하게 끊어주는 의미도 있지만, 잘라야 할 면적이 줄어 들면서 동시에 저항도 줄어 미리 내놓은 톱길에 따라 톱질이 정확하게 잘 되기 때문이다.

다음엔 연습했던 것처럼 나무 연귀자나 자투리 나무로 가이드를 대서 톱길을 정확하게 내고 톱질한다. 그냥 톱질하는 것에 비해 미리 내놓은 톱길에 따라 다소 수월하게 톱질이 된다는 걸 느낄 수 있을 것이다.

윗면에 나무 연귀자를 대고 길을 낸 후 톱질에 들어간다.

아무리 정확하게 톱질을 해도 마구리면 안쪽에 살짝 살이 남는 경우가 많다. 이때는 마구리대를 이용해 대패로 말끔하게 절단면을 다듬어 주면 좋다. 마구리대는 대개 직접 만들어서 사용한다.

절단된 면에 오차가 생기면 직각 마구리대에서 면을 잡아준다.

마구리대는 연귀자처럼 45°와 90°로 되어 있다.

마구리대에서 대패하기(판재 재단 후 마구리 정리하는 것도 똑같다).

마구리면을 대패질할 땐 항상 결을 따라 목재가 뜯기는 것에 대비해야 한다. 당연히 날물을 예리하게 갈아야 하고, 날을 살짝만 빼서 대패질을 해야 한다. 덧날은 어미날에서 멀리 떨어지게 세팅(외날 대패)한다. 뜯기는 것을 방지하기 위해서 직선으로 힘껏 대패질하지 말고, 크게 원을 그리듯 곡선 방향으로 대패질을 해야 한다.

직각자를 이용해서 마구리면 전체가 부재와 정확히 직각을 이루는지 확인해가며 대패질을 한다. 처음에 대패로 부재를 뽑을 때 정확하게 하지 않으면 부재를 두 개로 잘랐을 때 마구리면이 정확하게 일치하지 않고 단차가 생길 수 있다. 결구법을 연습하기 위해선 대패질로 단차를 잡아 두 부재가 일치하도록 해야 한다.

3) 칼금 긋기

① 기준선 그리기

부재가 준비되면 칼금 긋기에 앞서 부재를 살펴보는 습관을 들이도록 한다. 나무의 결이나 전체적인 무늬도 살펴보고, 옹이 등의 특이사항은 없는지 관찰한다. 부재의 네 면 모두 무늬와 빛이 다르고, 매끄럽거나 거칠기도 다르다.

부재에 암수 표시. 부재에 손상을 주지 않는 연필이나, 분필, 종이 테이프 등을 사용한다.

먼저 밖으로 드러나는 면, 즉 완성했을 때 밖에서 보이는 면을 선택해서 표시한다. 상황에 따라 다르긴 하지만 가장 좋은 무늬와 색 그리고 대패질하기에 좋은 결 등을 고려해서 바깥면을 선택한다. 목재 표면에 어떤 표시를 해야 하는 경우 두꺼운 연필을 이용한다. 날카로운 펜이나 나무에 스며드는 잉크 제품은 피한다. 쉽게 떼어낼 수 있는 종이 테이프를 붙여 메모하는 것도 좋다.

칼금 긋기는 보통 기준이 되는 하나의 선으로부터 시작된다. 암놈과 숫놈을 구분해 놓은 두 개의 부재를 결구해야 할 위치에 갖다 붙여 보자. 각재를 제대로 뽑았다면 ⓐ와 ⓑ의 높이는 같아야 한다. 또한 두 각재가 만나는 곳에 사각형의 공간이 형성된다. 그 공간을 표시하는 선, C1과 C2의 선을 그려야 한다.

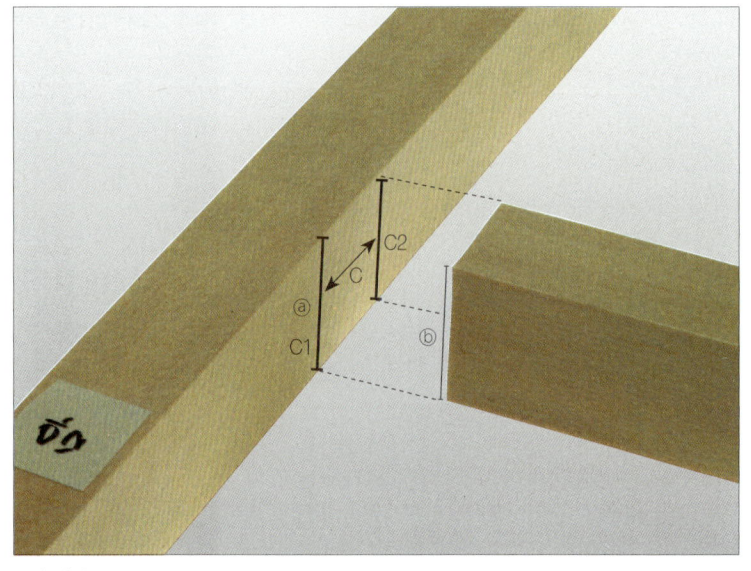

부재 정렬.

먼저 암놈에 직각자를 이용해 기준이 되는 임의의 선 C2를 그린다.

기준선 긋기.

참고

제비촉 장부 맞춤을 비롯해 모든 금긋기를 시작할 때는 겉면이 아닌 부재가 만나는 면에 기준선을 그어야 한다. 기껏 좋은 면을 골라 바깥으로 오도록 표시해놓고 무심코 겉면에 칼금을 긋는 실수를 하는 경우가 많다. 금긋기 칼은 말 그대로 칼이다. 아주 가늘고 얇은 선이지만 목재를 파고 들어가는 선이므로 한 번 그은 칼금을 없애는 건 무척 어려운 일이다.

기준선을 그었으면 그 왼쪽으로 상대 부재(숫장부 부재)의 두께만큼 떨어진 곳에 선을 그어야 한다. C1은 어떻게 그려야 할까. 일단 C의 두께를 재서 C2로부터 그 거리에 점을 찍고 선을 그을 수도 있다. 하지만 사람이 손으로 하는 작업은 정밀하지 한다. 숫장부 부재를 직접 위에 올려 놓고 그 두께를 표시하는 방법을 사용한다.

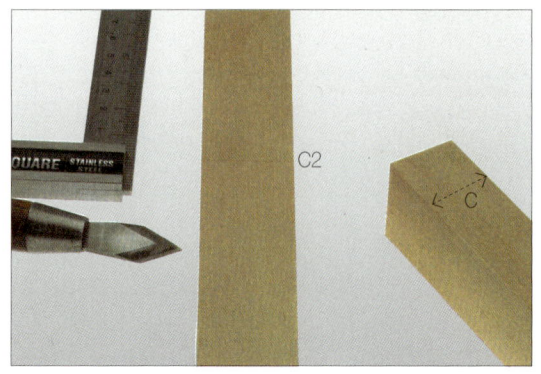

기준선 C2를 먼저 긋는다.

사진처럼 직각자에 상대 부재를 밀착시킨 후 그려 놓은 기준선 C2 쪽으로 서서히 이동시켜 보자. 이때 부재가 정각재라면 상관이 없지만 직각재라면 방향을 잘 확인해야 한다.

직각자를 잡고 목재를 갖다 댄 후

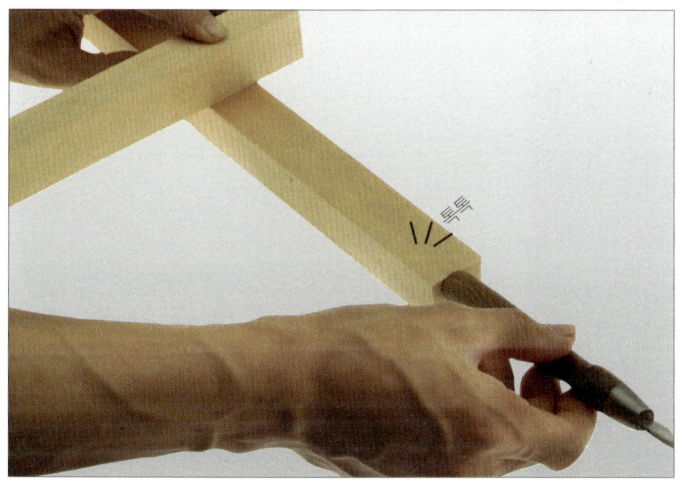

기준선에 가까이 다다르면 그때부턴 손으로 움직이는 것이 아니라 금긋기 칼 머리부분 등을 이용해 암장부 부재를 가볍게 툭툭 치며 기준선에 맞추어야 한다. 손을 이용한 미세한 이동은 어렵다.

왼손으로 부재와 직각자를 잡고 오른손으로 툭툭 두들겨 칼금선에 맞춘다.

그렇다면 기준선의 어느 정도까지 맞추어야 할까. 다음 사진들을 살펴보자.

그려 놓은 기준선이 명확히 보인다. 이 상태로 C1의 선을 그을 경우, 숫장부 부재의 폭보다 C1과 C2의 간격이 커서 완성했을 때 헐거워진다. 칼금 쪽으로 좀 더 다가가야 한다.

칼금이 완전히 보인다.

제비촉 장부 맞춤

칼금이 반쯤 보이는 사진.

칼금이 반쯤 가려진 모습이다. 톱질할 때 나무 연귀자 등의 가이드는 이 정도로 대고 톱질하는 것이 좋다. 하지만 부재의 폭을 복사하는 과정에선 이 정도도 다소 클 수 있으므로 조금 더 가리는 것이 좋다.

딱 가리는 순간. 기준을 잡을 때는 약간 작게 해야 하기 때문에 위의 부재가 아래 기준선을 가리는 순간을 찾아야 한다. 너무 많이 가리게 되면 안되기 때문에 많이 연습해야 한다.

칼금이 딱 가려지는 순간의 모습이다. 기준선을 그릴 때는 이 정도가 적당하다. 숫장부 부재의 폭보다 아주 미세하게 작게 그린다는 느낌으로 기준선을 그리는 것이 좋다.

숫장부 부재를 떼고 칼금을 넣는다.

그 상태에서 직각자가 흔들리지 않도록 주의하며 부재를 떼고 금긋기 칼로 선을 그리면 된다.

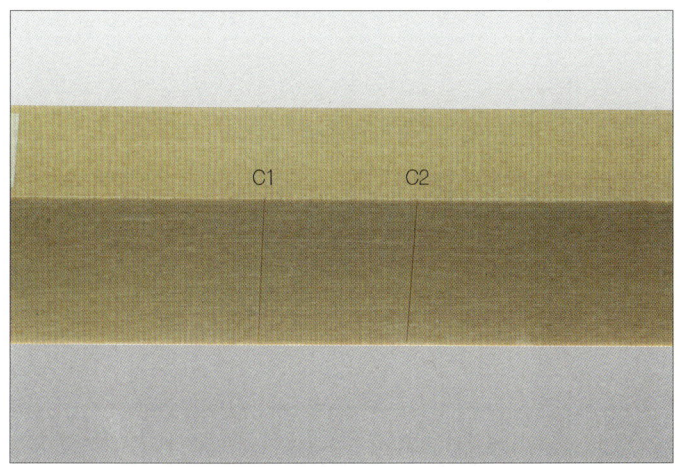

암장부 기준선 완성. 모든 선긋기는 이 두 개의 기준선으로부터 시작된다.

암장부 부재의 기준선 긋기가 끝나면 제비촉의 삼각형 부분을 그린다. 금을 긋는 순서는 큰 의미가 없지만, 제비촉을 먼저 그려 상하좌우가 혼동되지 않게 하는 것이 좋다.

제비촉 암장부 사선을 긋는다. 연귀자를 대략적인 위치에 잡은 뒤

그려 놓은 두 개의 기준선을 시작으로 바깥면에 45° 사선으로 두 개의 선을 그리면 된다. 먼저 연귀자를 기준선에 가까이 접근시킨다.

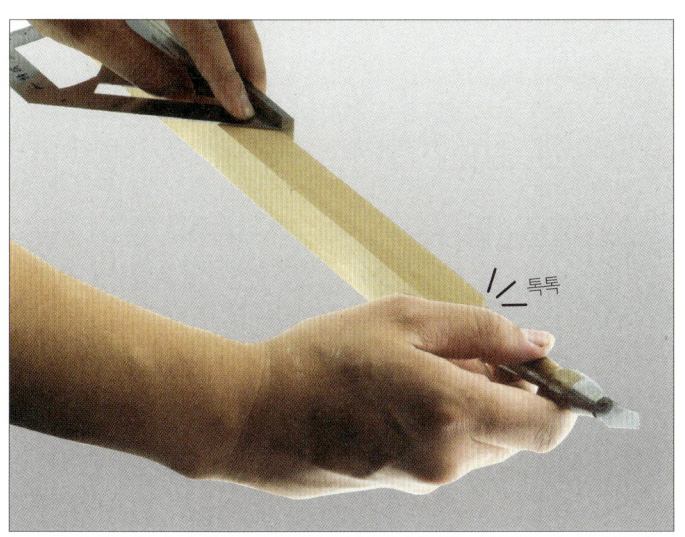

왼손으로 잡고 오른손으로 톡톡 두들겨 칼금선에 맞춘다.

이때도 금긋기 칼 머리 부분으로 부재를 가볍게 톡톡 치면서 기준선에 접근시키면 미세한 이동이 가능하다.

사이드 기준선이 살짝 보이는 순간. 이대로 긋고 톱질하면 기준선을 넘어가고 암장부는 크게 가공된다. 사선 톱질은 항상 좀더 안쪽으로 가공되기 때문에 이 점을 간과해서는 안 된다.

사진에는 옆면에서 올라온 기준선의 끝이 살짝 보인다. 이대로 선을 긋고 톱질하면 제비촉의 암장부가 커서 조립하면 틈이 생긴다.

사이드 기준선을 살짝 가린 순간 사진. 이보다 더 가리고 그리면 암장부가 작아진다.

45° 사선으로 금을 그을 때는 일반적으로 직각의 금을 연결해서 칼금을 그을 때보다 조금 더 기준선을 가리는 것이 좋다.

기준선이 가려지는 순간 멈추고 금긋기 칼로 선을 긋는다.

사이드 선을 살짝 가리는 순간 멈추고 사선을 긋는다. 제비촉 크기보다 짧게 그린다.

이때는 두 선이 모이는 꼭짓점보다 더 길게 선을 긋지 않도록 주의한다. 지금 선을 긋고 있는 면은 바깥쪽 면이므로 불필요한 칼금이 남지 않도록 신경 써야 한다.

한쪽 사선을 그린 사진.

위와 같은 중요한 포인트를 다시 한번 생각하며 두 번째 사선을 그어보자.

 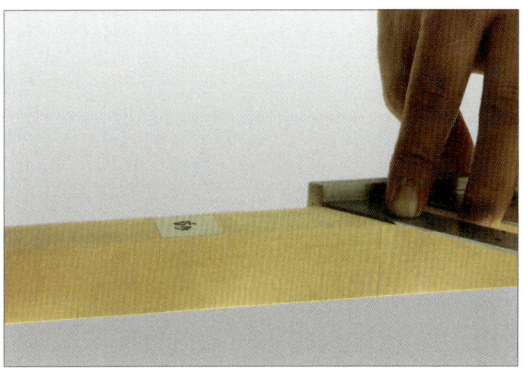

연귀자를 칼금에 가까운 대략적인 위치에 대고   금긋기 칼 머리 부분으로 툭툭 치며 선을 가리는 순간을 찾는다.

제비촉 장부 맞춤

사이드 기준선이 이렇게 보이는 채로 선을 그으면 암장부가 너무 커진다.

기준선을 살짝 가리는 순간 멈추고 선을 그어야 한다.

두 번째 사선도 동일한 방식으로 그린다.

제비촉 사선 긋기 완성 사진 1.

사진 2.

그럼 사진과 같은 제비촉이 들어갈 부분인 삼각형(제비촉 암장부)이 완성된다.

다음엔 숫장부 부재에 기준선을 그어보자. 방식은 대체로 동일하다.

암장부 부재에 숫장부 부재를 올려 놓고

반대로 암장부 부재를 가져와 숫장부 부재 위에 올려 놓고 선을 그리면 된다.

잡은 상태 그대로 뒤집는다.

암장부 부재를 그릴 때처럼 부재를 올려 놓은 상태에서 그대로 뒤집어보자. 부재 밖으로 살짝 튀어나온 부분이 나중에 관통해서 반대쪽으로 튀어나오는 부분이다.

직각자를 기준면에 대고 직각에 맞춰 숫장부 부재를 정렬한 후

그 상태로 바닥에 내려 놓고 직각자를 댄 뒤 부재를 밀착시킨다. 마구리면 부분을 너무 많이 남기게 되면 조립 후에 촉이 반대쪽으로 많이 튀어나오게 된다. 나중에 대패나 톱을 이용해서 제거해야 하므로 1mm 이하로 적당히 남기도록 한다.

암장부 부재를 치우고

적당하다 싶으면 부재를 치우고 기준선 칼금을 긋는다.

제비촉 장부 맞춤

기준선을 따라 양 측면에도 기준선을 이어 그린다. 이때도 바깥쪽 면에 선을 긋지 않도록 주의한다.

기준 칼금을 긋고 이어서 양쪽 측면에도 이어서 칼금을 긋는다.

암장부를 그렸던 것과 동일하게 바깥쪽 면에 측면의 두 기준선에 이어 45° 사선의 삼각형을 그린다.

측면의 선을 기준으로 제비촉 사선을 긋는다.

연귀자를 대략 위치하고 금긋기 칼 뒷부분으로 톡톡 치며 선에 근접하게 한다.

사이드 선을 살짝 가리는 순간.

이때도 방법은 동일하다. 측면에서 올라온 선의 끝이 연귀자에 미세하게 가려질 때 칼금을 그린다.

사진처럼 측면에서 올라온 선의 끝이 완전히 보이는 채로 선을 긋고 톱질하면 제비촉이 작아져서 조립하면 틈이 생긴다.

측면의 선이 완전히 보이는 사진. 이 상태라면 측면 선의 안쪽으로 톱질이 되어 촉이 작아진다.

칼금을 반쯤 가린 상태이다. 앞서 설명한 것처럼 직선 톱질의 가이드를 댈 때는 이 정도가 적당하지만, 45°의 사선인 경우에는 역시 제비촉이 약간 작아질 수 있다.

측면 선을 반쯤 가린 사진. 촉이 약간 작아진다.

측면에서 올라온 칼금보다 미세하게 크게 그린다는 기분으로 선을 그리면 적당하다(사진은 참고용일 뿐이다. 연습을 통해서 스스로 그 감각을 익혀야 한다).

확대 사진.

위에서 보았을 때 사이드 기준선이 살짝 가리는 순간 멈추고 사선으로 긋는다.

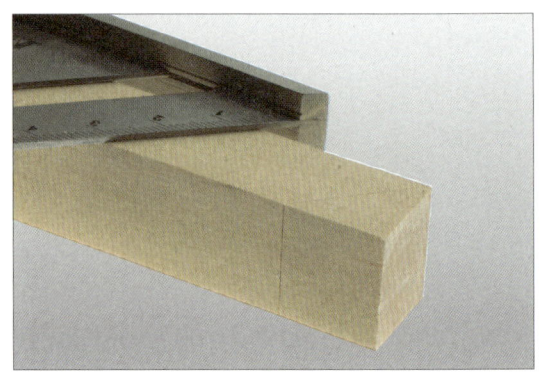
숫장부의 제비촉 사선.

이런 방식으로 한쪽의 사선을 긋는다. 암장부와는 달리 삼각형 바깥쪽은 잘려나가기 때문에 칼금을 그릴 때 삼각형 꼭짓점 바깥쪽으로 선이 나오는 문제에 대해 특별히 주의 할 필요는 없다.

반대쪽 사선도 마저 긋는다. 비슷한 위치에 연귀자를 갖다 댄 후

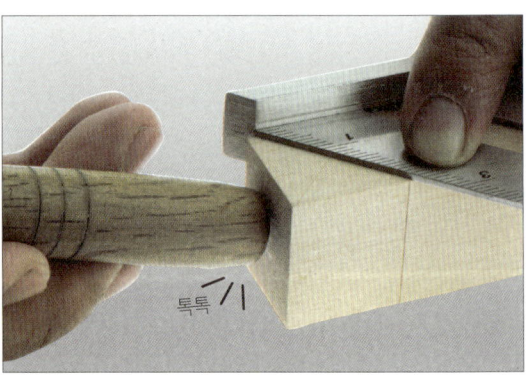
금긋기 칼 뒷부분으로 톡톡 치면서 사이드 기준선을 가리는 순간을 찾는다.

반대쪽도 동일한 방식으로 선을 그린다.

사이드 기준선이 살짝 보이는 순간.

사이드 기준선을 살짝 가린 순간.

마찬가지로 오른쪽 사진처럼 측면에서 올라온 칼금이 살짝 가려지는 순간 멈추면 적당하다.

연귀자를 따라 금긋기 칼로 선을 긋는다.

제비촉 사선을 긋는다.

이로써 제비촉 숫장부의 기준선이 모두 그어졌다.

제비촉 사선 완성.

② 나머지 칼금 긋기

기준선과 제비촉 부분의 금긋기가 끝나면, 그 선들을 바탕으로 장부(촉) 부분의 칼금도 그어 보자. 일단 단순 장부 맞춤을 먼저 보자. 이 경우는 부재를 3분할하면 된다. 숫장부의 경우 촉 부분 하나와, 촉의 양쪽의 빈 부분 두 곳을 합쳐 총 3분할이 되는 셈이다. 장부 구멍도 마찬가지다. 촉이 들어갈 구멍 하나, 구멍의 양쪽 부

관통 장부.

제비촉 장부 맞춤　**133**

분 두 곳을 합쳐 똑같이 3분할이다.

제비촉의 경우 우선 완성된 사진을 보며 머릿속에 전체적인 그림을 그려 보자. 위에서 본 단순 장부의 바깥쪽에 제비촉이 하나 추가된 형태이다. 전체적으로 4분할이 된다. 가장 위쪽의 제비촉 부분만 없다면 단순 장부 맞춤과 동일한 셈이다. 전체가 4분할이므로 중간에 그어야 할 선은 총 세 개다.

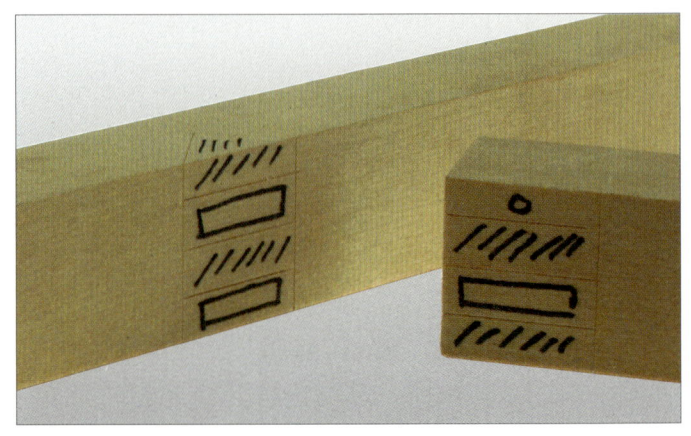

마킹이 끝난 제비촉 장부 맞춤.

사진에서 볼 수 있듯 암수의 부재에 그려질 선은 정확히 일치한다. 두 개의 부재에 똑같은 선을 정확히 일치하게 그리면 된다. 다만 그 선에 따라 한쪽이 촉이면 다른 쪽은 그 촉이 들어갈 구멍을 파면 된다.

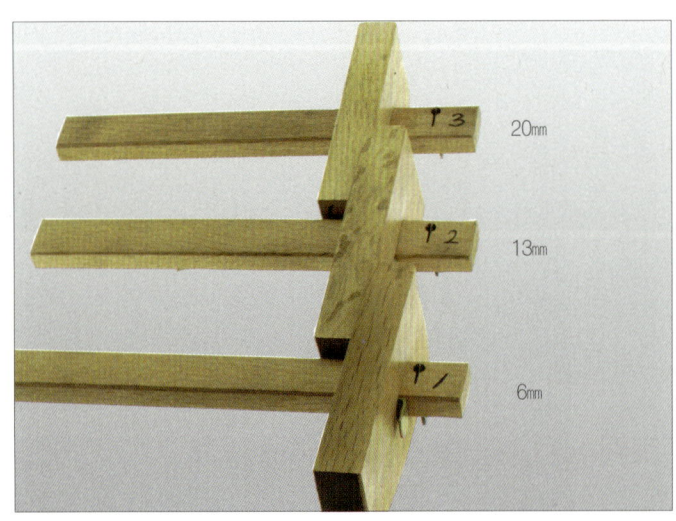

3개의 그무개가 필요하다.

총 세 개의 선을 그어야 하므로 그무개 역시 3개가 필요하다. 기본적으로 가장 위쪽의 제비촉은 장부나 장부 구멍처럼 견고한 결합을 위한 것이라기보다 디자인을 위한 것이므로 굳이 두껍게 할 필요는 없다. 보통 5~6mm 두께로 한다. 여기서는 6mm로 해보자. 전체 높이에서 제비촉이 들어갈 6mm를 제외하고 나머지 부분을 3분할한다.

부재와 1번 그무개를 준비한다.

먼저 숫장부의 제비촉 부분을 그려 보자. 6㎜로 고정해 놓은 그무개1을 이용해서 제비촉을 그려 놓은 부분의 3면에 선을 그으면 된다.

참고 - 그무개

그무개는 어떤 기준면으로부터 동일한 간격의 선을 그을 때 사용하는 도구다. 무엇보다 복수의 부재에 동일한 선을 그릴 때 매우 유용하다. 제비촉 부분의 선을 긋기 위해 자를 이용해서 그무개를 6㎜ 간격으로 고정했다. 그 그무개로 부재에 선을 그었을 때 기준면으로부터 정확히 6㎜가 떨어져 있을까? 당연히 그렇지 않다. 사람의 손으로 조정했기 때문에 정확한 수치가 아니다.

하지만 그런 작은 오차가 가구 제작 과정에서 중요한 것은 아니다. 짜맞춤은 기본적으로 암수를 정확히 일치시키는 과정이고, 여기서도 숫놈과 암놈의 크기를 같게 하는 것이 가장 중요하다. 그무개를 이용하면 선을 긋기도 편하지만, 같은 간격의 선을 여러 개의 부재에 복사해낼 때 유용하다. 한 번 고정해 놓은 그무개는 해당 작품이 완성이 될 때까지 절대 풀어서는 안 되고, 이것이 여러 개의 그무개가 필요한 이유이다.

전체 높이를 26㎜라고 가정하자. 그렇다면 이미 그어 놓은 제비촉 부분 6㎜를 제외한 나머지는 20㎜다. 이를 3분할하면 소수점이 되는 경우가 대부분이므로 소수점을 없애고 대략 3분할을 하면 된다. 예를 들어 20을 삼분할하면 7-7-6, 6-7-7 혹은 7-6-7 등

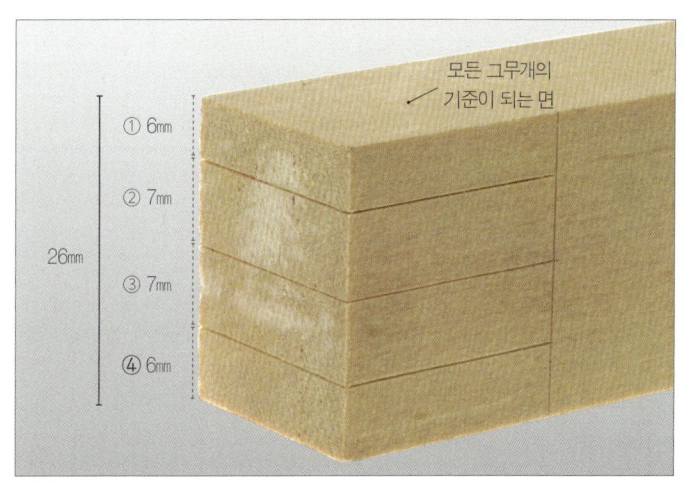

분할한 숫장부 사진.

제비촉 장부 맞춤

으로 나눌 수 있다. 여기서는 7-7-6으로 하자. 그렇다면 두 번째 선은 이미 그려 놓은 6㎜+7㎜로 13㎜가 된다. 세 번째 선은 이 13㎜에 다시 7㎜를 더해 20㎜가 된다. 남은 부분은 6㎜가 된다. 따라서 그무개2는 13㎜, 그무개3은 20㎜로 고정하면 된다.

그무개1로 그려 놓은 선 아래로 3면을 돌아가며 그무개2와 3으로 차례대로 선을 그리면 된다. 모든 그무개의 기준면은 동일하게 바깥쪽 면으로 해야 한다. 이로써 숫장부 쪽의 칼금 긋기는 마무리된다.

암장부 역시 동일한 방법으로 사진처럼 숫장부 부재와 만나는 부분에 그무개2와 3을 이용해서 선을 그어주면 된다. 그럼 이제 남은 건 반대쪽, 즉 숫장부의 촉이 튀어나오는 면의 선을 긋는 일이다.

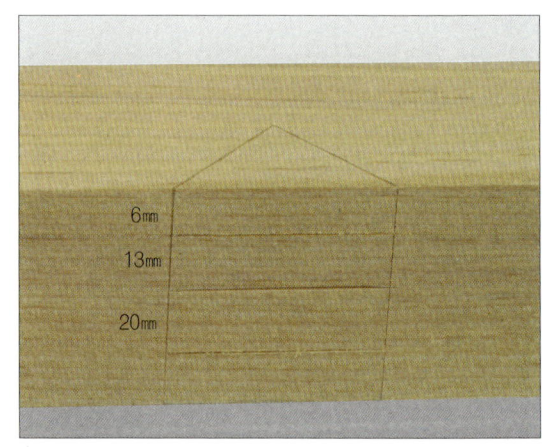
암장부 안쪽 결과물.

그동안 선을 그은 부분들은 대부분 두 부재를 결합했을 때 숨겨진다. 그리기 편한 대로 마음껏 선을 그어도 큰 문제는 없다. 하지만 촉이 나오는 바깥쪽 면은 그렇지 않다. 완성했을 때 눈에 띄는 곳이기 때문에 불필요한 선을 그리지 않아야 한다.

암장부 관통 장부 바깥쪽 결과물.

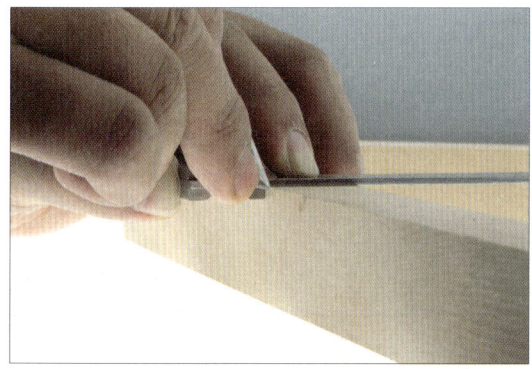

관통 장부를 위해 뒷면 기준선 잡기. 안쪽 기준선에 금긋기 칼을 걸고 모서리 부분에 작은 흔적만 낸다.

직각자를 댄다. 칼금 흔적을 따라 직각자를 이용해서 필요한 부분에만 선을 그으면 된다.

금긋기 칼을 살짝 눕혀 공간을 만들고

금긋기 칼에 직각자를 갖다 대 원래 치수보다 약간 작게 한다.

이때 신경 써야 하는 포인트는 장부가 관통하는 부분의 폭을 안쪽보다 미세하게 작게 그리는 것이다. 그러기 위해선 표시해 놓은 원래의 칼금 흔적에 금긋기 칼을 찍고 직각자를 댄 후에 사진처럼 살짝 기울여서(약 40°) 직각자와의 공간을 만든다. 그 공간만큼 직각자를 살짝 움직여 금긋기 칼날에 붙도록 한다.

그 다음엔 금긋기 칼을 부재에서 땐 후, 다시 직각자에 따라 선을 그으면 된다. 그러면 원래의 정확한 선보다 조금 작게 그려진다.

결과물.

제비촉 장부 맞춤

단 면 전체에 선을 긋는 것이 아니라 그무개2와 3이 그려질 가상의 선 사이에만 그려야 한다. 즉 관통 장부의 네모 부분에만 선을 그린다.

관통 장부의 반대쪽 부분도 같은 방식으로 그린다. 다시 한 번 연속으로 살펴보자.

① 원래의 기준선에 금긋기 칼을 걸고

② 금긋기 칼날에 직각자를 갖다 댄다.

③ 금긋기 칼을 살짝(40°) 눕혀서 공간을 만들고

④ 직각자를 살짝 밀어서 칼날에 갖다 붙인다.

⑤ 금긋기 칼을 떼서 이동한 직각자를 기준으로 선을 찍어 다음 면으로 넘어간다.

⑥ 그 선에 금긋기 칼을 찍어서

⑦ 직각자를 갖다 댄 후 고정시키고

⑧ 필요한 만큼, 즉 그무개2와 3 사이쯤에 선을 긋는다.

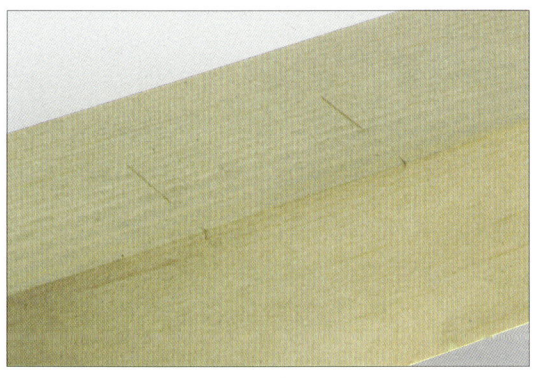

⑨ 결과물.

⑩ 그무개2와 3으로 직사각형이 완성된다.

9. 톱과 끌로 가공하기
(제비촉 장부 맞춤)

1) 시작하기 전에

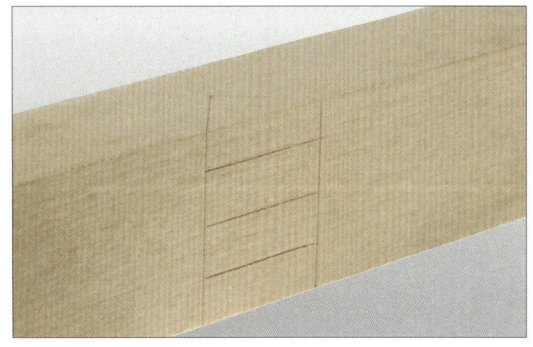
암장부 안쪽.

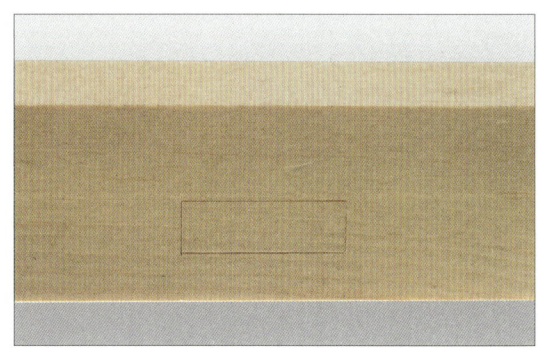
암장부 관통 장부 바깥쪽.

 이 장에서는 제비촉 장부 맞춤을 포함한 모든 짜맞춤 결구 연습은 물론, 이후 가구를 제작할 때도 꼭 필요한 내용으로서 그어 놓은 칼금선을 따라 톱과 끌 등의 수공구를 이용해 가공하는 방법을 배우게 된다. 일단 가공에 들어가기 전에 몇 가지 점검해보자.

가공할 부위 표시.

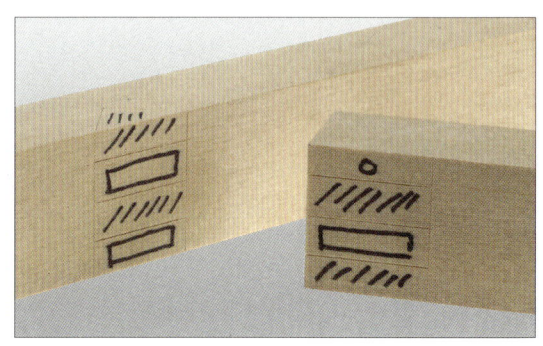
암장부와 숫장부를 같이 놓고 확인한다.

사진처럼 암수 두 부재의 금긋기가 끝나면 없앨 부분과 남겨야 할 부분에 확실히 표시해두는 게 좋다. 톱질하는 과정에서 실수를 줄이기 위한 최고의 방법이다.

대칭 여부 확인.

금긋기 과정에서 실수가 없었는지 두 부재를 맞대어보고 정확히 대칭이 되는지를 반드시 확인해야 한다. 동시에 어떻게 톱질할 것인지 머릿속에서 순서대로 그려보는 것도 실수를 줄이는 좋은 방법이다.

톱질이나 끌질 등의 가공에 들어가기 전에 대패로 부재를 뽑거나 칼금을 그리는 데 사용했던 공구들을 제자리에 갖다 놓고, 작업대를 깔끔하게 정리한 후에 다음 작업으로 들어가는 버릇을 들이도록 한다.

2) 암장부 가공하기

제비촉을 먼저 톱질하자. 장부 구멍을 먼저 파 놓으면 위에서 제비촉 부분을 파는 과정에서 끌을 망치로 내려칠 때 구멍이 뭉개지거나 부러질 수도 있다.

암장부 부재.

대략의 위치에 나무 연귀자를 대고

나무 연귀자를 가이드 삼아서 톱질해보자. 톱질할 때 제비촉의 꼭짓점을 넘어가선 안 되며, 그무개로 그려 놓은 6mm의 선보다 아래로 톱질하지 않도록 주의한다. 그동안 해온 것처럼 칼금선에 가까운 위치에 나무 연귀자를 대고,

톱으로 톡톡 쳐서 칼금선이 반 정도 보이게 맞춘다.

톱 등으로 부재를 톡톡 쳐서 나무 연귀자가 칼금을 반 정도 가리도록 맞춘다.

칼금선이 너무 많이 보이는 상태.

사진처럼 칼금이 너무 많이 보이는 상태로 톱질하면 제비촉이 헐렁거리게 되므로 주의한다. 반대로 칼금을 전부 가려버리면 삼각형의 크기가 작아져서 숫장부의 제비촉이 들어갈 수 없다. 이 경우 끌로 후작업을 많이 해야 하므로 유의한다.

사진처럼 칼금을 절반쯤 가린 상태가 적당하다. 초보자들은 칼금을 절반쯤 가린다거나 보일 듯 말 듯하게 톱질한다는 등의 표현이 와 닿지 않을 것이다. 이 역시 본인이 실제 반복 연습을 통해서 그 감각을 익혀가는 것 외에는 방법이 없다.

칼금을 반쯤 가린 상태.

나무 연귀자 등의 가이드에 톱을 밀착시키고 톱질에 들어간다.

칼금을 반쯤 가리고 톱질을 시작한다. 아래로 6mm를 넘어가지 않고 앞쪽은 교차점을 넘어가지 않게

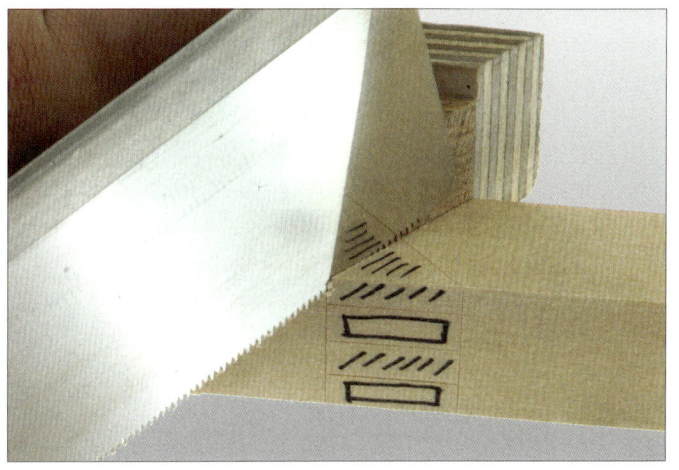
사선으로 톱질한다.

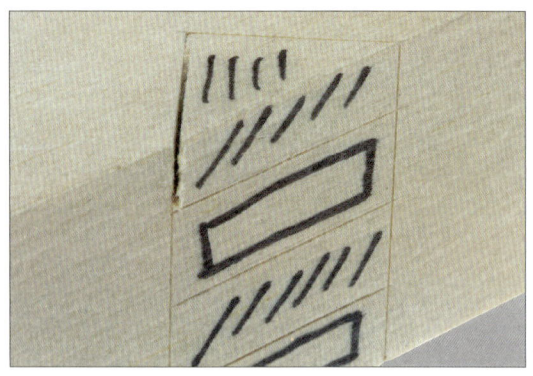

톱질 결과물.

칼금을 딱 가리는 순간(기준을 잡을 때는 약간 작게 잡아야 하기 때문에 가리는 순간을 찾아야 한다). 다음 사진들을 통해 결과물을 살펴보자.

동일한 방법으로 톱질한다.

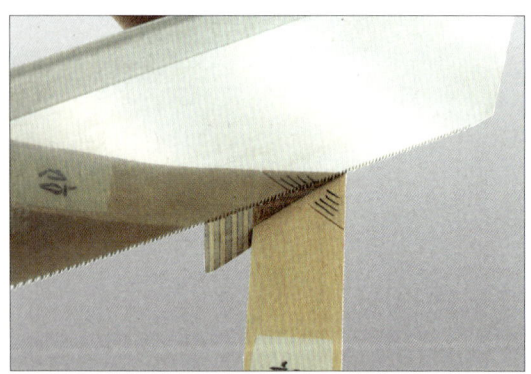

연귀자에 톱을 갖다 대고

톱질한다.

이때도 삼각형의 꼭짓점을 넘지 않도록 해야 하고, 아래 쪽의 6㎜ 선을 내려가지 않도록 주의하며 톱질한다.

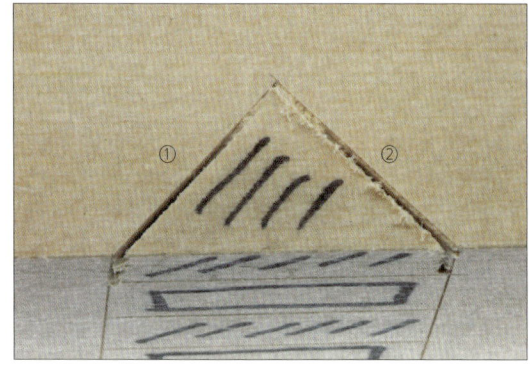

톱질 결과물.
① 칼금을 반쯤 가리고 톱질.
② 칼금을 딱 가리는 순간에 맞춰 톱질.

우측 톱질은 칼금을 스쳤지만 안쪽에 살이 남아 있다.

표면의 톱질한 모습을 살펴보면 왼쪽은 대체로 칼금에 따라 톱질이 됐고, 오른쪽은 칼금 안쪽에 살이 남아 있는 걸 확인할 수 있다. 오른쪽 사진처럼 안쪽에서 확대해보면 왼쪽은 정확히 칼금을 스치듯이 톱질이 잘 됐고 오른쪽엔 살이 남아 있는 것이 보인다. 이때는 끌로 다듬어야 한다.

좌측은 정확히 칼금을 스친 것이고 우측은 칼금은 스쳤지만 안쪽에 살이 남아 있어 끌로 다듬어야 한다.

제비촉 부분의 톱질을 했기 때문에 직각끌을 선에 대고 한번에 내려칠 수도 있다. 하지만 삼각형 안의 살이 전부 남아 있는 상태에서 힘껏 내리치면 끌이 뒤로 밀리면서 선을 넘어버리게 된다.

먼저 반 정도를 끌로 맞추고 톡 쳐서

떼어낸다.

먼저 어느 정도 제비촉 부분의 살을 떼어내고 직각끌을 이용하는 게 좋다.

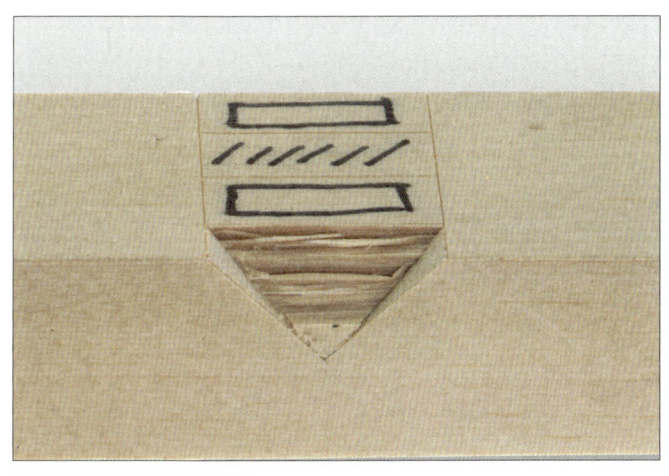

톱질로 절단된 부분만 떼어낸다.

절반쯤 톱질이 되어 있기 때문에 살짝만 힘을 줘도 덩어리를 쉽게 떼어낼 수 있다.

다음엔 직각끌을 90°로 세워 칼금에 대고 망치로 쳐서 가공한다. 망치로 때릴 때는 직각끌이 흔들리지 않도록 손에 힘을 줘 부재에 고정시킨다. 한꺼번에 힘껏 내려치면 선이 뭉개질 수 있으므로 조금씩 톡톡 내려 쳐야 한다.

직각끌이 없으면 끌로 나누어 다듬어도 상관없다.

안에 살이 남은 부분은 직각끌을 대고 망치로 쳐서 가공한다.

한번에 6㎜의 촉을 전부 내려가지 말고 2~3㎜ 정도를 직각끌로 내려간 후에 다시 끌을 이용해 그 부분을 정리하고, 계속해서 직각끌로 나머지 부분을 파내는 식으로 나눠서 해야 한다. 이때 톱질을 할 때처럼 6㎜ 밑으로 내려가지 않도록 주의한다.

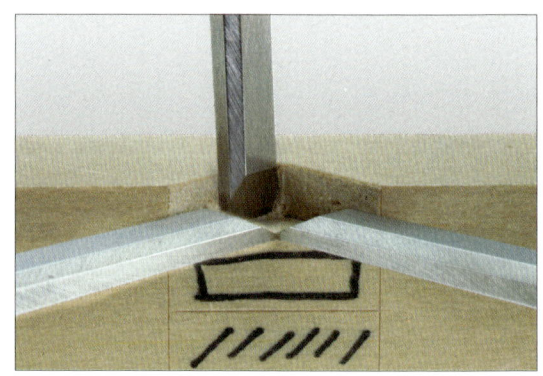
제비촉 암장부 끌질하기.

남은 살을 끌로 다듬어준다. 이때도 제비촉의 선이 무너지지 않도록 끝까지 주의해야 하고, 특히 제비촉의 꼭짓점 부분을 끌질할 땐 더욱 신경을 집중한다.

제비촉 꼭짓점 부분은 주의가 필요하다.

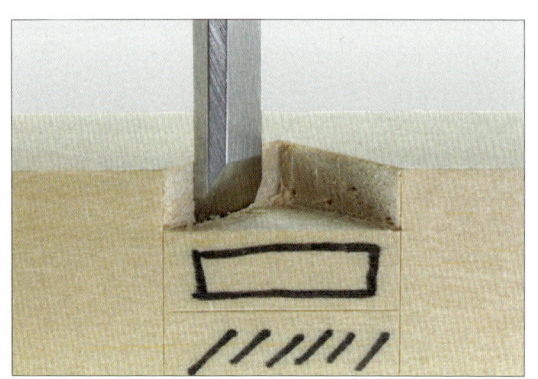
모서리 부분에 살이 남아 있으니 다듬어준다.

끌질할 때 아래로 내려갈수록 살이 남아 있을 확률이 높다. 그걸 다듬어주지 않으면 단차가 생기거나 빡빡해서 들어가지 않을 수도 있으니 끌은 항상 수직으로 가공하고 깔끔하게 마무리한다.

제비촉 부분의 가공이 끝나면 장부 구멍을 파내야 한다. 예전엔 끌만 가지고 구멍을 파냈지만 지금은 그런 경우가 드물다.

제비촉 부분 톱질한 것 가공.

방법은 다양하다. 기계가 갖춰져 있지 않다면 드릴을 이용해서 구멍을 파고 끌로 다듬는 방법을 사용한다. 이 경우 손으로 드릴을 잡고 뚫기 때문에 그 저항으로 수직으로 구멍이 파이지 않을 때가 많으니 주의한다. 드릴 외에도 드릴 프레스, 트리머나 라우터, 각끌기 등으로 구멍을 판 후 끌로 다듬는다. 일반 원형의 비트류와는 달리 각끌기는 사각이므로 좀 더 수월하게 작업할 수 있지만 각끌기엔 폭이 넓은 판재를 올리기 어렵다.

라우터로 1차 가공.

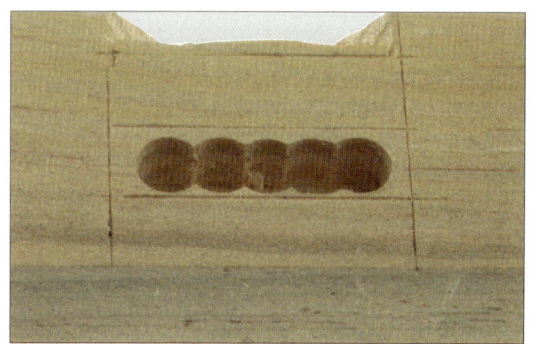

결과물.

각끌기로 1차 가공.

결과물.

어떤 방식으로 구멍을 뚫더라도 살이 남아 있기 때문에 끌로 다듬어줘야 한다. 긴 방향 보다는 짧은 세로쪽 면 먼저 나이테를 끊어 결따라 갈라지지 않게 한 후 계속해서 가로쪽을 다듬는다.

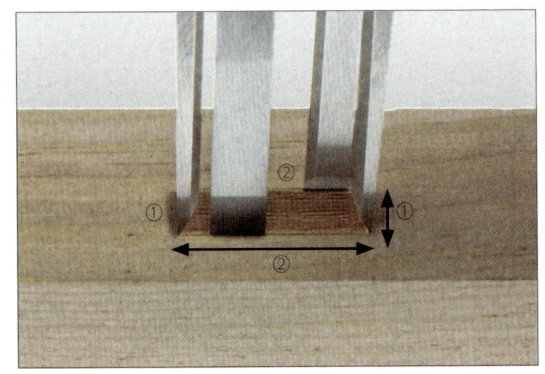

암장부 끌 가공 순서.

암장부 끌질 순서

①의 가공: 칼금에서 0.5㎜를 남기고 깊이 1㎜ 정도를 끌로 눌러 섬유질은 끊어 놓는다.
②의 가공: 나무결 방향을 고려하여 좌에서 우, 혹은 우에서 좌로 조금씩 가공하고 칼금까지 가공 완료한다.
다시 ①번 칼금에 대고 끌이 1㎜ 정도를 가공하여 턱을 만든다. 마지막으로 턱에 끌을 걸고 수직으로 반까지 내려 가공한다.

끌질을 할 때는 목재의 결을 잘 살펴야 한다

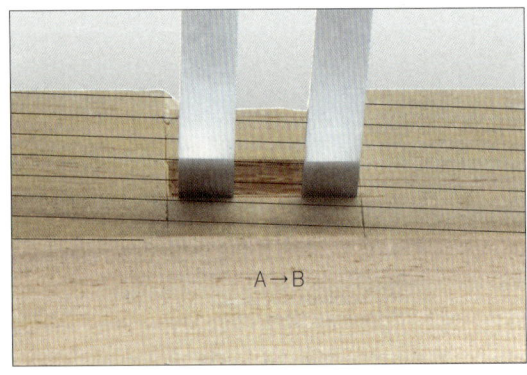

끌질 방향 1.

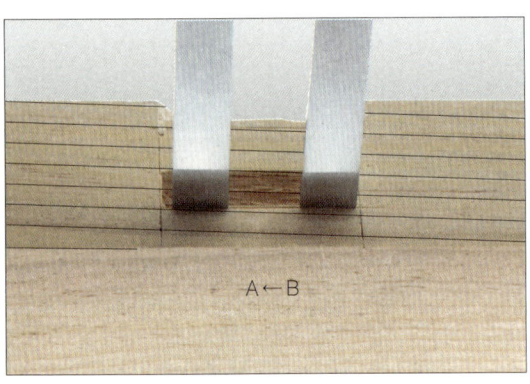

끌질 방향 2.

장부 구멍 등을 팔 때 남아 있는 살을 끌로 정리하는 경우, 사진처럼 목재의 결이 왼쪽 위에서 오른쪽 아래로 향해 있는 경우 A→B, B→A 중 어느 방향으로 끌질을 진행해야 할까? 정답은 후자다.
왼쪽부터 시작할 경우 끌질을 하면 결을 따라 칼금을 넘어서 갈라지거나, 끌이 파고 들어갈 수 있으므로 주의한다.

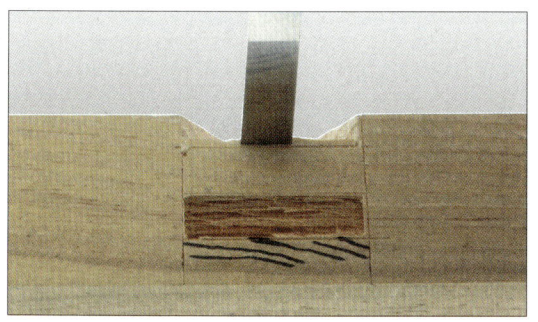
나무결을 파악한 후 끌질을 해야 한다.

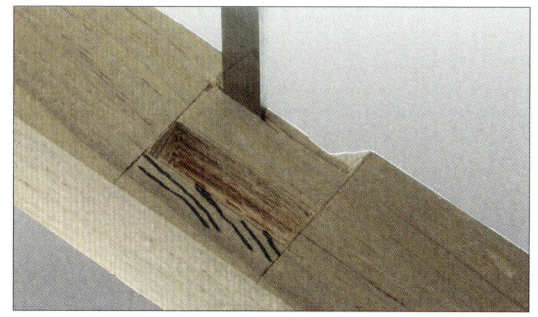
결따라 찢어질 수 있다.

나무의 결을 이해하지 못하고 계획 없이 선에 대고 끌을 내리면 끌이 결을 파고 들어가 망칠 수 있으니 주의한다.

가공은 항상 양쪽에서 반반씩.

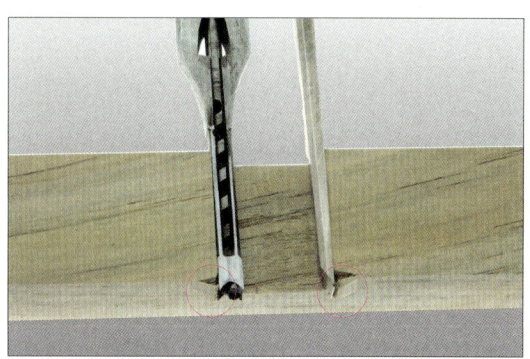
한쪽에서만 가공하면 끝이 뜯긴다.

기계를 사용할 때도 끌질을 할 때도 부재를 관통하는 구멍을 파야 한다면 항상 양쪽에서 절반씩 작업한다. 한쪽에서 구멍을 파면 반대쪽 끝 부분이 뜯겨 나가게 된다.

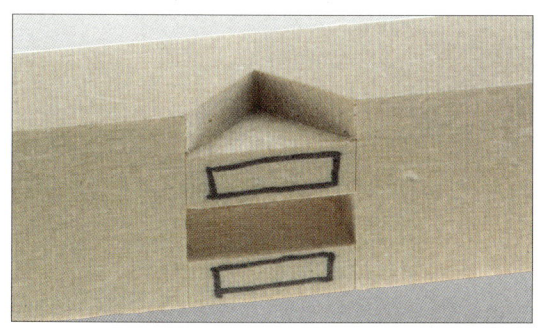
완성된 암장부.

마무리된 모습이다. 다음 단계로 넘어가기 전에 남아 있는 살이 없는지 모든 가공면에 끌의 뒷면을 대보면서 확인한다.

3) 앉아서 톱질하기

금긋기가 완성된 숫장부이다. 자신만의 방식으로 자를 부분과 남길 부분의 표시를 명확하게 하고 가공에 들어간다.

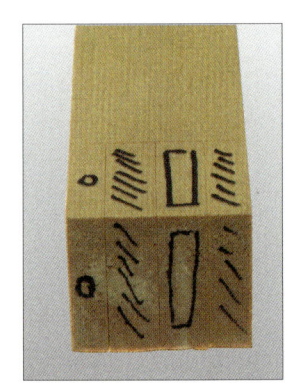

가공할 부분에 표시한다.

숫장부 가공의 핵심은 톱질에 있다. 오른손잡이의 경우 오른손으로 톱을 잡고 왼손으로 부재가 움직이지 않도록 누르면서 엄지손가락을 가이드로 대준다. 살릴 부분을 왼쪽에, 잘라내야 할 부분을 오른쪽에 놓고 톱질한다.

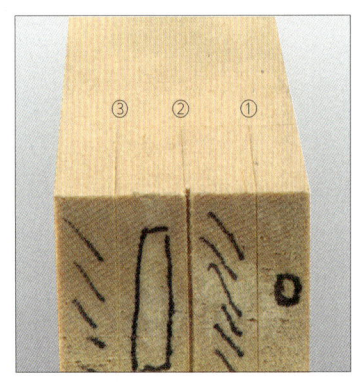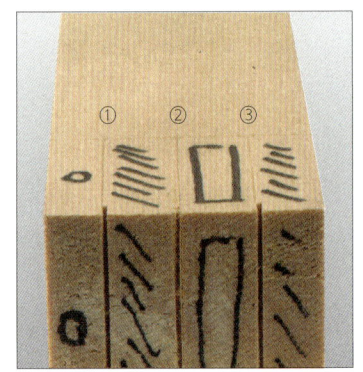

살리는 쪽을 왼쪽에 두어 ②번 먼저 톱질한다.   돌려서 ①, ③번 톱질을 한다.

따라서 이 숫장부 톱질의 경우 한쪽에서 ②번 톱질을 하고, 뒤집어서 ①, ③번 톱질을 한다.

제비촉 장부 맞춤을 포함해서 대부분의 가공은 이처럼 각재의 마구리면에 하는 경우가 많다.

앉아 썰기.   서서 썰기.

이때 부재를 작업대에 눕혀 놓고 앉아서 톱질할 수도 있고, 바이스에 물려 놓고 서서 톱질할 수도 있다. 하지만 부재가 클 경우에는 바이스에 물리기 어렵기 때문에 앉아서 톱질하는 방법을 몸에 익혀 두는 것이 좋다.

마구리면에서 톱질해야 하므로 켜는 톱을 사용한다. 부재를 톱으로 켤 때는 내부에 톱밥이 쌓이지 않게 계속 훑어내듯이 톱질한다. 그러기 위해선 톱니가 부재에서 떨어지지 않도록 하는 게 중요하다.

앞뒤로 심각하게 각도를 변경하며 톱질하면 안쪽에 톱밥이 쌓인다.

상하 운동만으로 톱질한다.

왼쪽의 경우처럼 톱이 앞뒤로 흔들리게 톱질을 하면 안쪽에 톱밥이 쌓여 원활하게 톱질이 되지 않는다. 따라서 오른쪽 사진처럼 톱이 앞뒤 흔들림 없이 상하운동을 하도록 해야 한다.

앉아서 톱질하면 톱을 내렸을 때 무릎 높이까지 내려가기 때문에 흔들림 없이 직선으로 상하운동을 하기란 쉽지 않다. 더욱이 평소처럼 톱을 쥐고 톱질하면 아래로 내려갈수록 손이 몸쪽으로 다가오게 되어 앞뒤로 흔들리게 된다. 팔의 움직임에 영향 받지 않고 흔들림 없이 톱이 상하로 움직이도록 해야 한다. 즉 팔을 움직이고 팔꿈치의 각도가 변해도 톱이 움직이는 각도는 상하로 일정하도록 톱을 쥔 손에 텐션을 줘야 한다.

이를 위해 톱의 손잡이를 평소처럼 꽉 움켜쥐지 말고 새끼손가락으로 손잡이 끝을 잡아서 손 안에서 톱이 어느 정도 각도 내에서 자유롭게 움직이도록 한다.

새끼손가락으로 톱을 고정하고

톱이 내려갈 때는 엄지와 검지 사이의 살로 살며시 앞으로 민다는 느낌으로 톱질을 한다(동그라미 안 손을 보면 손바닥 살로 스프링처럼 텐션을 유지하고 있다).

특별한 경우를 제외하고 대부분의 톱질을 할 때는 톱날의 전체를 모두 사용한다. 톱날의 일정 부분만 사용해서 왔다 갔다 하지 말고 톱날 전체를 이용해서 시원시원하게 왕복운동을 한다.

톱날 끝에서 끝까지 모두 사용한다.

양쪽 눈으로 톱의 한쪽 면씩 진행 방향을 보아야 한다.

부재와 톱은 몸의 정중앙에 위치시킨다. 시선은 톱의 진행 방향과 일직선을 이루되, 양쪽 눈으로 톱의 한쪽 면씩 볼 수 있어야 한다.

엄지는 가이드 역할을 한다.

각재의 마구리면은 좁기 때문에 가이드를 대고 톱길을 내기 어렵다. 왼손 엄지 끝으로 가이드를 대고, 팔에 힘을 빼고 오른손 새끼손가락의 텐션을 느끼며 가볍게 당겨서 길을 내야 한다.

우리는 ②를 향해 직선으로 나가야 한다. 만약 처음에 길을 잘못 내거나 진행 도중에 자세가 흐트러지면 톱의 방향은 ①이나 ③으로 휘어진다.

톱날이 ③의 방향으로 움직일 경우엔 왼손 엄지를 방향타처럼 이용해서 톱날 측면 Ⓐ를 살짝 누르며 톱질하면 톱은 왼쪽으로 움직이게 된다. 반대로 ①의 방향으로 휘어질 때는 톱날 측면 Ⓐ에서 엄지를 떼고 톱질을 하면 제자리를 찾아간다. 이런 방법은 톱이 10㎜ 이상 들어가지 않았을 때 쓰며, 톱이 이미 깊이 들어간 후에는 방향을 바꿀 수 없으므로 주의한다.

톱의 방향을 바꾸는 방법이다.

처음엔 자투리 각재를 이용해서 앉아서 톱질하기를 몇 번 연습해본 뒤 톱질을 하도록 한다. 초보자의 경우 선을 넘어가선 안 된다는 생각 때문에 자신도 모르게 칼금에서 톱질이 멀어지게 된다. 안전한 작업은 할 수 있겠지만 살이 너무 많이 남아 있으면 끌로 다시 다듬는 데 시간과 노력이 필요하니 칼금선을 정확하게 스치며 톱질해나가는 연습을 끊임없이 해야 하고, 끌로 다듬을 것이 거의 없을 정도로 톱질을 숙달시켜야 한다.

장부를 만들기 위해 톱질을 한 뒤에는 남아 있는 살은 끌로 다듬어야 한다.

먼저 나무결을 살핀다.

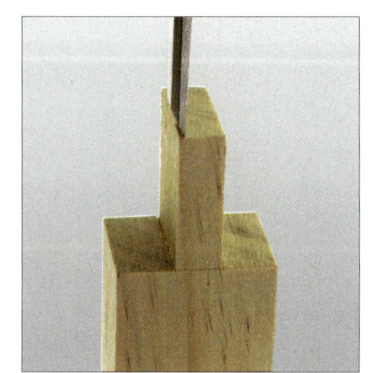

목재의 결을 살피지 않고 끌질을 하면 예리하게 날물을 갈고 좋은 자세로 끌질을 해도 끝은 목재의 결을 따라 파고 들어간다. 그렇게 되면

결에 파고 들어 촉이 상할 수 있다.

장부의 하단부가 가늘어지게 되고 조립했을 때 헐겁거나 얇아져서 부러지기 쉽다.

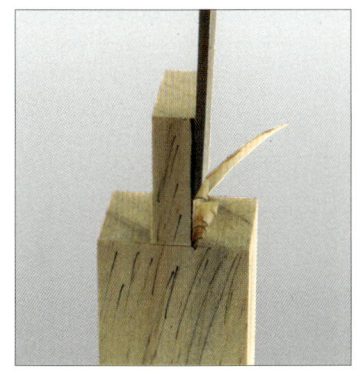
숫장부 엇결 시 가공 방법.

이럴 때는 위에서 아래로 한번에 끌을 내리지 말고, 아래쪽부터 조금씩 파면서 위로 올라오는 방식으로 끌질을 해야 한다. 기준이 되는 칼금을 먼저 정확히 다듬은 후에 안쪽이나 내부의 남아 있는 살을 끌질한다.

끌로 다듬어야 하는 상황.

사진과 같이 톱질한 면을 끌로 다듬어야 할 경우 어떤 순서로 끌질을 해야 할까?

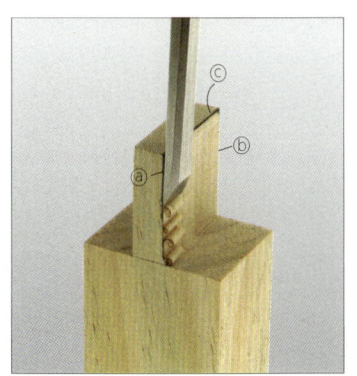
ⓐ의 칼금을 기준으로 끌질.

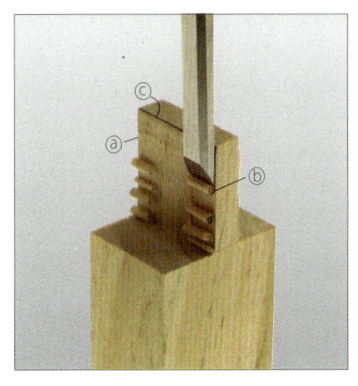
ⓑ의 칼금을 따라 끌질.

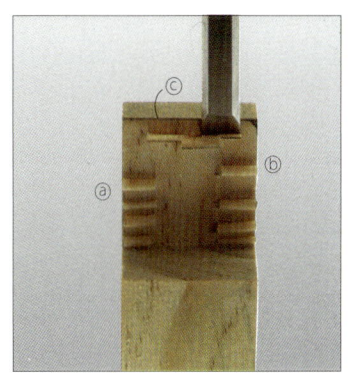
ⓒ의 칼금을 따라 내부 살을 다듬는다.

칼금선인 ⓐ와 ⓑ부분을 선에 따라 끌로 다듬은 후에, ⓒ선에 따라 안에 남아 있는 살들을 정리하면 된다(ⓐ와 ⓑ를 기준선 삼아 수평이거나 약간 작게 면을 고른다).

4) 숫장부 가공하기

앉아 톱질하기와 끌질 요령을 잘 숙지하면 숫장부의 가공은 큰 어려움 없이 완성할 수 있다.

먼저 마구리면에서 기본적인 톱질을 한다. 초보자의 경우 4등분해 놓은 선이 자꾸 헷갈려서 반대로 잘라 버리기도 하므로 주의한다. 잘라내서 버릴 부분과 남겨질 부분을 자신만의 방식으로 명확하게 표시해두고, 톱질에 들어가기 전에 머릿속에서 그림을 그려보고 시작한다.

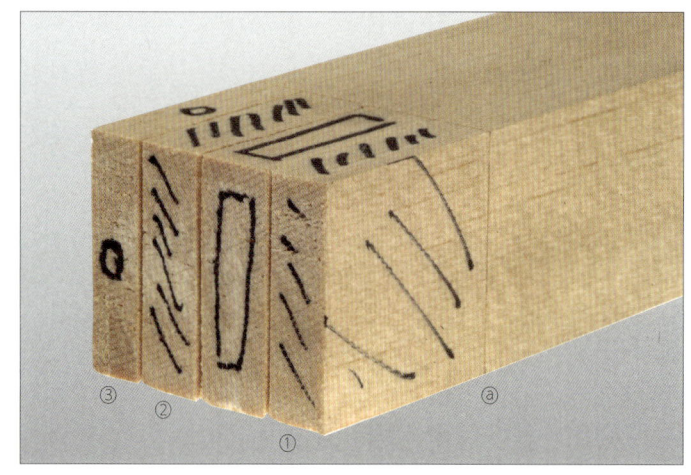

톱질 순서.

맨 처음 ⓐ선에 맞춰 톱질해서 ①번 부분을 떼어낸다. 끌이나 각끌기 등을 이용해서 ②번 부분을 떼어낸다. 끌을 이용해 ①과 ②부분을 칼금선에 맞춰 깔끔하게 정리한다.

제비촉은 항상 맨 마지막에 톱질할 것.

마지막으로 사선 톱질을 해서 ③번의 제비촉 부분을 떼어내면 된다. ③번을 먼저 톱질하면 사진처럼 ⓑ의 선이 사라져버려서 정확하게 다듬을 수가 없고, 작업하는 도중에 제비촉의 끝 부분인 ⓒ가 부러지거나 훼손될 가능성이 높아지므로 마지막에 작업해야 한다.

차례대로 살펴보자.

가이드를 대고 톱질한다.

그동안 연습했던 가장 기본적인 톱질하기이다. 나무 연귀자 등의 가이드를 대고 부재를 톱 등으로 톡톡 쳐서 ⓐ의 칼금의 가운데 부분에 고정시키고 톱질한다. ①의 조각이 떨어질 정도만 톱질해야 한다. 너무 깊이 톱질하면 장부에 상처가 나서 힘이 약해지거나 부러질 수 있으므로 주의한다.

아무리 톱질을 정확히 한다고 해도 안쪽 모서리 등에 살이 남아 있는 경우가 대부분이다. 끌로 깔끔하게 다듬어줘야 조립에 문제가 없다.

모서리 살은 끌로 다듬는다.

각끌기 등을 이용해서 ②부분을 떼어낸다. 좌우에 톱질이 되어 있기 때문에 안쪽만 뚫으면 조각이 통째로 떨어진다. 역시 안쪽에 남아 있는 살을 끌로 다듬어주면 어렵지 않게 마무리할 수 있다. 각끌기 등의 기계가 없거나 상황이 여의치 않을 때는 끌을 이용해서 조금씩 떼어내면 된다. 이때는 타격끌을 사용한다.

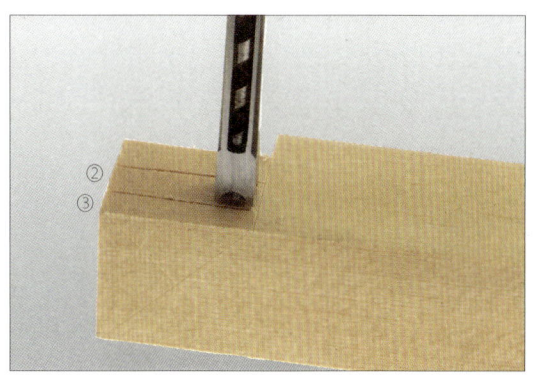

각끌기 가공.

① 끌을 칼금에 대거나 혹은 너무 가깝게 대고 망치로 타격하면 칼금선을 넘어갈 수 있기 때문에 어느 정도 거리를 둔다.

② 망치로 타격할 때는 지나치게 힘을 줘서 때릴 필요는 없다. 또한 안전 사고가 발생할 수 있으니 타격할 때 부재가 흔들리거나 끌이 움직이지 않도록 주의한다.

③ 마구리면에서는 결방향이기 때문에 살짝만 힘을 줘도 조각이 뚝 떨어져 나간다.

타격끌 작업.

끌 작업 순서.

한꺼번에 깊이 들어가지 않도록 나눠서 한다.

양쪽에서 반씩 가공.

여러번 강조했듯 항상 양쪽에서 절반씩 나눠서 작업을 한다. 조각을 떼어내면 끌로 칼금에 맞춰 다듬어야 한다. 그리고 끌의 뒷면 등을 이용해서 내부에 남아 있는 살이 없는지 꼼꼼히 확인한다.

끌로 내부의 살들을 정리한다. 특히 칼금선에서 직각으로 내려가야 모서리가 살고 안쪽 잔재도 정확히 정리할 수 있다.

이제 남은 건 제비촉 부분이다. 나무 연귀자를 대고 양쪽에서 45°로 잘라낸다.

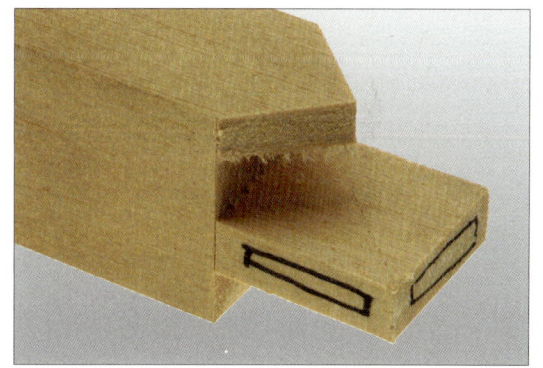

연귀 톱질 시 유의사항. 장부에 톱 자국이 남았다.

톱질을 너무 힘껏 눌러서 하지 않도록 한다. 제비촉 부분은 5~6㎜에 불과하므로 잘려나가면서 아래쪽의 장부에 상처가 날 수도 있다.

마찬가지로 톱질 후에는 끌로 다듬어야 한다. 특히 내부 모서리 등에 살이 남아 있으면 조립할 때 완벽하게 될 수 없고, 심할 경우 터져 버릴 수도 있으니 주의한다.

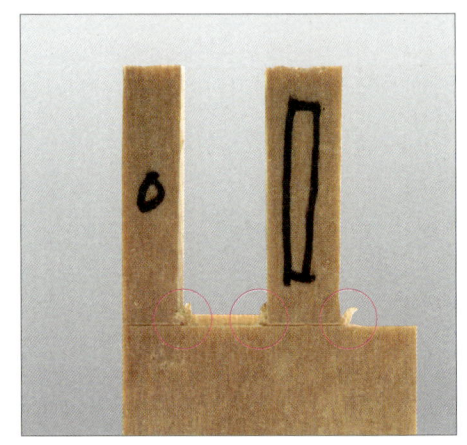

내부 모서리 살 정리.

그동안 직선만 연습했다면 45° 사선으로 두 번에 걸쳐 제비촉을 톱질할 때 긴장할 수밖에 없다. 깔끔한 결과물이 나올 확률도 낮아진다. 멈칫거리지 말고 한 번에 깔끔하게 끝낸다는 생각으로 과감하게 톱질해보자. 제비촉 장부 맞춤의 핵심은 삼각형의 제비촉 암수가 정확하게 맞아 떨어지는 것이다. 사진처럼 한 번에 깔끔하게 톱질하지 못하면 끌로 다듬어야 하는데, 제비촉이나 연귀 같은 45° 경사면은 깔끔하게 다듬기 어렵고 끌을 대면 댈수록 엉망이 되기도 한다.

제비촉 오른쪽 사선에 톱질한 후 살이 남아있다.

칼금에 따라 정확히 톱질된 모습.

안쪽에 살이 남게 톱질된 모습.

제비촉은 사선 방향에서 다듬는다.

다른 끌 작업과는 달리 사진처럼 위에서 아래쪽으로 끌질하기 어렵다. 장부와의 사이에 공간이 있기 때문에 아래쪽이 뜯겨버린다. 따라서 옆으로 돌려서 사선 방향으로 다듬어야 한다.

제비촉 끝 선 가공.

이럴 경우 ⓐ에서 ⓑ, 즉 6㎜ 간격을 한꺼번에 끌로 다듬으면서 ⓒ까지 칼금선에 맞춰 깎아 내려가면 저항이 심해져서 칼금에 따라 끌질이 되지 않는다.

"항상 기억하자.
끌로 무언가를 한 번에 해결하려 하지 말라."

가공할 두께의 반 정도만 제비촉 45° 각도에 맞춰 끌을 대고 각도가 변하지 않도록 파지한다.

각도를 유지하고 사이드 기준선까지 끌을 뺀다.

ⓐ에서 ⓑ 전체를 한꺼번에 끌질하지 말고 나눠서 안쪽 ⓑ부터 45°로 깎아 내려간다. 그래야 남아 있는 살이 적어지기 때문에 저항도 적어져서 바깥쪽 칼금선에 맞춰 원하는 방향대로 끌을 움직일 수 있다. 제비촉의 45° 각도에 맞춰 끌을 대고 각도가 변하지 않도록 파지한다. 그 상태로 각도를 유지하고 출발점까지 끌을 당겨 뺀다.

45° 각도를 유지하면서 그대로 밀어 가공한다.

반만 45°로 가공한 면을 기준으로 바깥 칼금선을 가공한다.

자세를 유지하며 그대로 밀어서 가공한다. 사진처럼 45°로 가공한 면이 바깥쪽 칼금과 일치하면 이 면을 기준으로 남은 부분을 안쪽에서 바깥쪽 사선 방향으로 밀어 가공한다.

바깥 칼금선을 가공할 때도 한번에 하지 말고 조금씩 나누어 가공하는 것이 좋다.

바깥쪽 칼금에 따라 가공할 때도 한 번에 하지 말고 조금씩 나눠서 정확히 가공한다. 부드럽게 내려가지 못하고 중간에 멈칫거리면 선에 맞춰 깔끔하게 정리되지 않는다.

칼금에 따라 한 번에 톱질로 끝내는 게 좋지만, 살이 남아 있는 경우도 많아 끌로 깔끔하게 다듬는 연습을 해야 한다.

5) 조립하기

조립하기 전에 몇 가지 확인해 보자.

제비촉 숫장부를 뒤집어서 암장부에 넣어 본다.

제비촉의 암수 장부가 잘 맞는지 확인한다.

겹쳐지는 부분이 이처럼 튀어 나오는 데도 억지로 끼워 넣으면 단차가 생기거나 심하면 조립 과정에서 부러질 수 있다.

단차가 생긴 제비촉.

이 경우 남아 있는 칼금이 없는지 확인하고, ①, ②, ③ 부분을 끌로 다시 다듬는다.

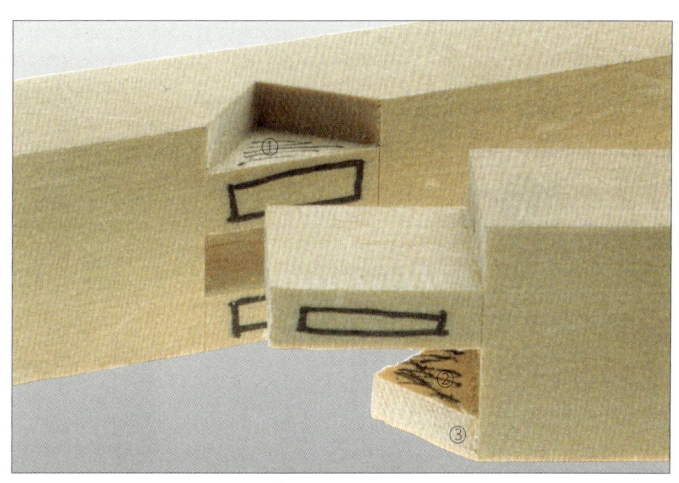
살이 남아 있는 곳 확인.

장부 결합 시 주의 사항.

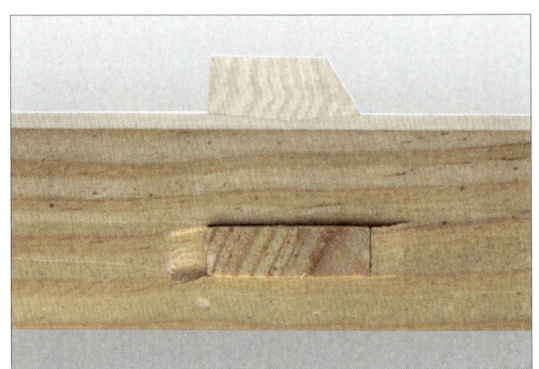

각이 진 숫장부로 무리하게 끼우면 반대쪽을 밀고 나간다.

또한 살짝 끼워봤을 때 어느 정도 문제 없이 들어간다고 해도 장부 구멍의 반대쪽 모서리를 밀고 나가 뜯겨버리는 경우가 많다.

숫장부의 사각 모를 잡아줘야 한다.

따라서 숫장부 끝의 각진 곳은 살짝 모를 잡아 주어야 부드럽게 구멍을 통과할 수 있다. 모서리를 끌로 조금씩 다듬어 각을 없애준다.

모를 잡을 때 직선으로 밀면 끝이 뜯긴다.

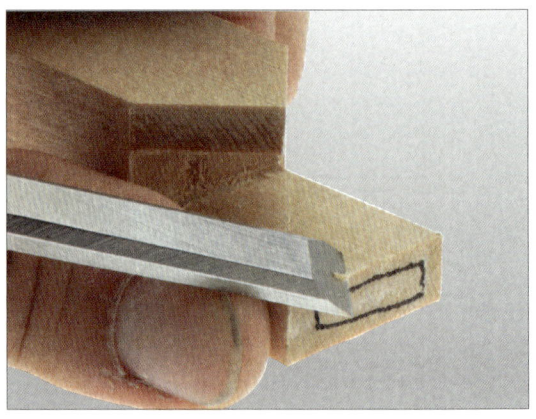

사선으로 진행해서 조금씩 떼어낸다.

이때도 끝 선을 따라서 직선으로 모를 잡으면 끝이 뜯길 수 있다. 모를 잡을 때는 끌질을 사선으로 휘어지게 하되 손의 힘으로 확 밀지 말고, 몸 전체를 이용해서 힘을 통제하며 조금씩 끌질해야 한다.

완성된 제비촉.

제대로 만든 제비촉 결구

① 제비촉과 암수 장부가 공간 없이 밀착되어야 하고
② 관통 장부 바깥쪽에 빈틈이 없어야 하고
③ 제비촉 암수의 표면 단차가 없어야 하고
④ 두 부재가 90° 직각과 수평이 맞아야 하고
⑤ 암수 장부가 처음 들어갈 때 입구부터 3분의 2 지점까지는 부드럽게 들어가고 마지막 부분에서 약간 끼이게 맞추어야 한다.

10. 연귀 장부 맞춤

1) 시작하기에 앞서

짜맞춤 교육의 시작은 생소한 대패와 톱질의 지루한 연습이었다. 그러다 제비촉 장부 맞춤 작업을 하면 눈앞에 결과물이 보이기 때문에 활기가 돌지만 만들어 놓은 결과물에 따라 실망과 좌절에 휩싸이기도 한다. 교육 현장에서 지켜보면 첫 3~4주차엔 사람마다 실력차가 꽤 크게 나타난다. 하지만 교육을 마칠 무렵이 되면 그 간격이 훨씬 줄어 들고, 1~2년 후에는 대부분 거의 비슷한 실력을 보인다. 개인적인 성향이나 새로운 배움을 받아들이는 속도가 다를 뿐 시간이 지나면 실력은 비슷해진다는 의미이니 지금의 결과물이 좋지 않다고 실망할 필요는 없다.

지금까지의 교육 내용을 간단하게 정리해보자.

1. 대패의 날물을 갈아 대패 세팅을 한다. 대충 갈아서는 안 된다. 시간이 걸리더라도 처음부터 꼼꼼하고 완벽하게 가는 연습을 해야 한다. 이 과정에서 날물의 고각과 저각, 부재의 엇결과 순결 등을 조금씩 이해하게 된다.

2. 아무리 날물을 열심히 갈아도 숫돌의 평이 잡혀 있지 않으면 아무 소용이 없다. 또한 숫돌 평을 잘 잡으면서 날물을 완벽하게 갈아도 대패 바닥의 평이 잘 잡혀 있지 않으면 제대로 대패질을 할 수 없다.

3. 대팻날을 가는 자세와 대패질하는 자세가 조금씩 몸에 익혀졌을 것이다. 완전히 나의 것이 되기 위해선 앞으로도 많은 노력이 요구된다. 모든 과정을 힘에 의존해서 하지 말고 머리보다 몸이 기억하도록 한다.

4. 톱질할 때 팔과 손에 힘이 들어가는 순간 톱날의 방향은 의도와 상관없는 방향으로 휘어지고, 톱이 목재 사이에 껴서 꼼짝하지도 않는 상황도 종종 접했을 것이다. 또한 그려 놓은 칼금에 맞춰 정확히 톱질했을 때 끌로 다듬는 데 걸리는 시간이 얼마나 단축되는지 제비촉 장부를 가공하며 느꼈을 것이다. 이는 앞으로 진행될 모든 결구법 연습에 동일하게 적용된다. 정확한 톱질 연습이 요구되는 이유다.

5. 제비촉 장부 맞춤의 결과물에 실망했을 수 있다. 그려 놓은 칼금에 따라 톱질하고 끌로 다듬는 과정이 쉽지 않았을 것이다. 하지만 반복되는 연습 과정 속에서 결과물들이 서서히 깔끔해지고 장부의 암수가 정확히 맞아 떨어지면서 여러 가지 방식들이 몸에 익숙해질 것이다.

그럼 두 번째 결구법인 연귀 장부 맞춤을 시작해보자. 먼저 준비가 되어 있는지 몇 가지 점검하자.

① 대패와 끌의 날물을 갈았는가?
② 대패 바닥 평을 잡고 각재를 정확히 뽑았는가?
③ 제비촉 장부 맞춤을 통해 그무개로 4분할된 선을 그리고, 그 선에 따른 톱질과 끌질로 장부를 만들고 구멍을 파는 연습을 했는가?
④ 주변을 깔끔히 정리, 청소하고 수공구들은 작업대에 잘 정돈되어 있는가?

이상의 것들이 충족됐다면 연귀 장부 맞춤을 시작해보자.

제비촉 장부 맞춤.

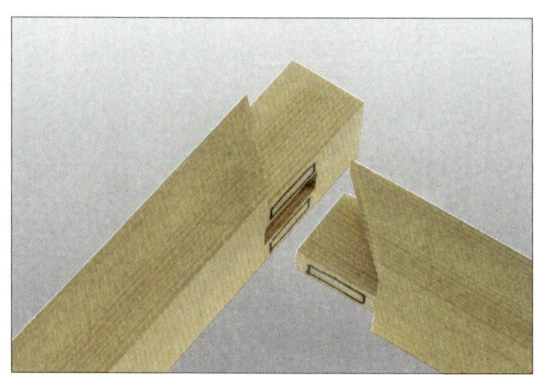
연귀 장부 맞춤.

제비촉과 연귀 장부 맞춤은 겉으로 드러나는 모습이 제비촉이냐 연귀냐의 차이일 뿐 모든 방식은 대동소이하다. 따라서 연귀 장부 맞춤을 통해 지난 내용을 복습한다는 정도의 가벼운 마음으로 임해도 좋다.

두 방식의 차이점이라면 연귀 장부 맞춤이 기본적인 틀(프레임)을 만드는 데 사용된다면, 제비촉 맞춤은 큰 틀의 중간 중간에 들어간다는 정도이다.

연귀틀(울거미) 사진.

연귀틀을 제비촉으로 분할.

예를 들면 연귀 장부 맞춤을 통해 전체 틀을 짜고, 제비촉 맞춤을 통해 전체 틀의 구역을 나누거나 수축팽창의 영향을 최소화시키는 역할을 하게 되는 것이다.

2) 연습용 부재 준비 및 칼금 긋기

먼저 부재를 준비하자. 제비촉 장부 맞춤과 동일하다.

암장부   숫장부

① 대패를 이용해서 각재를 뽑는다.
② 톱으로 잘라 두 개의 각재를 준비한다.
③ 암놈과 숫놈을 정하고, 기준면 즉 완성 시 바깥쪽 면을 정해서 표시한다.
④ 지난 연습과 동일하게 두 각재가 만날 부분에 기준선을 그어야 한다.

암장부 기준선 긋기.

단 제비촉 장부 맞춤을 할 때는 암놈의 중간쯤에 그렸다면, 연귀 장부 맞춤은 대부분 울거미를 만들 때 사용하기 때문에 각재의 한쪽 끝에 기준선을 그린다는 점이 다르다.

암장부 기준선.

① 일단 암놈의 마구리면에서 약 20㎜ 가량 떨어진 곳에 기준선을 그린다. 기준선을 그릴 때 바깥쪽 면에 그리지 않도록 주의한다.

왼손으로 직각자를 잡고 숫장부 부재를 암장부 부재 위에 올려 놓고 금긋기 칼로 톡톡 쳐서 폭을 맞춘다.

기준선에 여유 있게 갖다 댄 후

② 숫장부 부재B를 그대로 올려 놓고 직각자 헤드를 정확히 밀착시킨 후 부재 B를 서서히 움직여서 처음에는 여유 있게 갖다 대고

바깥 기준선이 반 정도 보일 때를 지나

③ 그어 놓은 기준선의 칼금이 절반 정도 보일 때를 지나

딱 가리는 순간 숫장부 부재를 떼고 칼금을 긋는다.

④ 정확히 가리는 순간 부재를 떼고 금긋기 칼로 칼금을 긋는다.

암장부 기준선 완성.

암장부의 기준선이 완성되면 숫장부를 그린다. 방식은 제비촉과 동일하다.

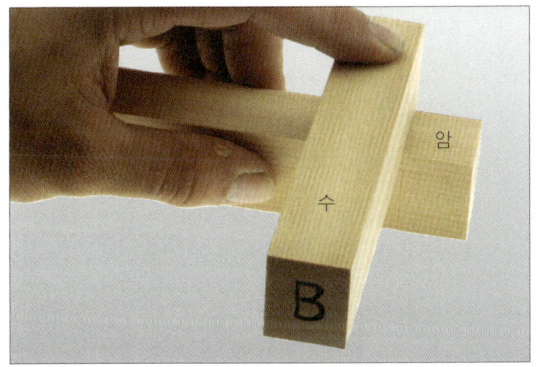

암장부 부재 위에 숫장부를 올리고 잡는다.

두 부재를 잡고 그대로 돌린다.

헷갈릴 수 있으므로 두 부재가 결합되는 위치 그대로 부재를 겹쳐서 잡은 후 반대쪽으로 돌린다.

직각자를 숫장부 부재와 같이 잡고 암장부를 이동시켜 숫장부가 1㎜ 정도 나오도록 하여 고정한 뒤

암장부를 떼고 기준선을 긋는다.

직각자를 숫장부 부재와 같이 잡고 암장부 부재를 이동시켜 끝에 약 1㎜가량(관통 장부가 반대쪽으로 튀어나오는 길이) 여유를 주고 동일한 방법으로 기준선을 긋는다.

그 선에 맞춰 안쪽 기준선을 연결해서 긋는다.

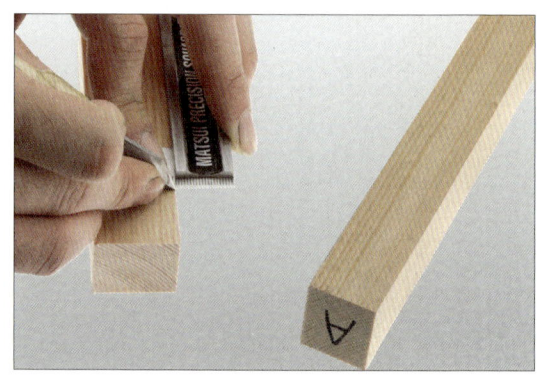

기준선에 맞춰 안쪽 기준선을 연결해서 긋는다.

이렇게 그어 놓은 기준선을 바탕으로 나머지 칼금을 그려나간다. 모든 과정은 제비촉과 대부분 동일하다.

기준선이 그어진 암수 부재의 모습.

우선 연귀자와 금긋기 칼을 이용해서 기준선에 맞춰 연귀선을 긋는다.

기준선에 맞춰 연귀선을 긋는다.

먼저 여유 있게 연귀자를 댄 후 조금씩 미세하게 움직여

기준선에 닿는 순간을 지나

선을 딱 가리는 순간에 멈춘 뒤

연귀 칼금을 그리면 된다.

암장부의 연귀가 끝나면 숫장부도 측면의 기준선이 딱 가리는 순간을 찾아 연귀자를 대고 칼금을 그리면 된다.

숫장부도 딱 가리는 순간을 찾아 연귀 칼금선을 긋는다.

연귀선이 완성된 모습.

제비촉과 마찬가지로 전체는 4분할이 된다. 따라서 그무개 세 개를 세팅해야 하는데, 두께를 40mm라고 가정하면 연귀 6mm를 제외한 나머지 34mm를 3분할하면 대략 11+12+11이 된다.

　그무개 1 - 연귀용 6mm
　그무개 2 - 17mm (6+11)
　그무개 3 - 29mm (17+12)로 세팅하면 된다.

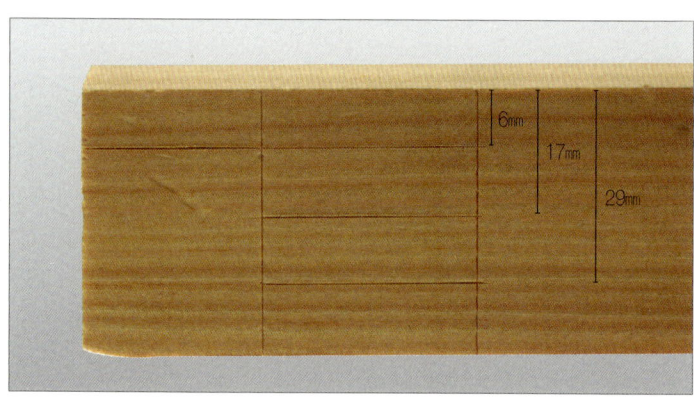

연귀 맞춤 분할.

그무개1을 이용해서 연귀 두께의 선을 그을 때는 뒤쪽의 연귀가 끝나는 지점의 가상선을 넘어가지 않도록 주의한다.

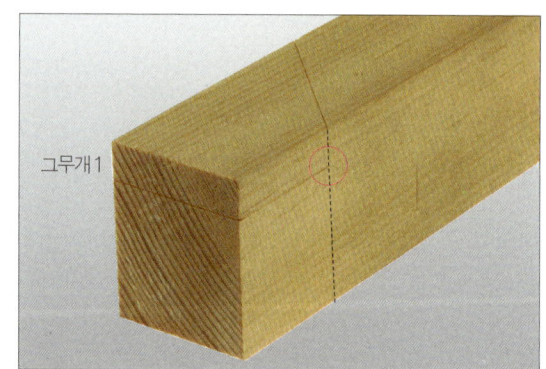

암장부 연귀 두께 표시할 때 뒤쪽 가상선을 넘지 않게

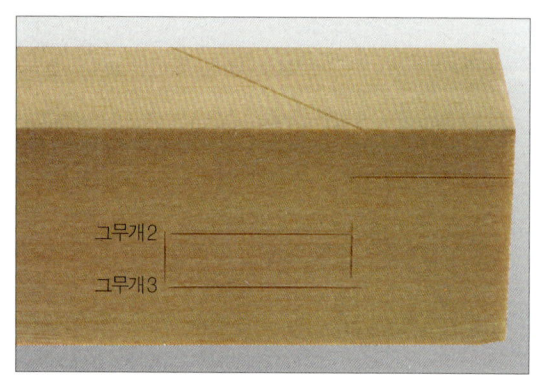

제비촉 장부 맞춤의 암장부 칼금 긋기.

맞나는 부분은 과도하게 넘지 않게 주의한다.

그무개 2와 3을 이용해서 암장부 바깥쪽 면의 장부가 관통하는 부분에 칼금을 그을 때는 불필요한 선이 남지 않도록 주의한다.

숫장부 분할.

바깥면은 불필요한 선이 그려지지 않아야 한다.

이어 그무개 1, 2, 3을 이용해서 숫장부의 칼금도 그린다.
바깥쪽 면은 일단 기준선에 해당하는 가상선 근처까지만 그무개로 선을 긋는다.

가공할 부분을 표시한다.

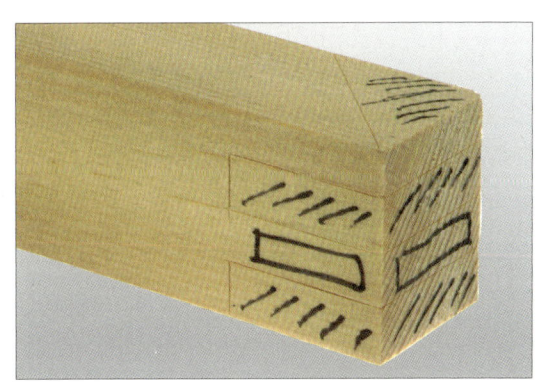
버릴 곳의 기준선을 긋는다.

남길 곳과 떼어낼 부분을 확실히 체크한 후, 버릴 곳에만 바닥의 기준선을 이어 직각자와 금긋기 칼을 이용해서 그으면 된다. 앞서 그무개로 그어 놓은 선이 그 선에 미치지 않으면 다시 그무개로 그 선까지 정확하게 긋는다.

칼금 긋기가 끝나면 항상 자신만의 방식대로 확실히 가공할 부분과 남길 부분을 표시해야 실수를 줄일 수 있다. 제비촉 장부 맞춤에서 한 번 해봤기 때문에 칼금을 그리는 건 어렵지 않을 것이다.

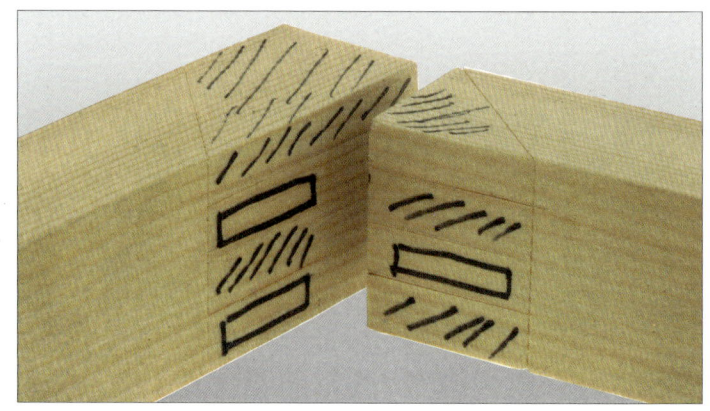

마킹이 완료된 모습.

3) 톱과 끌로 가공하고 다듬기

숫장부를 먼저 가공해보자.
오른손잡이는 살릴 곳을 왼쪽에 둬야 하기 때문에 ①번 톱질 후, 뒤집어서 ②번과 ③번의 톱질을 한다.

톱질 1.

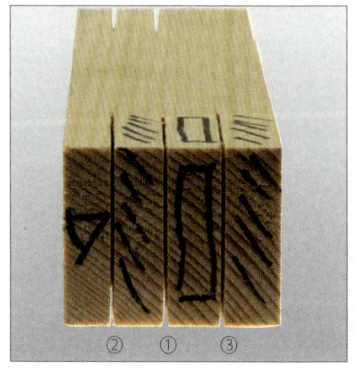
톱질 2.

그동안 연습해온 것처럼 오른손잡이를 기준으로 보면 살릴 곳을 왼쪽에 두고 톱질하는 것이 쉽다. 하지만 항상 그렇게 할 수 있는 것은 아니다. 각재처럼 부재가 작으면 상관없지만 큰 가구를 만들 때는 부재를 쉽게 뒤집을 수 없는 상황이 많기 때문에, 이럴 때를 대비해서 부재를 뒤집지 않고 살릴 곳을 오른쪽에 두고 톱날의 오른쪽 톱니가 칼금을 스치는 톱질 연습도 병행해야 한다.

연귀 톱질은 항상 맨 마지막에 한다.

① 각끌기나 끌을 이용해 Ⓐ의 살을 떼어낸다(항상 연귀 부분은 맨 마지막에 잘라낸다).

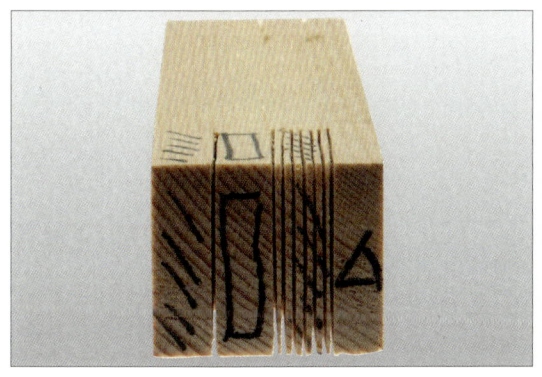

밀끌 작업이 용이하게 톱질.

② 기계를 이용할 수 없을 경우 대략 1㎜ 간격으로 촘촘히 톱질하고 폭이 좁은 끌을 이용해 잘라내면 좀더 수월하게 할 수 있다. 밀끌 작업을 쉽게 하기 위해서이기도 하지만, 1㎜ 정도의 좁은 간격으로 톱질하다 보면 톱질 연습도 될 것이다.

코너 및 표면의 잔재 정리.

③ Ⓑ는 직선 톱질을 해서 쉽게 떼어낼 수 있다. 톱질이 끝나면 모든 면과 모서리 등에 살이 남아 있지 않도록 깔끔히 다듬어준 뒤, 모든 절단면은 끌의 뒷면을 이용해 안쪽에 살이 남아 있지 않은지 반드시 확인한다.

다음은 암장부를 가공해보자.

암장부 가공.

작업 순서를 미리 머릿속에 그려본다.

먼저 각끌기 등을 이용해서 장부 구멍을 양쪽에서 절반씩 파내고 끌로 다듬는다. 마찬가지로 끌의 뒷면을 이용해 안에 남아 있는 살이 없는지 반드시 확인한다.

암장부의 연귀 부분을 톱으로 켤 때는 일반적인 앉아 썰기 자세로 톱질한다.

연귀의 끝 선을 넘어가지 않도록 주의한다.

암장부 연귀 켜기.

연귀의 끝 선에 톱이 접근하면 톱을 조금씩 앞으로 숙여 톱질을 진행한다. 이때 손잡이는 짧게 잡아야 한다.

사선 켜기.

특히 이때 톱날이 각재의 밖으로 벗어나지 않도록 주의하며 톱질한다.

사선 켜기 때 기준선을 넘지 않아야 한다.

연귀 부분은 나무 연귀자 등으로 가이드를 대고 톱질해서 조각을 떼어낸다. 이때는 연귀 6㎜ 아래로 내려가지 않도록 주의하며 톱질한다.

사선 및 연귀를 자른 모습.

연귀 장부 맞춤

모서리 부분에 거스러미나 살이 남아 있으면 암수가 정확히 맞을 수 없다. 끌로 깔끔하게 정리한다.

남아 있는 살들을 정리한다.

숫장부 연귀 톱질.

연귀 칼금선 다듬기.

마지막으로 숫장부의 연귀 부분도 톱질로 떼어낸다. 제비촉과 마찬가지로 한번에 칼금에 맞춰 정확히 톱질하도록 한다. 살이 남아 있을 경우는 끌로 다듬어야 하는데 이때도 한꺼번에 하지 말고 나눠서 끌질을 해야 한다.

4) 조립하기

모든 가공이 끝나면 조립하기 전에 몇 가지를 점검해보자.

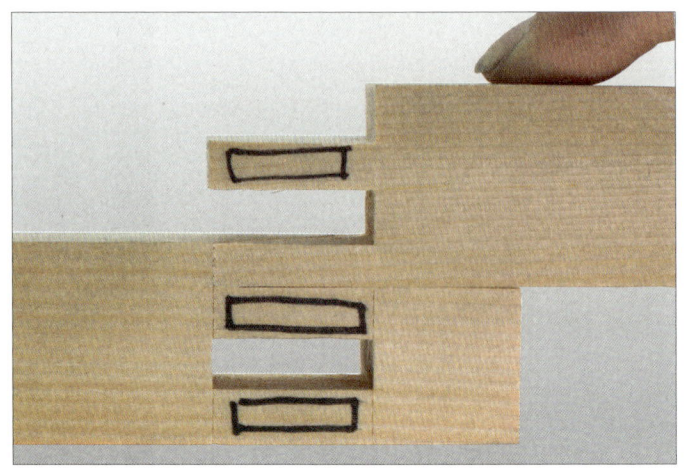

연귀 확인.

① 암수의 연귀 부분을 겹쳐서 암수의 두께가 일치하는지 확인한다.
② 장부 끝의 모서리들에 모를 잡아준다.
③ 한꺼번에 장부를 힘껏 밀어 넣지 말고 서서히 조립해본다.

직각 확인.

어떤 결구법이든 조립한 뒤엔 단순히 바깥쪽 연귀면에 틈이 없다는 것만 만족하고 넘어가면 안 된다. 두 각재가 정확히 90°를 유지하고 있는지 확인한다. 연귀 부분과 안쪽에 벌어진 틈이 없이 정확히 밀착됐는지 여부도 확인한다.

안쪽 결구 확인, 관통 장부 확인.

그리고 반드시 뒷부분도 틈이 없는지 확인한다. 어떤 곳이라도 틈이 있거나 부정확할 땐 다시 분해해서 구석구석 살이 남아 있는지 확인하고 끌로 다듬어줘야 한다.

결구에서 풀기.

조립했던 것을 다시 분해할 때 빡빡해서 손의 힘만으로는 잘 빠지지 않으면 한쪽 끝을 바닥에 대고 결합되어 있는 쪽을 살짝 들어서 손이나 망치로 살살 내려친다. 망치를 이용할 때는 부재에 상처가 나지 않도록 자투리 목재를 대고 쳐야 한다.

연귀 장부 맞춤 181

참고 - 연귀가 잘 맞지 않을 때의 수정 방법

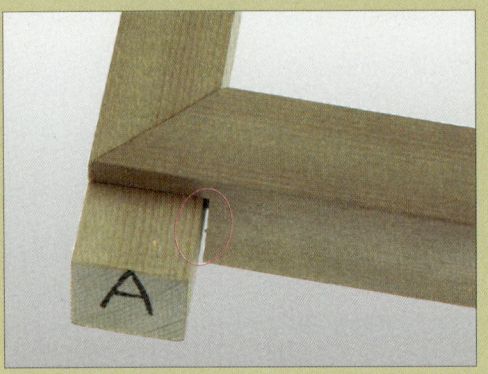

연귀 장부 맞춤을 하다 보면 사진처럼 연귀 부분은 딱 맞는데 안쪽과 뒤쪽에 틈이 벌어지는 경우를 흔히 접하게 된다.

연귀는 맞지만 틈이 생겼다.

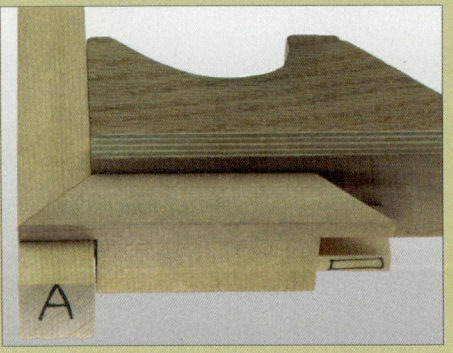

이럴 땐 직각자를 이용해 직각을 맞춘 상태에서 틈의 두께와 톱날의 두께를 잘 고려해서 나무 연귀자를 가이드 삼아 연귀가 만나는 부분을 톱질한다.

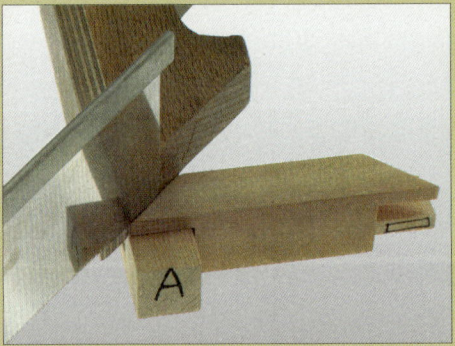

벌어진 틈의 간격을 잘 고려하지 않으면, 반대로 다른 곳은 정확히 맞아 떨어지는데 중요한 연귀 사이에 틈이 생기는 역효과가 날 수도 있다.

톱질 뒤엔 안쪽에 남아 있는 살들을 다시 정리하고 조립해본다. 그런데도 틈이 남아 있으면 다시 한 번 톱질한다.

연귀 부분뿐 아니라 안쪽이나 뒤쪽까지 틈이 없이 모두 붙게 해야 한다.

연귀 장부 맞춤 완성.

제비촉 장부 맞춤에 이어 연귀 장부 맞춤까지 연습해보았다. 앞서 설명했던 것처럼 거의 동일한 형태를 반복해서 연습한 효과가 있을 것이다. 연귀 장부 맞춤, 즉 두 부재를 연귀의 형태로 결합시키고 장부와 장부 구멍을 통해 암수를 맞추는 형태는 기본적인 결구법이라 할 수 있다.

처음 장부 맞춤을 연습했던 때보다는 훨씬 빨리 작업을 끝냈을 것이다. 남은 시간에 다음의 방식들도 연습해보자.

단순히 두 개의 부재를 연결시키는 것과 네 개의 부재로 사각의 프레임(울거미)을 완성해보는 것은 큰 차이가 있다.

울거미.

기둥(선대)의 끝에 남아 있는 부분을 톱으로 잘라내보자. 사진처럼 두 각재의 마구리면이 모두 드러나게 된다.

연귀 머리를 제거한 결과물.

이처럼 두 면 모두 마구리면이 드러나는 걸 방지하기 위해 장부의 폭을 줄여서 연귀 장부 맞춤을 하기도 한다.

연귀 맞춤 암수 장부를 작게 가공한 결과물.

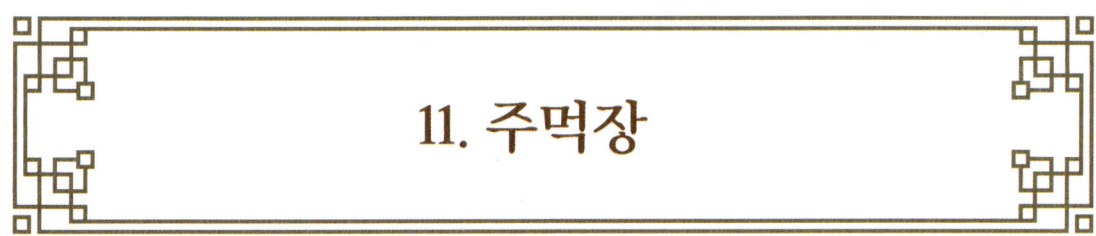

11. 주먹장

 주먹장을 비롯해서 앞으로 연습할 결구들도 특별히 새로울 것은 없다. 대패를 이용해서 부재를 정확히 뽑고 그 부재에 정확히 칼금을 그리고, 톱질과 끌질을 통해 정확히 가공하는 과정의 반복이다.

 주먹장은 두 개의 각재를 연결시키는 우리나라 대표 결구법인 제비촉과 더불어 판재 결구법의 가장 대표적인 방식이라고 할 수 있다. 미적으로도 활용 가치가 높아 '짜맞춤의 꽃'이라고 불리는 결구법이므로 잘 익혀 두도록 하자. 보통 판재와 판재를 결합할 때 사용하는 주먹장은 초보자들에겐 다소 어려울 수 있다. 하지만 사실상 그동안 해왔던 각재 결구의 확장된 방식이라 할 수 있다. 다음 사진을 보며 다소 복잡할 수 있는 주먹장의 구조를 머릿속에 익혀두자.

1) 주먹장의 특징

 그저 촉에 경사를 줬을 뿐 크게 복잡할 건 없다. 보통 A를 암놈^{pin}, B를 숫놈^{tail}이라고 한다. 연습에 들어가기 전에 먼저 주먹장의 특성들을 정리해보자.

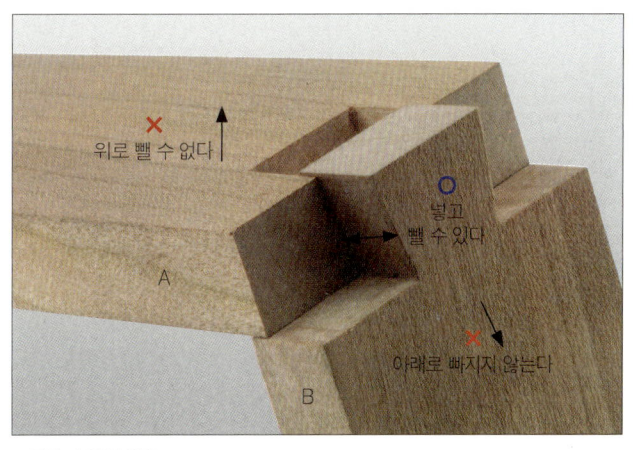

주먹장의 결합 방식.

① 숫놈 B는 A의 수평 방향으로 넣고 뺄 순 있지만 아래로 뺄 순 없다. A 역시 위로는 뺄 수 없다. 이처럼 주먹장의 가장 큰 특징 가운데 하나가 한쪽 방향으로만 뺄 수 있다는 점이다. 따라서 부재 두 개 가운데 어느 쪽을 암놈 혹은 숫놈으로 정해야 하는지 결정할 때 주의 깊게 고려해야 한다.

② 판재가 넓어지고 촉이 많아질수록 가공하기도 어렵다. 주먹장은 미적인 기능 역시 중시되는데 이를 위해선 암수가 만나는 선에 빈틈이 없어야 한다. 빈틈이 많으면 헐거워지기도 하지만 시각적으로도 좋지 않다. 결합했을 때 밖에서 보이는 선들을 철저히 지켜내야 한다.

주먹장 결구.

연귀 주먹장 맞춤.

③ 겉에 보이는 면을 제비촉이나 연귀의 모습으로 해서 장부를 끼워 맞추는 결구법을 우리는 이미 연습했다. 마찬가지로 주먹장의 한쪽 끝에 사진처럼 연귀 형태를 집어넣으면 연귀 주먹장 맞춤이 된다.

사개 맞춤.

④ 사진과 같은 일반적인 사개 맞춤에 각도를 준 것이 주먹장이다. 따라서 직각이 아니라 상하, 좌우 모두 사선 톱질을 해야 하는 어려움이 있다.

2) 암수의 결정 – 목재 변형의 이해

주먹장의 경우 어떤 쪽을 숫놈으로 해야 할까? 그리고 부재의 어느 쪽을 겉면 혹은 안쪽 면으로 결정해야 할까? 나무는 플라스틱이나 쇠가 아니라 살아 있는 생명체였다. 목재의 성질은 복잡해 한 마디로 설명하기 어렵다. 게다가 끊임없이 수축과 팽창, 변형이 반복되어 발생한다. 초보자들에겐 목재의 무늬, 심재와 변재, 춘재와 추재 등을 파악해서 적합한 부재로 활용한다는 것이 어려울 것이다. 가구를 만들 때 목재를 살펴보는 방법은 본 시리즈의 다음 편에서 자세히 다뤄질 예정이므로 여기선 간단하게만 살펴보자.

나이테가 펴지는 방향으로 휘어진다.

쉽게 나이테는 시간이 지나면 펴진다고 생각하면 된다.

마구리면에 사진과 같은 무늬가 있다. 일반적인 경우 시간이 갈수록 어떤 방향으로 휘어지게 될까? 즉 나이테가 펴지는 방향으로 목재는 휘게 된다. 이를 가구 제작에 활용해보자.

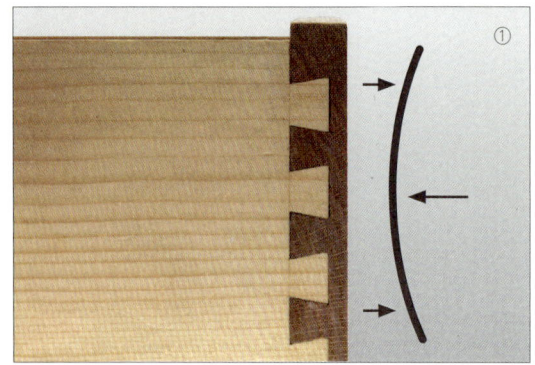 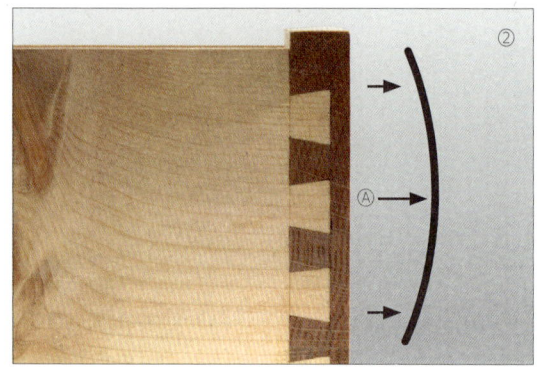

판재 결에 따라 변형되는 방향 ①.　　　　　　　　　　　변형되는 방향 ②.

반턱 주먹장으로 서랍을 만들고 있다. 서랍 앞판을 만들 때 어느 쪽으로 휘도록 방향을 정해야 할까? 정답은 ②번이다. ①의 경우 아래위로 벌어지며 결구가 약해지기 때문이다.

②번 Ⓐ부분은 변형에 의해 빠져나오려고 해도 암수 장부의 사선들에 걸려 움직이지 못한다.

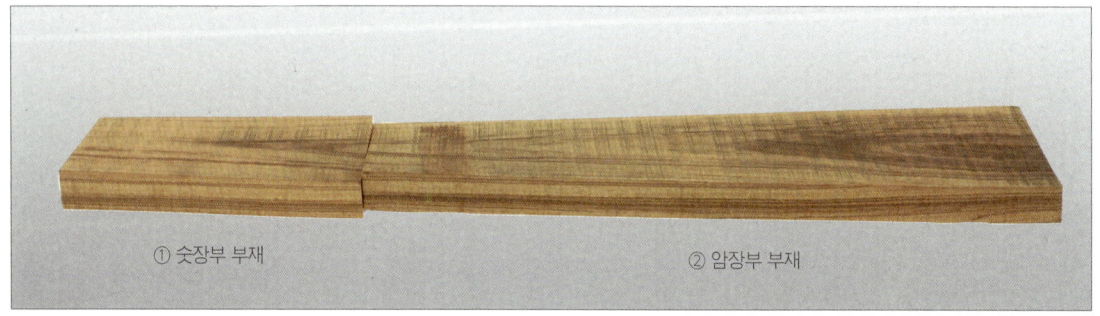

판재의 변형.

주먹장 연습을 하기 위해 판재를 뽑아 톱질해 두 개의 판재를 준비했다. 일반적으로 어느 쪽을 숫장부로 해야 할까? 기본적으로는 ①번이다. 같은 조건이라면 ①번보다 긴 ②번 부재가 휘거나 뒤틀리는 정도가 심할 것이다. 많이 휘어지는 쪽을 암장부로 해서 위로 빠지지 않도록 해야 한다.

따라서 이런 긴 테이블이나 탁자는 상판을 암장부로 하는 것이 좋다.

일반적으로 변형이 더 클 것으로 예상되는 긴 부재를 암장부로 한다.

서랍 앞판의 힘의 방향. 서랍은 측판이 숫장부고 앞판은 암장부이다. 당기는 힘을 받는 쪽을 암장부로 한다.

그렇다고 무조건 짧은 쪽을 숫장부로 하는 건 아니다. 사진과 같이 서랍을 만들 때는 측판이 길어도 숫장부로 해야 손잡이를 잡아당겨도 빠지지 않고 버틸 수 있는 구조가 된다.

암수 장부의 선택은 위의 내용 이외에 조립의 순서에 따라 바뀔 수도 있다. 따라서 전체 가구를 보고 작업과정 등 종합적인 검토 후 결정해야 한다.

3) 부재 톱질하고 마구리면 대패질하기

우리는 각종 결구법을 연습하기 위해 대패를 이용해서 각재나 판재를 뽑는다. 주먹장 연습에도 마찬가지로 판재 하나를 준비해서 톱을 이용해 잘라내야 한다. 그런데 각재도 칼금에 따라 정확히 수직으로 자르는 것이 어려운데 넓은 판재는 더욱 어렵다. 잘라낸다고 해도 잘려진 부분이 정확히 90°를 이루며 수직으로 내려갔을 리도 없다. 잘려진 마구리면을 90°로 다듬을 수 있어야 한다. 이때 마구리대를 이용한다. 일단 각재로 연습해보자.

마구리대는 대패로 부재를 45°나 90°로 깔끔히 정리해야 하는 경우 사용한다. 몇 차례 설명했던 것처럼 대패나 끌질을 할 때 부재의 무늬를 잘 살펴봐야 하는데, 마구리면은 더욱 뜯기기가 쉬워 주의해야 한다.

절단면을 가공하는 마구리대.

칼금을 긋고

톱길을 내고 자른다.

각재를 톱으로 자를 경우에는 먼저 칼금을 그린다. 한쪽에서 톱질을 시작해 끝까지 정확히 수직으로 톱질하는 건 어렵기 때문에 최소 두 면 이상에 톱길을 낸 뒤 자르면 보다 깔끔하게 톱질할 수 있다.

톱질 마구리 단면.

하지만 이 경우에도 마구리면에는 톱질의 흔적이 남고 굴곡이 생기게 된다. 이때 마구리대에 대고 대패를 이용해서 마구리면을 깔끔하게 다듬는다.

① 마구리면에 대패질을 할 때 직각방향으로 하면 뜯기게 되므로

② 사선으로 대패질을 해야 하며

③ 대팻날은 날카롭고 예리해야 하고

④ 덧날을 1㎜ 이상 띄어 외날로 대패질을 해야 한다.

대패를 고정한 후 부재를 밀어서 바닥에 밀착시키고   어미날에 목재를 걸고 사선으로 당기며 대패질을 한다.

마구리대을 사용할 때는 다음 사항들을 주의해야 한다.

① 먼저 대패를 직각으로 마구리대에 붙이고

② 각재를 밀어서 대패 바닥에 붙인 후

③ 딱 1회만 사선으로 원을 그리 듯 대패질을 하는데, 사각사각 소리를 내며 가볍게 베어내듯 해야 한다.

④ 그리고 ①~③을 반복한다. 즉 자세를 한 번 잡고 여러번 대패질을 하는 게 아니라 딱 1회만 하고 다시 처음부터 자세를 잡아야 한다는 의미다.

⑤ 각재를 돌려가며 ①~④를 반복하고

⑥ 수시로 부재의 네 면 모두 90°가 맞는지 직각자로 확인해야 한다.

직각자를 이용해 네 면 모두 90°가 맞는지 확인한다.

그러면 마구리면이 깔끔하게 마무리된다.

마구리대 작업 후 단면.

주먹장 부재는 처음 기준선을 그을 때 그무개를 마구리면에 대고 그려야 하므로 그 면이 직각과 수평을 이루지 못하면 시작부터 엉망이 된다. 일반적으로 각재보다 톱으로 잘라내야 할 부분이 길기 때문에 톱질이 정확하게 되지 않고 흔들린다. 판재를 톱질할 때는 재단할 칼금에 맞춰 목재 가이드를 대고 톱질한다.

판재는 가이드를 대고 톱질한다.

등대기 톱 끝 사선 바로 앞 톱니 한두 개만 사용해서 길을 만든다.

톱니들이 모두 목재 표면에 들어갈 때까지 가이드를 대고 톱질한다. 이때 톱길을 벗어나지 않도록 수평 톱질이 중요하다.

등대기 톱날의 가장 앞부분의 사선과 바로 앞톱니 한두 개만 사용해서 먼저 길을 내야 한다(톱날 끝이 사선인 이유다). 톱질을 할 때 톱니들이 모두 목재 표면에 들어갈 때까지 충분히 가이드를 대고 톱질한다. 이때는 톱이 톱길을 벗어나지 않게 수평 톱질을 유지한다.

톱길에서 벗어나지 않게 한다.

많은 사람들이 테이블쏘 등의 기계를 이용해서 부재를 재단하는데, 이때에도 작업에 들어가기 전에 반드시 직각 여부를 확인해야 한다. 기계가 정확히 90°일 거라고 믿으면 오산이다. 기계는 빠르고 쉽게 부재를 절단 및 가공할 수 있지만 기계의 세팅 역시 사람의 손으로 하기 때문이다.

각재와 같은 방식으로 마구리대에 놓고 마구리면이 수평 및 직각을 이루도록 대패질을 해야 한다. 이제 본격적인 주먹장 연습에 들어가보자.

4) 숫장부 가공하기

① 숫장부 칼금 긋기

먼저 대패를 이용해서 뽑은 판재 두 개를 준비한다. 두 부재가 만나는 마구리면의 직각 상태를 확인해야 한다. 처음 연습할 때는 너무 얇은 판재보다는 20㎜ 이상의 판재를 이용하는 것이 좋다. 얇은 판재로 연습하면 제대로 되는 건지 확인하기 어렵기 때문이다. 부재의 폭 역시 너무 넓은 걸 사용하지 말고 주먹장을 만드는 방식을 먼저 익히도록 하자.

대패로 판재를 뽑을 때는 앞서 언급했던 것처럼 대패질이 겹쳐지는 부분에 선이 남을 수 있다. 날의 귀접이가 되어 있지 않으면 그 단차로 인해 표면에 줄이 생기므로 주의한다. 넓은 판재의 대패질은 부재를 준비할 때뿐 아니라, 작품이 완성된 후 마감할 때도 유용하게 활용되므로 반복 연습이 요구된다.

앞서 장부 맞춤에서 설명했듯 부재가 준비되면 겉면과 안쪽 면 등을 결정하고 어느 쪽을 숫장부와 암장부로 할 것인지 먼저 부재에 표시한다.

다음엔 두 판이 만나는 지점에 기준선을 그어야 한다. 앞서 제비촉이나 연귀 맞춤이 상대 부재를 올려 놓고 직각자와 금긋기 칼을 이용해서 직접 복사하는 방식이었다면, 주먹장은 기본적으로 부재가 크기 때문에 안정되게 올려 놓는 것이 어려워 그무개를 활용한다(기준선을 그릴 때는 기존의 결구법과 마찬가지로 부재의 안쪽에 그려야 한다).

　일반 각재의 장부 맞춤은 상대 부재의 두께보다 1㎜가량 크게 했다. 숫장부가 관통해서 반대쪽으로 나오는 길이로, 조립 후에 대패를 이용해서 잘라냈다. 주먹장은 굳이 1㎜ 이상으로 크게 할 필요가 없다. 완성 후 여러 개의 튀어나온 장부를 대패질하기가 쉽지 않기 때문에 아주 살짝만 크게 기준선을 그린다. 그리고 기준선을 시작으로 연귀자를 이용해 양쪽에 연귀를 그린다.

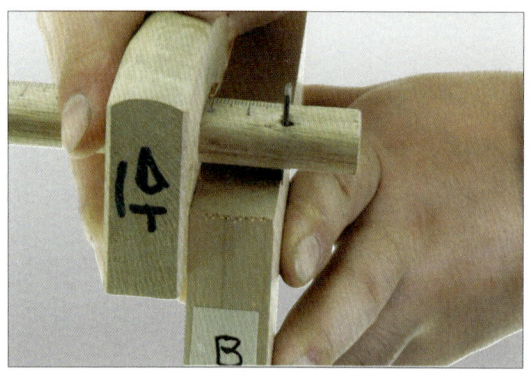
판재의 두께보다 미세하게 크게 그무개를 고정시킨다(대략 0.2~0.3㎜가량).

암수 장부 판재의 안쪽에 그무개로 칼금을 긋는다.

　일단 숫장부의 칼금을 먼저 그려보자. 기본적으로 주먹장 촉의 개수와 크기에 정해진 규칙이나 비율은 없다.

주먹장 연귀 긋기.

정분할 주먹장.

숫장부 각도가 다른 주먹장.

사진처럼 정분할된 모양이 동일 반복되게 할 수도 있고, 숫장부를 크게 할 수도 있다. 모든 촉의 크기를 다르게 할 수도 있다. 중요한 건 어떤 모양을 하든 암수가 정확히 맞아야 한다는 점이다.

숫장부가 크고 암장부가 작은 주먹장.

폭에 비해 숫장부의 개수가 적어 힘을 받기 어렵다.

하지만 촉의 폭을 판재의 두께보다 너무 크게 하는 건 좋지 않다. 예를 들어 부재의 폭이 300㎜라고 하자. 주먹장의 촉을 많이 하는 것이 귀찮고 어렵다고 숫장부 촉을 한두 개만 하면 구조상 힘을 받을 수가 없고, 수축팽창을 잡아주는 힘도 부족하게 된다. 폭의 길이에 알맞게 촉을 만들어야 하는데 보통은 부재 두께와 촉 하나의 크기를 비슷한 크기로 한다. 부재의 폭이 300㎜이고, 두께가 20㎜이면 촉 하나의 폭은 보통 20㎜이며, 암수촉을 합해 15개가량이 되는 셈이다. 이는 뒤에 다시 설명할 예정이다.

주먹장의 사선 각도가 15°로 큰 경우.
주먹장의 각도가 6°로 작은 경우.

주먹장 촉의 기울어진 각도 역시 딱히 정해진 규칙은 없지만 일반적으로는 9~10° 정도가 좋다. 원론적으로는 각이 커질수록 두 부재가 결합되는 힘도 커진다. 하지만 각이 너무 클 경우 가공이 어렵고 모서리가 가공 도중에 부러지거나 깨질 위험성이 높다. 반대로 각이 너무 작아지면 두 부재가 서로를 잡는 힘이 약해져서 빠질 수 있다. 일반적으로 소프트우드는 각을 좀 크게 해서 서로 잡아주는 힘을 강하게 하고, 단단한 하드

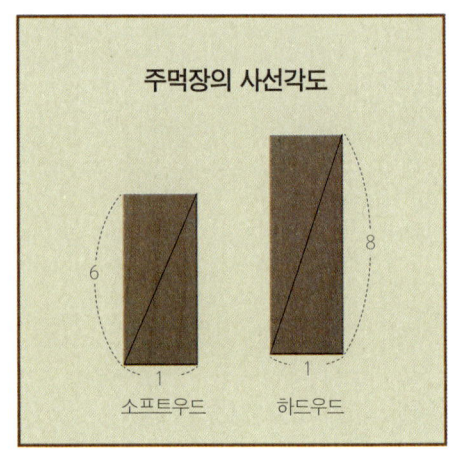

우드는 각을 다소 작게 해도 목재 자체가 단단하기 때문에 빠지는 경우가 드물다. 서양에서는 주먹장의 각도를 보통 소프트우드는 1:6, 하드우드는 1:8의 비율로 설명하곤 한다. 역시 각도로 환산하면 각각 7°, 9.5° 정도가 된다.

주먹장의 촉을 그리는데 있어서 정해진 규칙보다는 역학 관계를 고려해서 무리가 없는 범위 내에서 부재의 종류나 개인적인 취향에 따라 크기나 모양을 결정하면 된다.

숫장부 촉이 하나.

숫장부 촉이 두 개.

숫장부 촉이 세 개.

우리는 가장 기본적인 정분할 주먹장을 만들어보자. 이를 익혀 놓으면 자신의 취향에 따라 얼마든지 변형된 형태로 만들 수 있다. 숫장부의 촉을 하나로 하면 전체적으로는 3등분이 된다. 촉이 2개면 5등분, 3개면 7등분이 된다. 촉의 개수와 상관없이 홀수의 등분이 된다는 사실을 알 수 있다.

먼저 촉의 개수를 정해 전체적으로 등분해서 표시해야 한다. 준비된 부재의 두께가 20㎜, 부재의 폭이 170㎜라고 가정해보자. 촉 하나의 폭은 일반적으로 부재의 두께와 비슷하다고 했으므로

촉 하나의 폭은 20㎜ 전후로 한다. 전체 폭이 170㎜이므로 나눠보면 8.5등분이 되는데, 전체 등분은 홀수가 되어야 하므로 7등분 혹은 9등분 정도가 적당하다는 계산이 나온다. 7등분을 한다고 가정했을 때 전체 170㎜를 7로 나눠보면 24. 2857…… 로 주먹장 촉 하나의 폭이 약 24㎜가량이 된다. 9등분이라고 가정하고 계산하면 18.888…… 로 부재 두께보다 작은 19㎜ 정도가 된다. 어느 쪽을 선택할지는 개인의 의사에 달렸다. 하지만 처음 연습해보는 것이므로 촉 하나의 크기가 너무 작으면 (즉 촉 개수가 많아지면) 쉽지 않으니 전체를 7등분하는 것으로 하자.

전체를 7등분하면 위에서 계산한 것처럼 끝이 소수점이기 때문에 사람의 눈으로 정확히 나누는 것이 쉽지 않다. 뒤의 소수점을 올려서 촉 한칸의 간격을 25㎜라고 가정한다. 즉 촉 하나의 폭이 25㎜이고 전체 7등분이므로 전체 길이는 175㎜가 되고 이는 준비된 부재 170㎜보다 크다. 아래의 사진을 보면서 이해해보자.

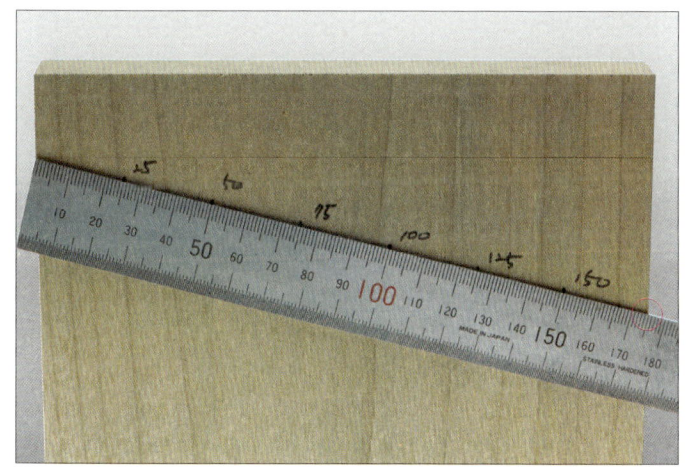

정분할 25㎜ 표시.

① 철자를 이용해 부재의 양 끝을 가상의 길이인 175㎜에 맞도록 기울여본다. 그리고 25㎜씩 표시해나간다. 그럼 각 촉의 폭은 25㎜보다 조금씩 작아지지만, 전체적으로는 정확히 7등분을 할 수 있다.

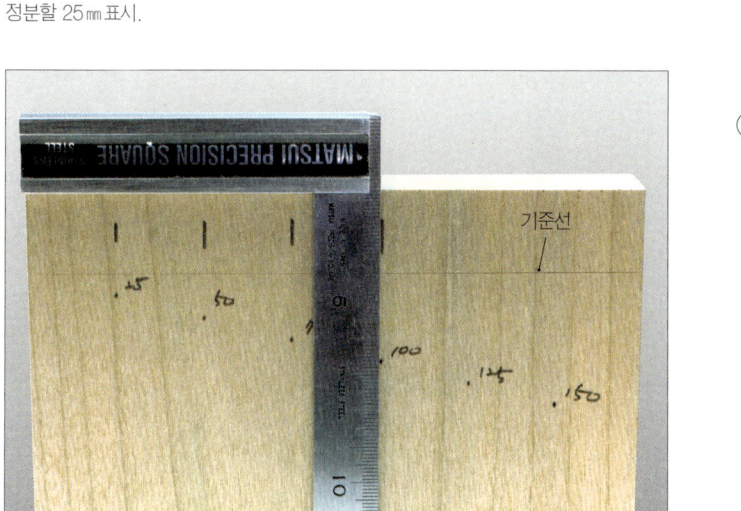

이해를 돕기 위해 검은색 펜을 사용했다. 실제는 금긋기 칼로 하면 된다.

② 마구리면에 직각자를 대고 표시해 놓은 점에 맞춰 마구리면과 기준선의 중간쯤에 세로로 짧게 선을 그어 놓는다.

③ 앞서 그려 놓은 기준선이 20.2 mm이므로 그 가운데 부분, 즉 10㎜ 정도의 위치에 직각자를 대고 선을 그어 +표시를 해 놓는다. 이상의 표시를 할 때는 주먹장의 안쪽 면이기 때문에 칼금을 그을 때 크게 신경 쓰지 않아도 상관없지

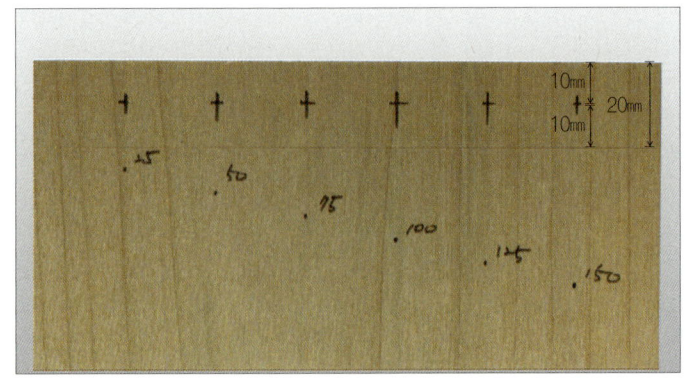
사선의 기준점(+).

만, 굳이 불필요한 선을 그어서 헷갈리지 않도록 작게 열십자 정도로 표시하면 된다.

④ 사진처럼 6개의 기준점(+)이 찍히면서 전체 7등분의 기준선이 마련되어 있다. 초보자들은 특히 +을 기준으로 ① 방향인지 ②방향인지 혼동하는 경우가 많다. 알아보기 쉽게 그림을 그려 놓는 것도 좋은 방법이다.

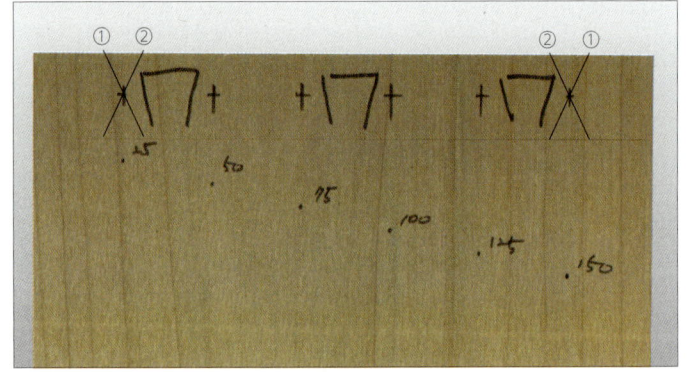
촉의 모양을 그림으로 표시해 놓으면 좋다.

계속 헷갈릴 때는 처음에 봤던 촉이 하나인 단순한 주먹장의 형태를 떠올려보는 게 좋다.

외촉 가공 사진.

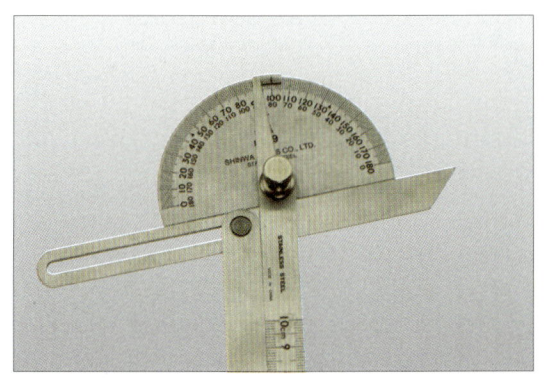

분도기와 자유 각도자.

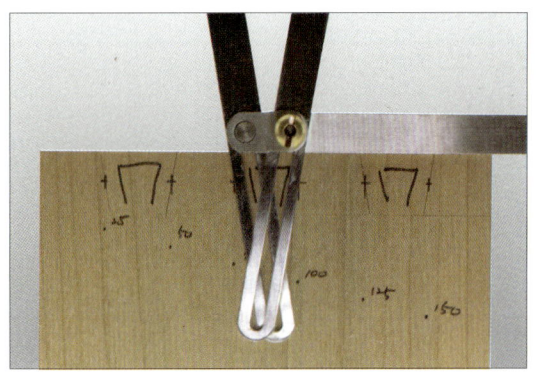

자유 각도자 사용법(각도가 결정되면 숫장부는 물론 암장부에도 그대로 사용해야 하므로 변경되지 않도록 강하게 조여 사용하고 보관해야 한다).

분도기를 이용해서 자유 각도자의 각도를 고정한다. 여기선 10°로 해보자. 자유 각도자를 돌려가며 7개의 표시된 점(+)을 기준으로 금긋기 칼을 이용해서 사선의 칼금을 그어나간다.

연귀 두께 표시.

우리가 연습하려는 주먹장은 정확히 ①연귀 ②주먹장 맞춤이다. 겉으로 드러나는 부분에 연귀의 모양을 만들어야 한다. 작품을 완성했을 때 보이는 앞쪽에만 연귀를 그려도 되고, 뒤쪽까지 모두 그려도 상관없다. 우리는 양쪽 모두 연귀가 들어가는 방식으로 연습하도록 하자.

앞서 제비촉이나 연귀 장부 맞춤에서 했던 것처럼 5~6㎜의 연귀 부분을 그무개를 이용해서 양쪽에 그린다(여기서는 5㎜로 하자). 자유 각도자와 그무개 등은 작업이 모두 끝날 때까지 고정시켜 놓아야 한다. 마찬가지로 버릴 부분과 남길 부분을 명확하게 표시해 놓는다.

자유 각도자를 통해 그린 선의 끝에 맞춰 직각자로 마구리면에 직선을 긋는다. 마구리면에도 버릴 곳과 남길 곳을 표시한다.

주먹장 숫장부 머리선 긋기.

숫장부 바깥면 한계선 표시.

장부 맞춤을 할 때 장부가 관통해서 튀어나오는 부분, 즉 작품을 만들었을 때 밖에서 보이는 부분의 칼금을 그릴 때 불필요한 선이 남지 않도록 주의했다. 주먹장 역시 마찬가지다. 주먹장은 결구 방식의 하나라는 의미 외에도 미적인 활용 가치가 높다. 따라서 바깥쪽 면에 불필요한 선이 많이 남아 있으면 지저분해 보일 수 있으므로 바깥면 선을 그을 땐 주의한다.

숫장부 바깥선 긋기.

첫 번째 그무개(20.2mm)를 이용해서 잘라낼 부분에만 대략의 선을 그어 놓는다.

그리고 연귀용 그무개(5mm)와 자유 각도자를 이용해서 그어 놓은 한계선까지 사선과 직선의 칼금을 그린다.

바깥면은 버릴 부분만 칼금선으로 표시한다.

버릴 곳과 살릴 곳을 표시한다.

선이 닿지 않은 부분에 그무개1을 이용해 사선의 끝에 닿도록 완전히 선을 그린다. 빠진 곳 없이 잘라낼 곳을 명확하게 표시하면 숫장부의 칼금 긋기는 마무리된다.

② 숫장부 가공하기

앞서 연습해본 제비촉이나 연귀 장부 맞춤은 암수의 부재를 모두 그려 놓은 후에 가공에 들어간다. 하지만 주먹장은 숫장부의 가공을 끝낸 후 그대로 복사해서 암장부를 그리는 방식을 택한다(주먹장도 암수 장부를 먼저 모두 그려 놓고 가공하는 경우도 있다. 반복해서 연습해보고 본인에게 유리한 방식을 선택하면 된다).

숫장부의 톱질은 각재 장부 맞춤을 할 때처럼 앉아 썰기 자세로 한다. 우리는 보통 버릴 곳을 오른쪽에 두고 ①~④번까지 톱질한 뒤 뒤집어서 나머지를 톱질했다. 하지만 앞서 설명했던 것처럼 한쪽에서 톱질해야 하는 경우가 있다. 주먹장이 대표적인 경우로, 우선 부재가 넓어서 뒤집기가 수월하지

주먹장 숫장부의 칼금선.

않고, 뒤집어서 안쪽 면이 위로 오게 톱질하면 바깥쪽의 가장 중요한 선이 망가지는 것을 모른 채 지나갈 수도 있기 때문이다.

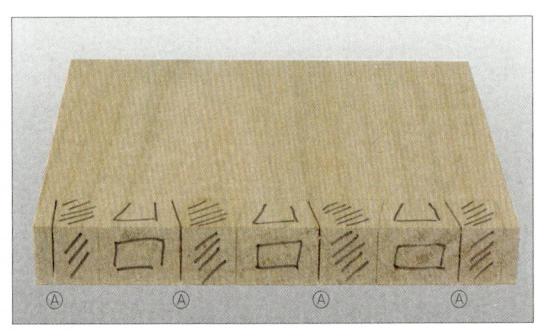 

Ⓐ는 왼쪽 톱니가 칼금을 스치도록 톱질한다.   오른쪽 칼금선 Ⓑ는 톱니의 오른쪽이 스치게 톱질한다.

따라서 주먹장을 톱질할 때는 항상 바깥쪽 면이 위로 오게 하고, 그어 놓은 선들을 철저하게 지킨다는 생각으로 톱질해야 한다. 하지만 선을 지키기 위해 살을 너무 많이 남기게 되면 끌질에 많은 시간과 체력을 낭비하게 된다. 누누이 강조했던 것처럼 정확히 칼금을 스치며 톱질이 될 수 있도록 계속 반복해 연습해야 한다.

숫장부의 톱질은 진행 방향이 직선이 아니라 좌 혹은 우로 사선 썰기를 해야 한다. 이럴 경우는 부재를 옆으로 틀어 놓고 직선 톱질을 해 나간다는 기분으로 하면 된다. 특히 주먹장을 처음 할 때, 버릴 부분과 살릴 부분을 반대로 톱질하는 경우가 흔히 발생한다. 칼금을 그린 후에 반드시 명확하게 알아볼 수 있도록 표시하고, 톱질에 들어가기 앞서 모든 과정을 머릿

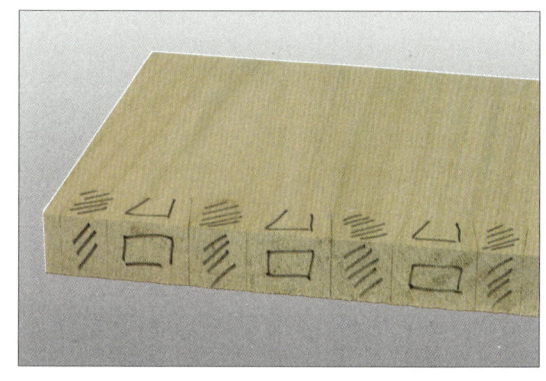

부재를 약간 사선으로 놓고 직선 톱질을 하듯이 연습해보자.

속에 그려본 후 가공에 들어가야 실수를 줄일 수 있다. 양쪽 연귀선을 포함해서 칼금을 따라 8곳의 톱질을 끝냈으면 버릴 곳을 떼어내는 작업에 들어간다. 주먹장은 사선의 모양이 많을 뿐 장부를 떼어내는 방식은 다른 결구들과 거의 비슷하다.

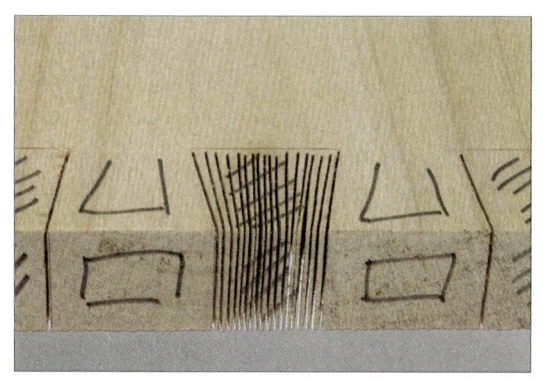

1mm 간격 톱질.

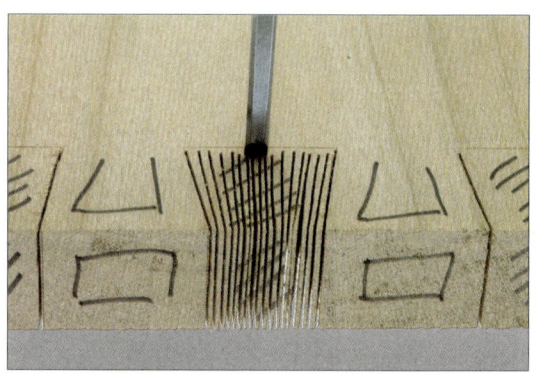

밀끌 가공 시 저항을 줄이기 위해 4mm 끌로 가공한다.

잘라낼 부분을 1mm 정도의 좁은 간격으로 톱질하고, 4mm 정도의 좁은 끌로 위에서 밀어내린다. 넓은 끌로 하면 저항이 심해져서 힘이 많이 들어가게 된다.

사선 톱질 1.

사선 톱질 2.

사선 톱질 3.

사선 톱질 4.

사진처럼 대각선 방향으로 톱질하면서 큰 조각들을 떼어내는 방법을 사용하기도 한다.

어떤 방법을 사용하든 칼금에 따라 정확히 다듬기 위해서는 최대한 살을 많이 떼어내 저항을 최소화시킨 후 칼금을 다듬어야 한다.

사선 톱질 후 끌질하기.

끌질하는 방법은 기존에 설명했던 것과 대체로 동일하다.

① 항상 절반씩 나눠서 양쪽에서 끌질을 하고,
② 특히 바깥쪽 면을 끌질할 때는 더욱 집중해서 칼금을 지켜야 하며, 안쪽 면에서 작업할 때도 힘을 너무 줘서 끌이 바깥 선을 뜯지 않도록 주의한다.

주먹장 끌질.

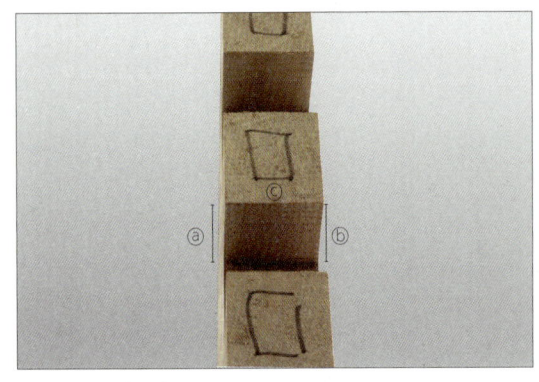 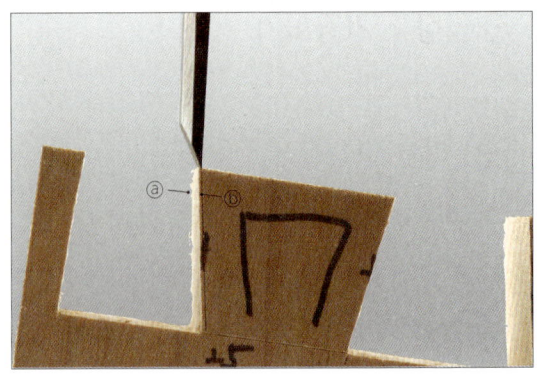

숫장부 촉 끌질 순서.

③ 톱질이나 끌질을 할 때 우리가 처음에 부재에 그려 놓은 선들을 실수로 없애면 가공할 기준선이 사라져버린다. 선에 따라 가공하고 나머지 살들을 다듬어야 한다. 일단 ⓐ와 ⓑ선에 따라 다듬고, 계속해서 ⓒ선을 따라 밀끌을 이용해서 안에 남아 있는 살을 떼어낸다.

연귀는 암수 장부 조립 직전에 가공한다.

끌질이 끝나면 끌의 뒷면을 이용해서 모든 면의 안쪽에 살이 남아 있는지 확인하고, 모서리나 구석에 거스러미가 있는지 체크해서 깔끔하게 다듬어내야 한다. 제비촉이나 연귀 맞춤 때와 동일하게 연귀 부분은 조립 전 맨 마지막에 잘라내야 하므로 여기서는 손을 대지 않도록 한다.

이제 연귀 부분을 제외하고 숫장부의 모든 가공은 마무리됐다. 다음엔 가공된 숫장부를 암장부에 그대로 복사하면 된다.

5) 암장부 가공하기

기존에 숫장부를 암장부에 옮겨 그리는 방법.

숫장부를 암장부에 옮겨 그리기 개선된 방법.

왼쪽 사진처럼 원래 만나는 방향대로 붙여놓고 복사할 수도 있다. 하지만 부재가 길거나 크고 무거우면 정확하게 옮겨 그리기가 힘들다. 실전에서는 오른쪽 사진처럼 뒤집어서 두 부재의 바깥쪽 면이 닿도록 포개서 복사하면 수평을 유지하며 효율적이고 정교하게 작업할 수 있다.

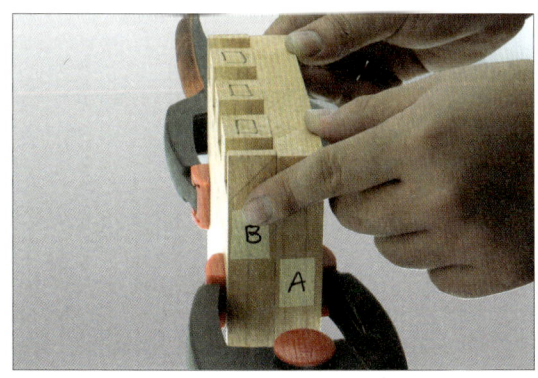

좌우를 맞추고 클램프 등으로 고정시킨다. 좌우를 정확히 맞추어야 직각과 수평이 잘 맞는다.

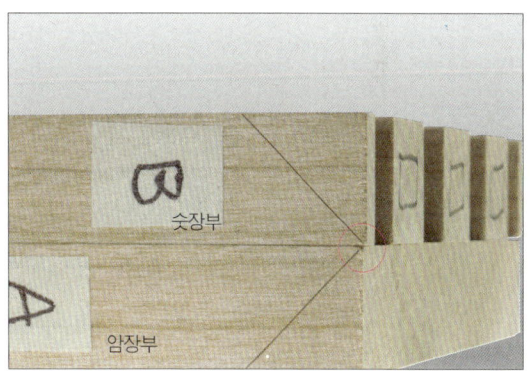

암장부를 조금 작게 만들기 위해 숫장부를 약간(0.3~0.5㎜) 나오게 해야 한다.

좌우가 단차가 없도록 일치시키고 움직이지 않도록 클램프 등을 이용해서 고정시킨다. 좌우를 일치시키지 않으면 수직수평이 잘 맞지 않으므로 주의한다. 이때 암장부의 부재보다 숫장부의 부재를 미세하게 살짝 앞으로 나오도록 (손가락으로 만졌을 때 단차가 살짝 느껴질 정도로만) 고정시키는 것이 좋다.

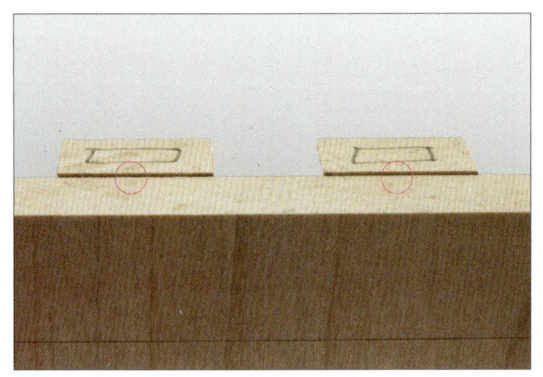
숫장부가 살짝 나오도록 고정하고

숫장부 아래쪽 교차하는 곳을 기준으로 금긋기 칼을 이용해 암장부에 옮겨 그린다.

숫장부와 암장부가 닿는 곳에 정확히 금긋기 칼을 이용해서 옮겨 그린다.

칼금도 버리는 쪽에 맞춰 방향을 선택해 그린다.

이때 수직으로 점을 찍어 표시하는 것보다는 버리는 쪽과 남길 곳을 잘 생각해가며 살짝 사선으로 표시해 놓는 게 좋다. 연귀 부분은 굳이 표시할 필요 없이 고정해 놓은 연귀용 그무개(5㎜)를 사용해서 그리면 된다.

숫장부 부재를 치우고 금긋기 칼로 표시한 기준점에 자유 각도자를 대고 그린다.

클램프를 풀어 숫장부 부재를 치우고 금긋기 칼로 표시한 부분을 기준으로 자유 각도자를 이용해서 마구리면에 사선 칼금을 긋는다.

다음과 같이 완성이 되면 혼동되지 않도록 버릴 부분과 남길 부분을 표시한다. 당연히 숫장부와는 반대가 된다.

마구리면에 옮겨 그리기 완성.

마구리면을 기준으로 안쪽으로 이어 그린다.

안쪽 완성.

안쪽 면의 경우는 처음에 그려 놓은 기준선까지 직각자를 이용해서 직선을 그어 내리면 된다. 하지만 바깥면의 경우는 숫장부 때와 마찬가지로 불필요한 선이 남지 않도록 그려야 한다. 먼저 기준선을 그렸던 그무개(20.2㎜)로 버릴 부분에만 대략적인 선을 그어 놓는다.

암장부 한계선을 그무개로 대략 표시하고

주먹장 207

직각자를 준비하고

절단면 기준선에 금긋기 칼을 걸어 고정시키고 직각자를 갖다 댄 후

내려 긋는다.

그리고 마구리면에 그어 놓은 칼금에 금긋기 칼을 고정시키고 직각자를 갖다 댄 후 내려 그으면 된다. 무심코 바깥쪽 면에도 연귀용 5㎜의 선을 긋지 않도록 주의한다.

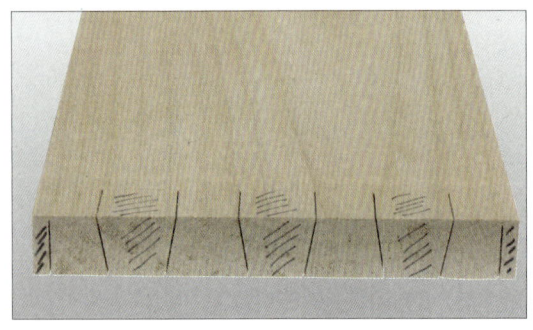
암장부 금긋기 칼에 맞춰 톱질.

암장부 역시 바깥면을 위로 오게 하고 톱질한다. 안과 밖 모두 선에 따라 정확히 톱질할 수 있다면 상관없겠지만 보이지 않는 쪽의 선까지 정확히 톱질하는 것은 쉽지 않다.

암장부는 톱길을 내는 것부터 사선 톱질을 해야 한다. 직선 톱질보다 훨씬 어렵기 때문에 주의가 요구된다. 부재가 작을 경우 바이스 등에 물려 놓고 세워서 톱질하면 그나마 수월하지만, 주먹장은 대부분 부재가 크기 때문에 앉아 썰기로 해야 한다.

암장부 앉아 썰기.

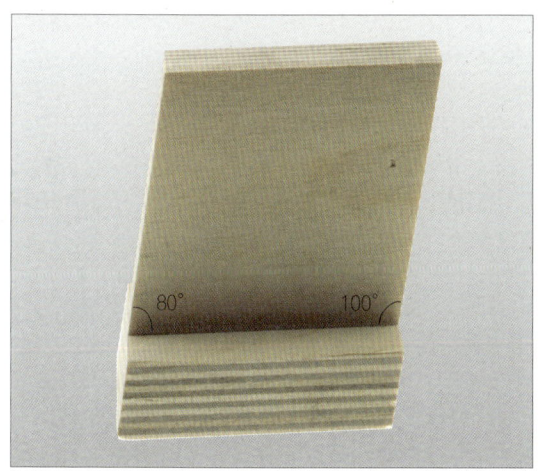

사진과 같이 자신만의 주먹장용 톱질 가이드를 만들어 놓고 사용하면 편리하다.

주먹장 톱질 가이드.

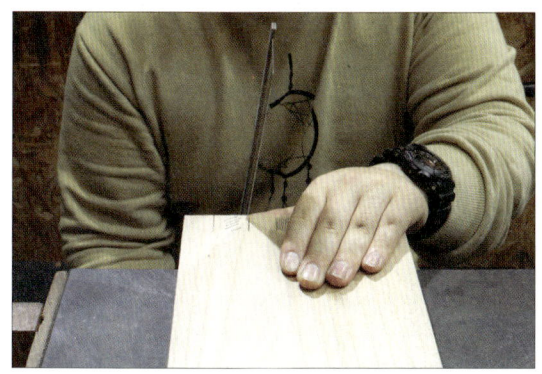

끌질하기 좋게 잘게 톱질한다.

1mm 간격으로 톱질한다.

기본 톱질이 끝나면 마찬가지로 톱과 끌을 이용해서 버릴 부분을 떼어내야 한다. 먼저 끌질하기 좋게 1㎜ 간격으로 톱질한다.

 양쪽 연귀선도 45° 톱질을 하고 암장부를 끌로 다듬는다. 이때도 역시 바깥쪽 칼금선을 넘어가지 않도록 주의하며 가공한다.

끌질한 면은 끌의 뒷날을 이용해서 남아 있는 살이 없는지 확인한다.

숫장부 연귀 톱질.

암장부 연귀 톱질. 연귀 톱질 마무리는 톱의 앞날 2~3개로 톱질한다.

 다음엔 암수의 남아 있는 연귀 부분을 톱질한다. 암장부의 연귀를 톱질할 때는 연귀 장부 맞춤 연습 때와 동일하게 톱질하면 된다. 이때 연귀 두께(5㎜)를 넘어가지 않도록 한다.
 숫장부 연귀는 너무 힘을 줘서 톱질하면 연귀 조각이 떨어져나가면서 아래의 장부에 상처를 낼 수도 있다. 톱질한 후에는 끌로 남아 있는 살이 없는지 꼼꼼히 살펴서 정리해야 한다. 암수의 연귀 부분을 포개서 잘 맞아 떨어지는지 확인한다.

6) 조립하기

장부 맞춤을 할 때 숫장부의 끝에 모를 잡았던 것을 떠올려보자. 주먹장 역시 숫장부의 안쪽 선에 살짝 모를 잡아준다. 조립 시 빡빡해서 들어 가지 않으면 모를 잡아 놓은 부분이 암장부에 걸리면서 약간 이그러진다. 그 부분만 끌로 다듬으면 된다. 하지만 겉으로 드러나는 선(마구리면과 바깥면의 칼금)들은 절대 건드려선 안 된다.

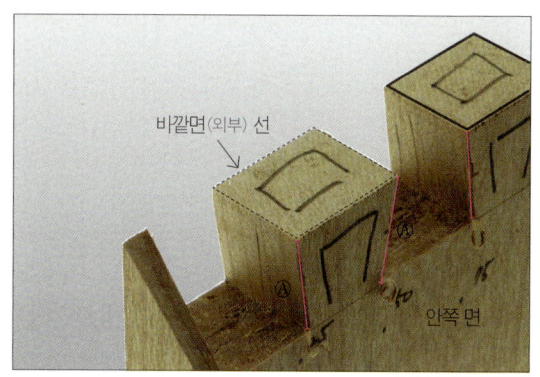

암장부와 결합하는 Ⓐ부분(빨간선)만 모를 잡아준다.

사진에서 숫장부 양면에 사선으로 표시된 부분을 가볍게(끌밥 하나 정도) 더 가공한다. 본드를 바른 상태에서 조립할 때 저항을 줄이기 위한 여유 공간이다.

암장부 안쪽 가공. 같은 목적으로 사선 부분을 조금 더 떼낸다.

사진상에 사선으로 표시된 부분, 숫장부의 양측면 부분은 끌밥 하나 정도 두께를 더 가공해준다. 촉이 많을 경우 조립 시 저항이 많이 걸리는 것도 예방하고, 약간의 여유 공간이 있어야 본드도 잘 붙게 된다. 같은 방법으로 암장부의 안쪽도 가공해준다. 이때도 마구리면이나 바깥면의 선은 건드려선 안 된다.

암장부 바깥선 끌로 모잡기.

모잡은 결과물.

모든 준비가 끝나면 암장부의 바깥선 역시 끌로 살짝 모를 잡아준다(기준선을 그을때 여유 간격 0.2~0.3㎜ 정도만).

암수 장부를 겹쳐 사이즈가 맞게 가공되었는지 확인.

암수 장부를 겹쳐서 사이즈가 맞게 가공되었는지 확인해본 후 큰 문제가 없으면

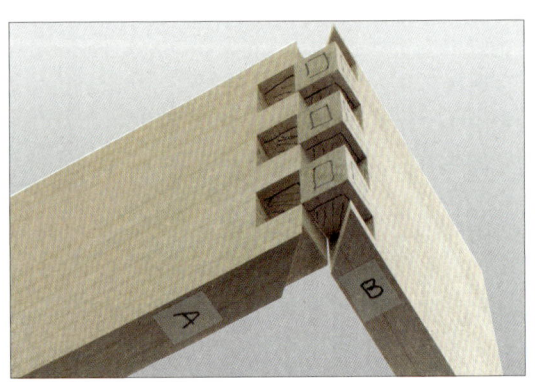
살짝 끼우고 주먹으로 톡톡 쳐본다.

살짝 끼우고 주먹으로 가볍게 톡톡 쳐본다.

가공이 맞지 않는 곳은 사진과 같이 모잡은 곳이 찌그러진다.

찌그러진 곳.

암수가 일치하지 않는 곳엔 사진처럼 숫장부 내부에 모를 잡아 놓은 곳이 살짝 찌그러지게 된다.

찌그러진 부위 끌 가공.

그럼 그 부분만 끌로 다시 살짝 다듬는다.

3분의 2 지점까지는 부드럽게 들어가도록 가공해야 한다.

조립할 때는 일반적으로 3분의 2 지점까지는 큰 힘을 들이지 않아도 부드럽게 들어가도록 다듬는 게 좋다.

주먹장 **213**

너무 세게 박아 넣으면 하드우드는 바로 깨지거나 나중에 판재가 갈라지기도 한다.

잘 들어가지 않는데 억지로 세게 박아 넣으면 하드우드는 바로 깨지거나 사용하는 도중에 갈라지기도 한다.

완성.

이로써 연귀 주먹장 결구가 완성되었다.

12. 사괘 맞춤

1) 사괘 맞춤의 이해

이번에 학습할 사괘 맞춤도 매우 기본적이고 기초적인 것들이다. 정확히 각재를 뽑고, 그 각재에 정확히 칼금을 그리고, 선에 따라 톱질을 하고 끌로 다듬는 과정이다. 달리 표현하면 새로 배워야 할 것이 거의 없는 작업이지만 그동안 학습한 기초를 잘 익혀두지 않았다면 오히려 어렵게 느껴질 수 있는 결구 방법 가운데 하나다.

한옥의 기둥과 보를 연결하는 것이 사괘 맞춤이다.

한옥의 장점은 많지만 그 가운데 으뜸은 목재를 이용해서 만든 집임에도 무척 견고하다는 점이다. 사진처럼 한옥의 기본 골격을 이루고 있는 구조가 바로 이번에 학습하게 될 사괘 맞춤이다. 튼튼함이나 견고함에 비해 무척 간단하다는 것이 장점이다.

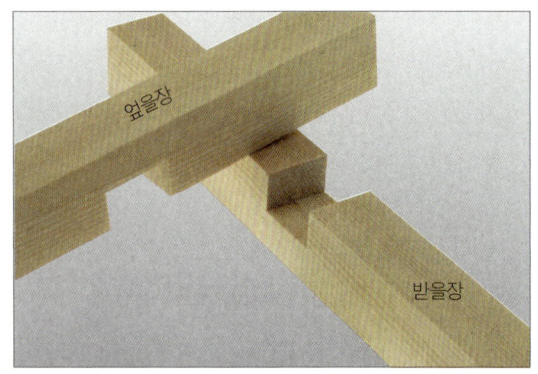
단순 반턱 사진.

단순 반턱 결합.

사괘 맞춤의 쇠목과 쇠목은 단순 반턱 맞춤으로 얽혀 있고

반턱 결합 상태에서 턱을 추가 가공하여

기둥 촉이 관통해서

뚫고 들어가는 결구.

기둥이 그 반턱 결합에 턱을 만들어 뚫고 들어가는 구조의 결구다. 사괘 맞춤은 단순하면서도 견고해서 오래 전부터 가구 제작에 널리 사용되어왔다.

옛날 뒤주.

테이블 다리 1.

테이블 다리 2.

의자 다리.

사괘 맞춤은 현대 가구에도 다양하게 활용된다. 먼저 대략적으로 사괘 맞춤의 구조를 이해해보자.

약식 사괘 맞춤. / 민턱 사괘 맞춤

사진은 가장 간단하게 만든 사괘 맞춤이다. 두 쇠목을 반턱 맞춤으로 연결한 후 쇠목의 두께와 같은 기둥의 틈에 그대로 끼워 넣는 형식이다. 만들기는 쉽지만 기둥촉이 너무 얇고 쇠목에 턱이

사괘맞춤 217

없어서 구조적으로 다소 약할 수 있다. 사괘 맞춤이 튼튼한 이유는 쇠목 턱이 사방에서 조여주기 때문이다.

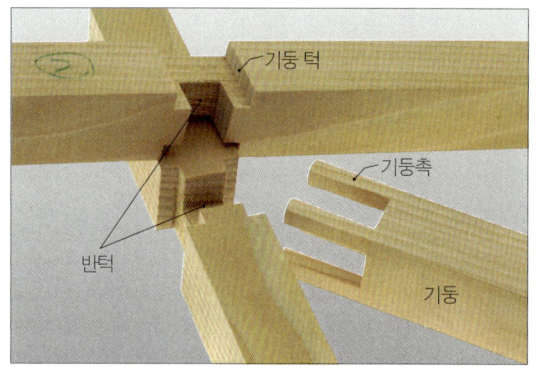

기둥과 쇠목이 같은 사이즈 사괘 맞춤 분해.

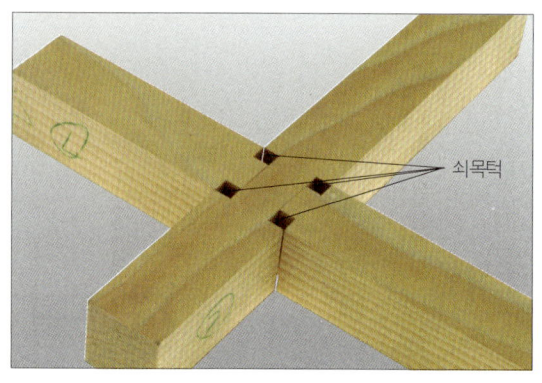

기둥과 쇠목이 같은 사이즈 사괘 맞춤 반턱 사진.

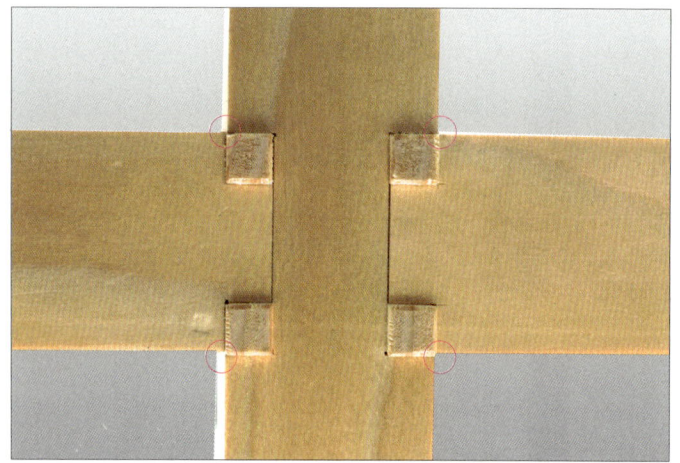

기둥과 쇠목이 같은 사이즈 사괘 맞춤.

사진은 기둥과 쇠목이 같은 사이즈인 사괘 맞춤이다.

기둥이 쇠목보다 크고 턱이 있는 사괘 맞춤.

일반적으론 쇠목보다 기둥이 두꺼워야 안정감을 갖는다. 왼쪽 사진처럼 기둥과 쇠목의 사이즈가 다르고 턱이 있어 더욱 안정적이다. 기둥과 쇠목의 두께가 같은 방식의 사괘 맞춤에 비해, 쇠목이 겹쳐지는 부분에 기둥이 사방으로 드러나기 때문에 미적으로도 활용

가치가 높다. 이번에 연습해 볼 사괘 맞춤의 형태이므로 먼저 사진을 잘 보고 그 구조를 머릿속에 그려 보도록 하자.

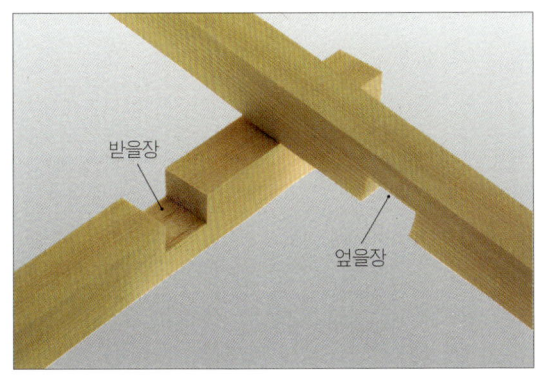
반턱 맞춤의 받을장과 엎을장.

사진처럼 절반씩 파내서 맞추는 방식을 반턱 맞춤이라고 한다. 하나는 위쪽에서 다른 하나는 아래쪽에서 끼워 넣는데 보통 전자는 위에서 엎는다고 해서 '엎을장', 후자는 아래서 받는다고 해서 '받을장'이라고 부른다. 사진과 같은 단순한 반턱 맞춤의 경우에는 엎을장과 받을장의 구분이 따로 필요 없을 때도 있다. 두 부재를 뒤집어서 맞춰도 같은 모습이기 때문이다. 하지만 가구를 만들 때는 상하좌우의 구분이 있을 때가 많으므로 두 부재를 혼동하면 안 된다.

예를 들어 장부가 있는 경우는 뒤집어서 사용할 수 없다. 따라서 주의 깊게 칼금을 그리고 잘려나갈 부분을 표시해야 한다. 그렇다면 두 개의 각재 가운데 어느 쪽을 엎을장으로 해야 할까.

받을장. 엎을장 선택 시 주의해야 한다.

일반적으로 긴 부재를 엎을장, 짧은 부재를 받을장으로 한다. 상판이나 다른 구조물의 무게로 위에서 힘이 가해질 경우 긴 부재를 받을장으로 하면 반턱 부분이 갈라질 수도 있다.

반턱 사괘 맞춤.

2) 부재 준비 및 칼금 긋기

먼저 부재를 준비한다. 기존의 장부 맞춤의 경우엔 직각재나 정각재의 여부에 상관없이 하나만 준비해 잘라서 사용할 수 있었다. 하지만 사괘 맞춤은 기둥으로 사용할 정각재 하나와 쇠목용 직각재 하나(잘라서 두 쇠목으로 사용할)를 따로 준비해야 한다.

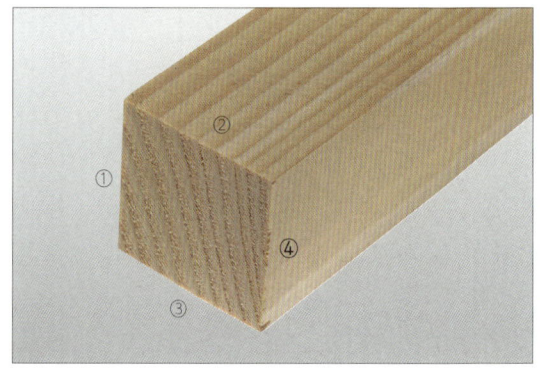

정각재 뽑기.

정각재의 경우는 ①~④면 모두가 같은 크기여야 한다. 특히 대패로 각재를 뽑을 때 ③, ④번의 크기를 같게 해야 하므로 더욱 세심하게 대패질을 해야 한다.

좀 더 자세히 살펴보자. 사괘 맞춤을 하기 위해서는 기둥으로 쓰일 정각재 B 하나와, 쇠목으로 쓰일 직각재 A1, A2 두 개가 필요하다(여기서 직각재의 두께는 B보다 얇아야 한다).

결합되는 면끼리 표시.

그동안의 모든 작업이 그러했듯 각재가 준비되면 목재를 살펴보고 방향과 위치를 결정해서 표시한 뒤 시작한다.

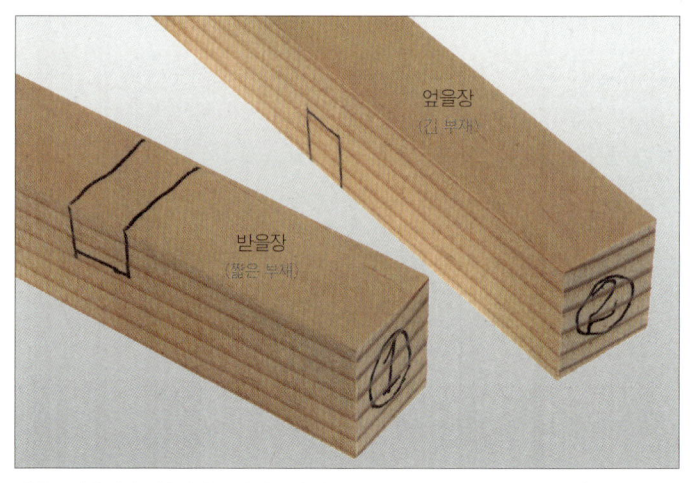

쇠목은 받을장과 엎을장의 선택에 맞춰 반턱 가공되는 부분을 표시해 놓는다.

먼저 쇠목의 칼금 긋기를 시작해보자.

반턱 부분에 맞춰 기준선을 긋는다.

상대되는 기둥면을 대고

쇠목 A1의 옆면에 기준선 하나를 긋고, 기둥 B를 올려 놓고 직각자와 칼금을 이용해서 기둥의 두께를 복사한다.

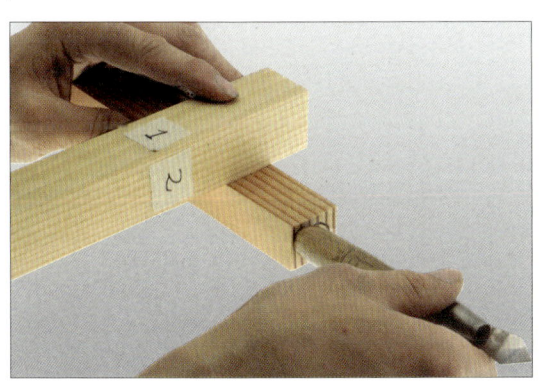
금긋기 칼로 톡톡치며 칼금선이 가리는 순간을 찾는다.

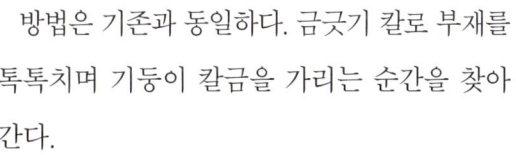

방법은 기존과 동일하다. 금긋기 칼로 부재를 톡톡치며 기둥이 칼금을 가리는 순간을 찾아간다.

첫 번째 기준선이 딱 가리는 순간 멈추고

두 번째 기준선을 긋는다.

기준선을 딱 가리는 순간 멈추고 부재를 치운 후 두 번째 기준선을 긋는다. 앞서의 결구법들에서 상대 부재를 대고 기준선을 그었다면, 사괘 맞춤은 상대 쇠목이 아닌 기둥을 가지고 기준선을 그어야 한다는 점이 다르다.

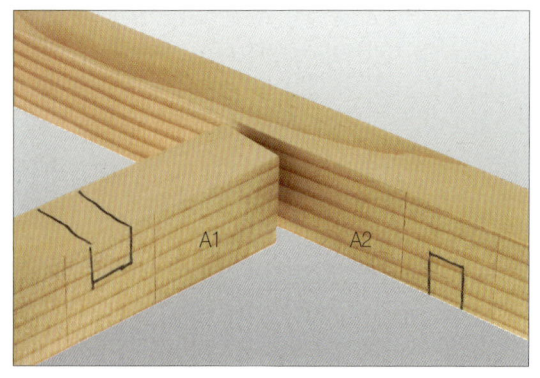

두 쇠목에 그어진 기준선.

같은 방식으로 다른 쇠목에도 기둥을 올려 놓고 기준선을 그린다.

다음엔 두 개의 쇠목에 그려 놓은 기준선을 따라 옆면에 칼금을 그어보자.

쇠목 턱은 견고함의 근원이기 때문에 좀더 정확한 기준선을 그어야 한다. 여유가 있어도 너무 빡빡해도 문제가 된다.

기준선에 금긋기 칼을 걸고

직각자를 금긋기 칼에 갖다 댄 후

5mm가량을 긋는다.

항상 그러했듯이 밖으로 드러나는 면에는 불필요한 선을 그리지 않도록 한다. 잘려나갈 부분을 대비해서 위쪽엔 5mm가량만 그려 놓는다.

반대쪽도 5mm 긋는다.

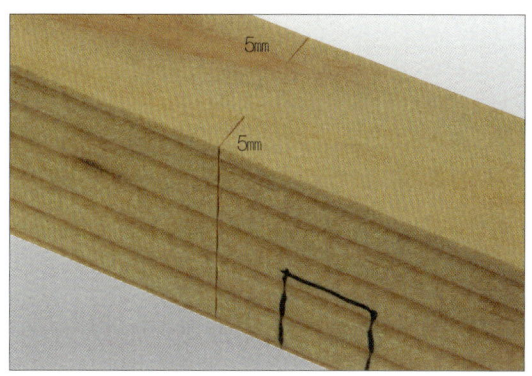
한 면의 기준선이 완성된 모습.

반대쪽에도 5㎜를 긋는다. 바닥 면에도 동일하게 5㎜ 선을 이어 긋는다.

나머지 기준선들도 같은 방법으로 돌려가며 이어 긋는다.

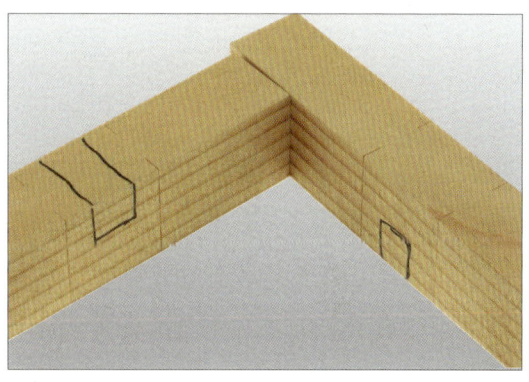
완성된 기준선의 모습.

그무개로 기둥 턱이 되는 부분을 긋는다. 턱의 사이즈는 보통 쇠목의 4분의 1 정도가 좋고, 쇠목이 두꺼우면 10㎜ 이내로 하는 게 좋다.

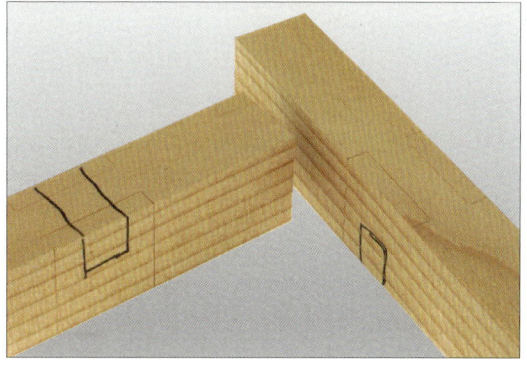
완성된 기둥 턱 선.

사괘맞춤 223

그무개로 양쪽에 잘려나갈 기둥 턱을 그린다. 부재의 두께에 따라 조금씩 달라지겠지만 일반적으로 기둥 턱은 쇠목 두께의 4분의 1 정도가 좋고 쇠목이 많이 두꺼우면 10㎜ 이내가 좋다. 그무개를 5㎜로 고정해서 그려 놓은 기준선을 연결하면 223쪽 사진과 같은 모습이 완성된다.

미리 가공해서 두 개의 반턱을 끼워 넣은 사진을 보자.

반턱 맞춤 기준점 찾기.

우리는 두 개의 쇠목이 교차될 부분에 각각 두 개의 선을 그어야 한다. 쇠목의 전체 두께를 22㎜라고 한다면 양쪽 5㎜씩을 제외한 12㎜가 겹쳐진다. 그렇다면 ㉠과 ㉡ 사이에 두께 12㎜ 간격의 두 선을 어떻게 정중앙에 그을 수 있을까?

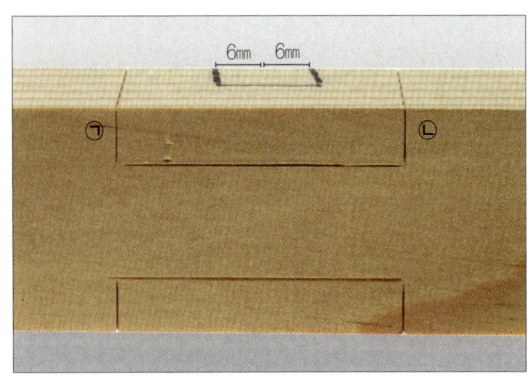

반턱 중앙의 기준점 찾기.

이때 ㉠과 ㉡ 사이의 거리, 즉 기둥의 두께가 31.5㎜라고 한다면 정 가운데 점을 찾아 그 점으로부터 양쪽으로 6㎜씩 점을 찍으면 된다.

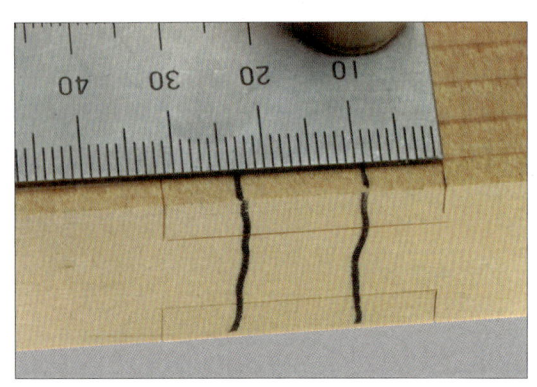

두 기준점 사이의 거리를 측정한다.

자세히 살펴보자. 먼저 두 기준선 사이의 거리, 즉 기둥의 두께를 재보자. 기둥의 두께가 31.5㎜이므로 이 수치를 반으로 나누면 15.75㎜라는 숫자를 얻게된다.

한쪽 기준선에서 15.75㎜를 재고

체크하여 칼금을 찍는다.

그럼 두 기준선으로부터 각각 15.75㎜가량 떨어진 곳이 정중앙이다. 일단 한쪽에서의 길이를 재서 살짝 마킹을 한다.

반대편으로 가서 중앙 기준점에 금긋기 칼을 걸고 직각자를 갖다 댄 후 고정시키고

15.75가 맞는지 확인한다.

그리고 반대쪽 기준선으로부터 길이를 재서 동일한지 체크한다.

만약 양쪽의 길이가 맞지 않으면 작은 쪽에서 금긋기 칼을 대고

직각자를 갖다 댄 후

금긋기 칼을 살짝 제껴 사이즈를 조절하고

새로운 기준점을 잡는다.

중심점이 잡히면

반턱 부분의 사이즈를 확인하고 (12㎜)

일단 중심점이 잡히면 금긋기 칼로 표시하고 반턱의 간격을 재보자. 여기서는 12㎜이다.

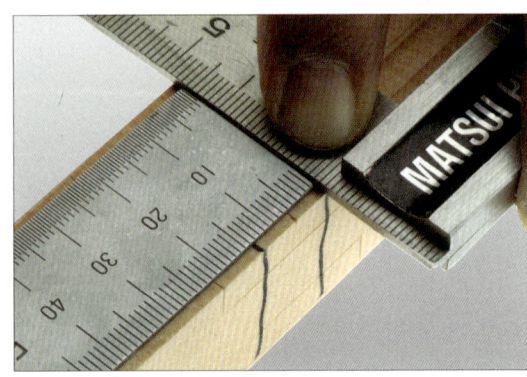
중심점에서 12㎜의 반인 6㎜ 지점에 표시하고

반대쪽도 표시한다.

이렇게 마킹된 12㎜의 홈을 따라 상대 부재의 반턱이 관통하게 된다.

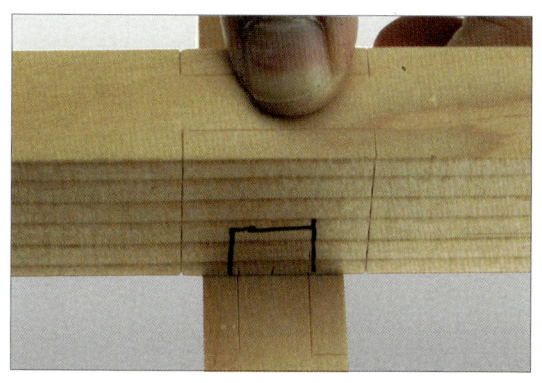
칼금을 긋고 나면 항상 반대편 부재를 대어 보고 확인한다.

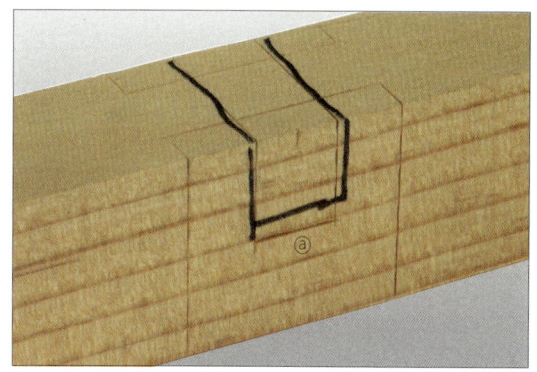
기준이 잡히면 돌려가며 칼금선을 긋는다.

정중앙으로부터 반턱의 두께만큼 떨어진 곳에 표시하고 나면, 반드시 상대 쇠목을 맞대어보고 일치하는지 꼭 확인한다. 일치한다면 표시해 놓은 두 점을 기준으로 돌려가며 칼금을 긋고, 그무개를 이용해서 두 쇠목이 만나는 반턱만큼의 높이를 체크해서 선 ⓐ을 긋는다.

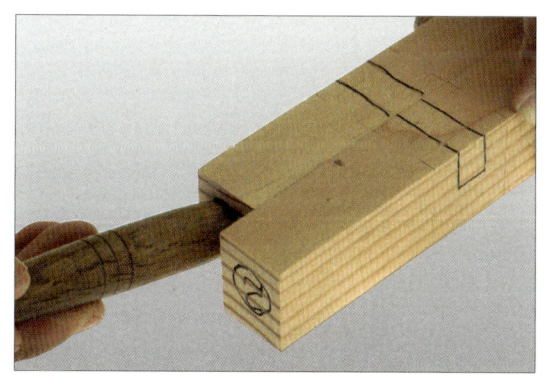
반대편 부재는 두 부재의 기준선을 일치시키고

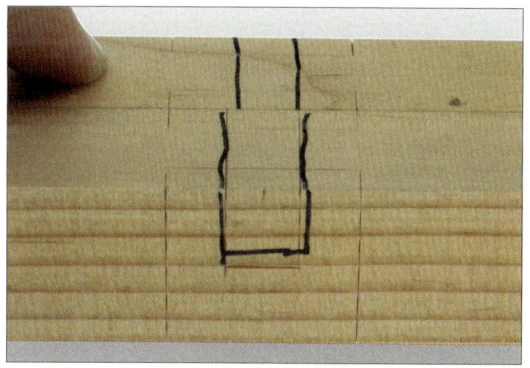
복사한다.

반대 쇠목은 처음부터 동일한 방법으로 다시 그리는 것이 아니라, 이미 그려 놓은 쇠목에 상대 쇠목을 갖다 대고 복사하면 된다. 사이즈가 같을 경우 사진처럼 두 부재를 잡고 톡톡 쳐가며 처음에 그려 놓은 기준선을 정확히 일치시킨다.

사괘맞춤

움직이지 않게 고정하고 반턱 기준선을 복사해 표시 한 뒤 그 선에 맞춰 칼금을 돌려가며 긋는다.

반턱 기준선을 옮겨 그린 후 기준선에 맞춰 돌려가며 칼금선을 긋는다.

이제 사진과 같은 두 개 쇠목의 칼금 긋기가 마무리되었다.

칼금 긋기가 완성된 두 개의 쇠목.

다음엔 기둥의 칼금 긋기를 해보자.

기둥의 네 촉의 높이를 정하기 위해 그무개를 쇠목의 사이즈보다 1㎜ 정도 크게 세팅한다.

기둥에 돌려가며 그린다.

기둥에 기준선을 긋기 위해 먼저 그무개를 이용해서 쇠목의 높이를 체크한다. 사괘 맞춤도 기둥이 두 쇠목을 뚫고 나오는 관통 장부의 일종이므로 쇠목의 높이보다 1㎜가량 크게 그무개를 고정시킨다. 기둥의 마구리면을 기준으로 4면을 돌려가며 기준선을 그린다. 단 완성된 사진에서 보았듯이 두 쇠목이 겹쳐지는 사방으로 기둥의 바깥쪽 모서리가 드러나는 사괘 맞춤이기 때문에 기둥의 모서리 부분엔 칼금을 긋지 않도록 한다.

참고로 기둥의 촉을 테이블 등의 상판에 박아 넣어야 하는 경우엔 1㎜가 아니라 해당 상판 두께의 3분의 2가량이 밖으로 나오도록 한다.

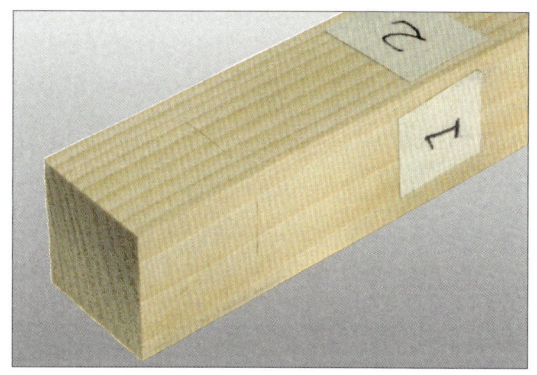

만약 기둥 촉을 상판에 박아 넣을 경우 상판 두께의 3분의 2 사이즈만큼 더 길게 해야 한다.

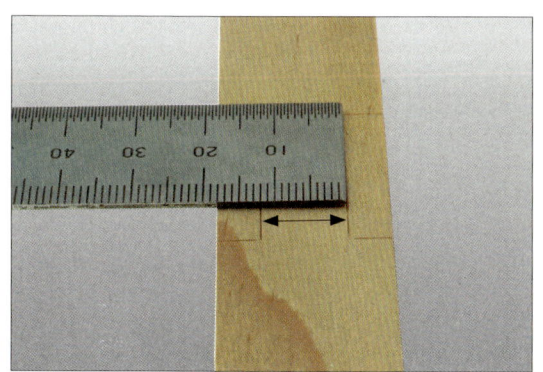

기둥 촉의 사이즈를 파악하기 위해 반턱 사이즈를 확인한다(12㎜).

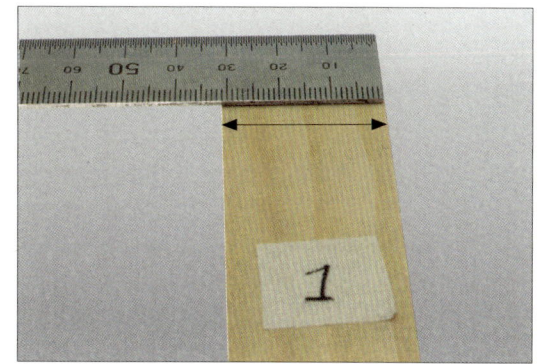

기둥 사이즈도 확인한다(31㎜).

기둥의 촉 하나의 폭을 얼마로 해야 하는지 알아보기 위해 먼저 반턱의 교차 부분의 길이(여기선 12㎜)와 기둥의 폭(여기선 31㎜)을 재본다.

사괘맞춤 229

기둥 31mm에서 반턱 12mm를 빼고 구한 값 19mm를 반으로 나눈 9.5mm로 그무개를 세팅하여 기둥에 살짝 그어본다.

기둥 전체의 폭(31㎜)에서 반턱 부분(12㎜)를 빼 반으로 나눈 값이 기둥 촉 하나의 폭이 된다. 여기서는 9.5㎜가 되므로 그무개로 세팅한다. 바로 그무개로 선을 긋지 말고 일단 살짝 점만 찍어본다. 그 어떤 결구법이든지 암수의 칼금을 그리고 나면 톱질 등의 가공에 바로 들어가지 말고, 서로 맞대어보고 눈에 띄는 문제점이 없는지 확인하는 습관을 기르는 것이 좋다.

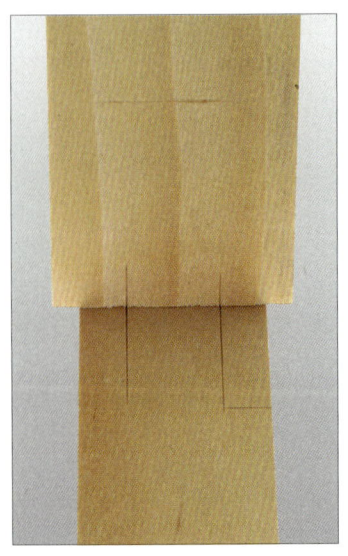

기둥의 기준점과 쇠목 표시선을 맞대보고 확인 및 수정한다.

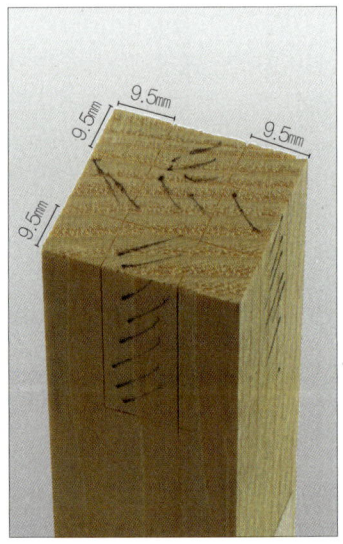

기둥에 표시된 체크선이 맞으면 돌려가며 그려 완성한다.

그리고 기둥의 기준점과 쇠목에 표시해 놓은 반턱의 기준점을 맞대어보고 맞는지 확인하고, 오차가 있을 경우 수정해야 한다. 정확히 일치하면 그무개를 고정시키고 미리 그려 놓은 기준선까지 돌려가며 기둥촉의 선을 그으면 된다. 이때도 가공에 들어가기 전에 잘라낼 부분과 살릴 부분을 명확히 표시한다.

3) 부재 가공하기

① 쇠목 가공하기

칼금을 그으며 느꼈겠지만 사괘 맞춤의 톱질 역시 대부분 단순한 직선으로 되어 있어서 어렵지 않다. 다시 한 번 톱질의 기본을 연습한다는 기분으로 처음 톱질을 배울 때의 중요한 포인트를 기억하며 가공해보자.

① 그어 놓은 칼금의 없앨 부분 쪽을 정확히 스치듯 톱질해야 하고
② 톱날이 한계선을 파고 들어가지 않도록 한다.
③ 반대로 선을 훼손하면 안 된다는 생각에 너무 살을 많이 남기게 되면 후반작업이 힘들어지므로
④ 몸에 힘을 빼고 선에 맞춰 정확히 톱질하는 방법을 연습을 통해 몸에 익혀야 한다.

사괘 맞춤의 톱질에 있어서 또 하나의 중요한 포인트는 순서를 잘 지켜야 한다는 점이다.

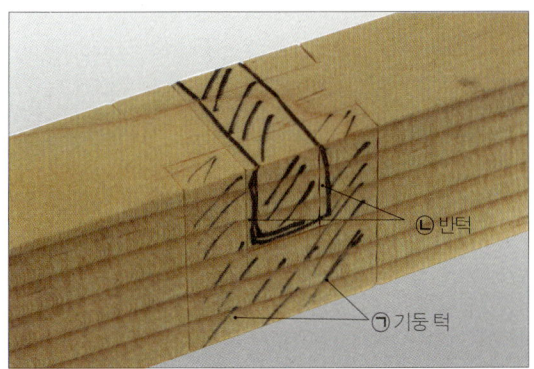
쇠목 가공 순서.

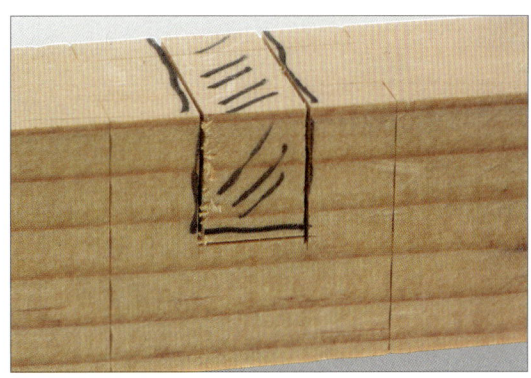
반턱 선 톱질.

예를 들어 ㉠부분(기둥 턱)을 먼저 떼어내면 두 쇠목이 교차하는 ㉡부분(반턱)의 모든 선들이 사라져서 제대로 톱질할 수가 없다. 그러므로 반턱 부분을 먼저 확실하게 톱질하고 가공 완료 후 나머지 톱질을 해야 한다. 먼저 기준선 두 개를 스치듯이 톱질하고,

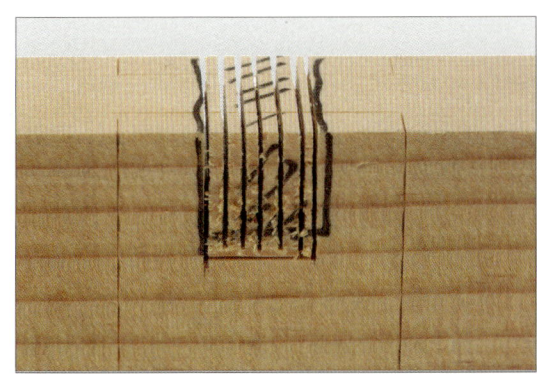
끌질 가공이 용이하게 1㎜ 간격 톱질.

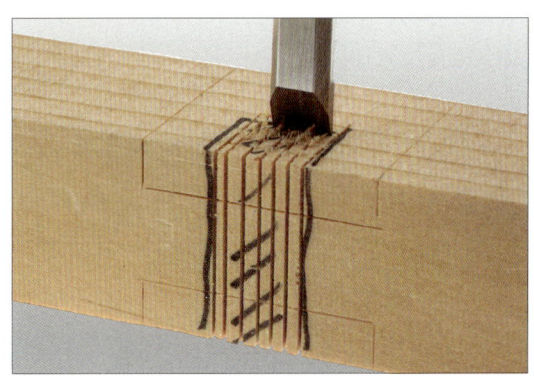
끌질하기.

끌질 가공이 용이하도록 두 기준선 사이에 1㎜ 정도 간격으로 좁게 톱질한다. 반턱 부분은 끌로 쉽게 떼어낼 수 있다.

끌질 후에는 반드시 끌 뒷면을 이용해 수평 확인.

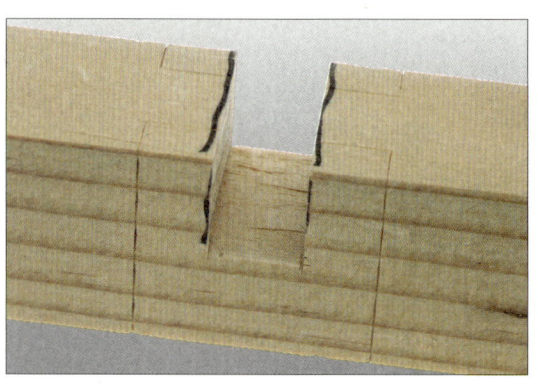
반턱 부분 완성.

끌로 다듬은 후엔 반드시 끌의 뒷면 등을 이용해서 수평이 맞는지 확인한다. 특히 모서리 등에 끌질을 한 찌꺼기가 남아 있지 않은지 확인한다.

앞면과 뒷면의 사이즈가 같게 톱질 1.

앞면과 뒷면의 사이즈가 같게 톱질 2.

반턱 부분이 말끔히 완성되면 나머지 기둥턱 부분에 톱질을 한다. 앞면과 뒷면의 사이즈가 같게 톱질해야 하고 선을 넘어 톱질하지 않도록 주의한다. 얇은 부위이기 때문에 작은 충격에도 부러질 수 있다.

톱질 시 선을 넘지 않게 주의.

 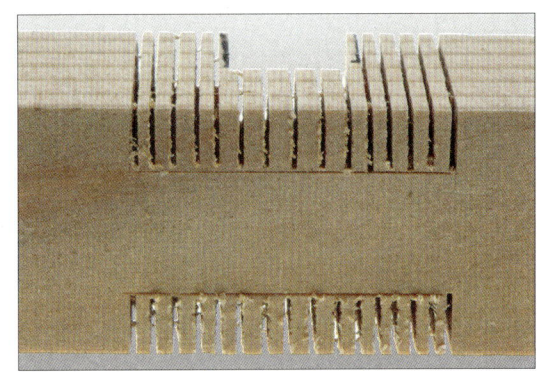

끌질 가공이 용이하도록 톱질.

반턱 부분을 떼어낼 때와 동일하게 기둥 턱 부분도 좁은 간격으로 톱질해서 양옆에서 끌로 밀어 떼어낸다. 이때도 앞뒤의 선에 맞춰서 톱질하고 칼금을 넘어가지 않도록 주의한다.

끌로 쉽게 떼어낼 수 있다. 단 부재의 결에 따라 끌이 파고 들어갈 수 있으므로 끌질 순서를 잘 생각해서 가공한다.

끌질 순서를 미리 생각해서 가공한다.

끌로 잘 다듬고 남아 있는 살이 없는지 확인하며 깔끔하게 정리한다.

가공 후 끌 뒷면을 대고 확인해서 양쪽 기준선 중에 뜨는 곳이 있으면 다시 정리한다.

사괘 맞춤

기둥 턱도 잘 맞는지 확인한다.

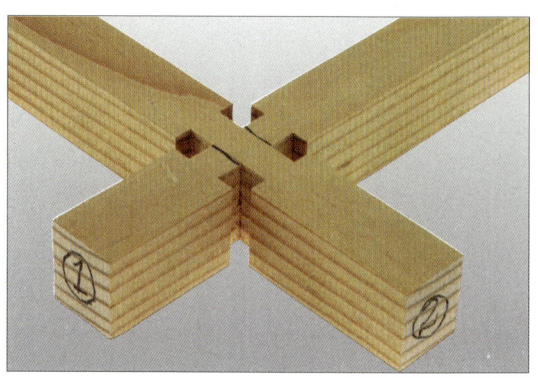

상대 쇠목도 같은 방식으로 가공하여 쇠목을 완성한다.

가공한 기둥 턱에 해당 기둥면을 끼워보고 잘 맞는지 확인한다. 상대 쇠목도 같은 방식으로 가공하면 사진과 같은 두 개의 쇠목이 완성된다.

② 기둥 가공하기

버릴 곳과 살릴 곳을 잘 확인하며 네 번만 톱질하면 된다.

기둥 촉을 만들기 위해 톱질.

각끌기 가공.

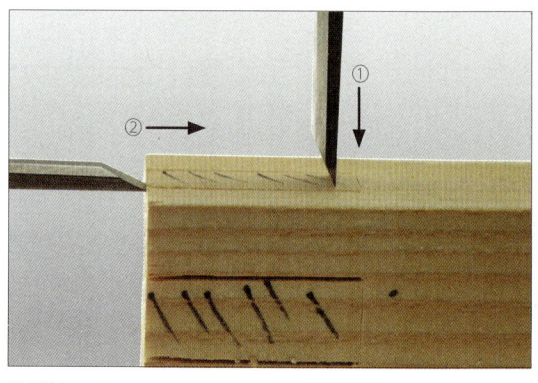

끌 가공.

그리고 각끌기 등을 이용해서 네 방향에서 절반씩 구멍을 파면 안쪽의 버릴 살들은 모두 쉽게 떨어진다. 각끌기 등의 기계를 사용할 수 없을 경우에는 끌을 이용해서 조금씩 떼어내면 된다.

안쪽의 조각들을 모두 떼어낸 후에는 끌로 다듬는다. 내부에는 기준이 되는 칼금이 남아 있지 않기 때문에 먼저 바깥쪽 칼금에 맞춰 안쪽으로 끌질을 해야만 한다. 마무리하기 전에 끌의 뒷면으로 반드시 확인한다. 그리고 다른 장부와 마찬가지로 촉의 끝 모서리에 살짝 모를 잡아주어야 한다.

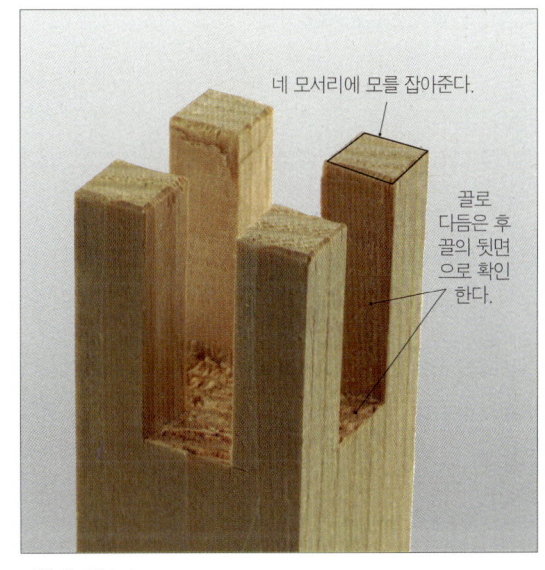

기둥 촉 다듬기.

4) 조립하기

받을장을 먼저 기둥에 끼우고

엎을장으로 덮어 완성한다.

받을장과 엎을장이 뒤바뀌지 않도록 주의하며 조립한다. 먼저 받을장을 기둥에 끼워 넣고 엎을장으로 덮어 완성한다.

13. 삼방 연귀 맞춤

1) 삼방 연귀의 이해

 삼방 연귀는 짜맞춤 방식을 잘 모르는 초보자들에겐 가장 신기해 보이는 대표적인 결구 방식이다. 형태는 사괘 맞춤처럼 3차원의 공간을 형성하지만 결구의 흔적이 없어 장부와 장부 구멍이 드러나지 않는다. 그렇다면 다른 결구법들은 왜 굳이 결구의 방식이 드러나도록 하는 걸까? 단순히 말하면 그래야 더 튼튼하기 때문이다. 삼방 연귀는 모든 장부와 구멍이 숨어 있어 미적인 효과를 줄 수 있지만, 구조상 견고함은 다소 떨어질 수 있다. 숨길수록 암수의 장부가 만나는 면도 좁아지게 되기 때문이다. 삼방 연귀는 말 그대로 세 방향 모두에 연귀가 들어가는 맞춤 방식이다. 겉은 연귀 형태를 이루며 세 개의 각재가 만나고, 보이지 않는 내부에 장부가 숨겨져 있다.

기둥 장부 맞춤.

 일반적인 장부 맞춤과 비교해보면 그 차이는 분명해진다. 그렇다고 삼방 연귀가 크게 복잡하거나 어려운 건 아니다.

기둥 장부 맞춤.

기둥 장부 맞춤 쇠목.

삼방 연귀 내부면.

일반 장부 맞춤의 경우 사진처럼 촉이 하나이므로 전체적으로 3분할을 했다면, 삼방 연귀는 제비촉이나 연귀 장부 맞춤을 연습할 때처럼 전체적으로 4분할을 한다.

이 영향으로 촉길이가 짧아지는데 정밀하게 가공하지 않으면 견고함이 떨어진다.

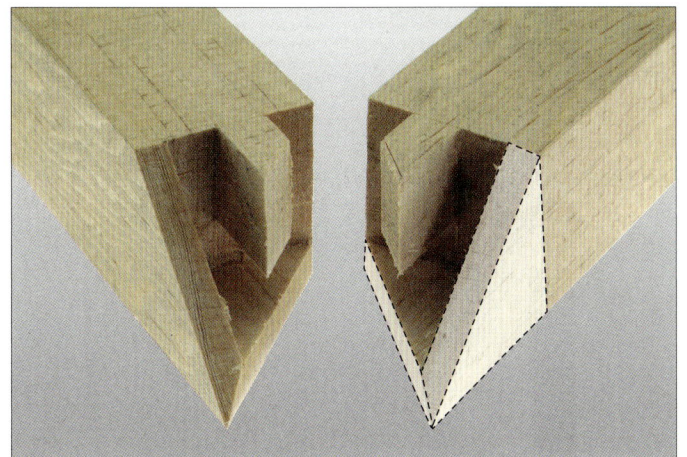
장부에 천막을 씌운 형상이다.

삼방 연귀의 특징은 왼쪽 사진처럼 일반 장부 맞춤에 연귀를 천막처럼 씌운 형태이다.

기둥 역시 기존의 장부 구멍만 뚫렸던 형태에서 쇠목의 연귀의 천막이 씌워질 공간을 더 제거하면 되는 셈이다. 처음 접할 때는 다소 어렵고 복잡할 수도 있다.

삼방 연귀 기둥 구조.

2) 부재에 칼금 긋기

정치수 정각재를 정확히 뽑는게 중요하다.

부재를 준비한다. 제비촉과 연귀 맞춤을 연습할 땐 직각재(정각재도 가능) 두 개를 이용했고, 사괘 맞춤 땐 직각재 두 개와 기둥으로 사용할 정각재 하나를 이용했다. 삼방 연귀는 정각재 3개를 이용한다.

삼방 연귀 완성사진.

삼방 연귀는 무엇보다 세 꼭짓점을 정확히 한 점으로 일치시키는 것이 핵심이다. 부재가 정확하지 않으면 작업하는 것이 의미가 없기 때문에 정확한 각재를 뽑는 것에 더욱 신경 써야 한다.

부재 세 개의 마구리면 역시 직각을 이루고 있는지 확인해봐야 한다. 문제가 있을 경우 마구리대에 놓고 대패를 이용해 직각을 맞춘다.

부재 절단면 직각 확인.

부재가 준비되면 칼금을 긋기 전에 기둥으로 할 것과 쇠목으로 할 부재를 결정하고, 각 부재의 바깥으로 드러날 면과 안쪽이 될 면을 선택해서 표시한다. 삼방 연귀는 세 개의 각재가 만나는 데다가, 기존의 결구 방식보다 복잡할 수 있으니 꼼꼼하게 표시한다.

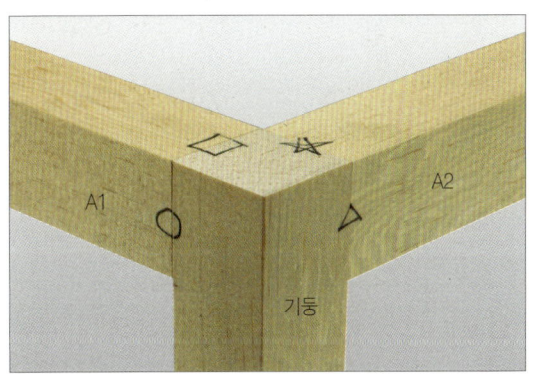

만나는 면과 바깥면 표시.

표시가 끝나면 먼저 기준선을 그린다. 연귀 장부나 제비촉 장부 맞춤 때도 항상 보이는 면에는 불필요한 선이 그려지는 것에 주의했던 것처럼 삼방 연귀 역시 마찬가지다. 기준면은 앞서 표시해 놓은 (연귀가 들어갈) 바깥쪽 두 면을 제외한 나머지 안쪽 두 면에 그려야 한다. 삼방 연귀의 핵심인 세 모서리가 만나는 끝점이 톱질 등의 가공 과정에서 훼손될 가능성이 매우 높으니 두께보다 미세하게 크게(0.1~0.2㎜ 가량) 기준선을 그어야 한다.

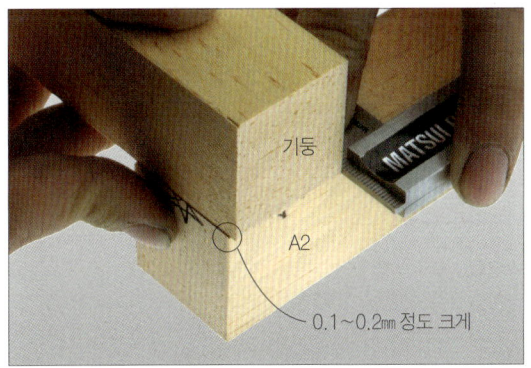

기둥으로 기준선 잡기.

삼방 연귀 맞춤 239

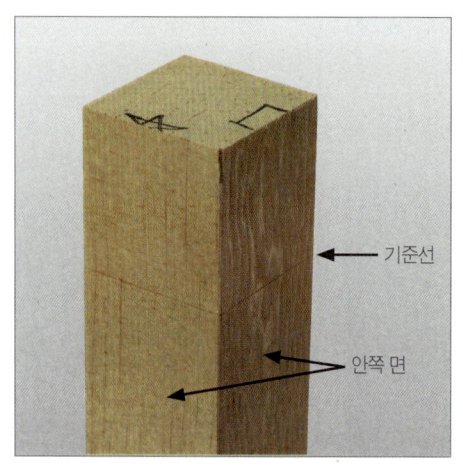

안쪽 기준선 잡고

삼방 연귀의 기준선 사이즈는 일반 장부 맞춤 때처럼 1㎜ 이상으로 길게 여유 공간을 두는 것이 아니라 아주 미세하게만 여유 공간(0.1~0.2㎜)을 둔다.

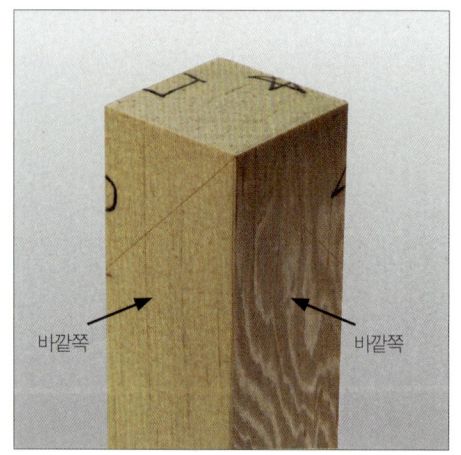

기준선에서 바깥면 쪽으로 연귀 긋기.

그 기준선에 따라 바깥쪽 두 면에 연귀를 그린다. 삼방 연귀는 세 개의 부재에 모두 똑같은 기준선을 그려야 하므로 그무개를 이용해서 한꺼번에 그리는 방법을 선택한다(마구리면의 직각 상태를 정확히 체크해야 하는 중요한 이유 가운데 하나다. 마구리면이 직각과 수평을 이루지 못하면 기준선이 제대로 그어질 수 없다).

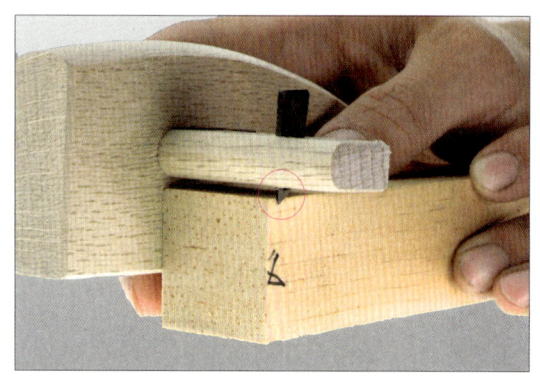

그무개를 이용해 기준 사이즈 체크.

그무개를 사용해 기준선과 연귀선을 긋는 과정을 자세히 살펴보자.

사진처럼 부재의 두께보다 0.2㎜가량 살짝 크게 그무개를 고정시킨다. 그무개 날의 3분의 1 정도가 부재에 걸쳐지면 된다.

그무개를 이용해 기둥과 쇠목 안쪽에 모두 기준선을 긋는다.

안쪽 면 기준선에서 연귀를 긋는다. 이때 기준선이 살짝 가리는 순간을 찾아 그어야 한다. 연귀를 그릴 땐 항상 살짝 크게 그린다.

마구리면을 기준으로 안쪽 두 방향에 기준선을 긋는다. 이때 연귀가 들어갈 바깥쪽 면에 기준선을 긋지 않도록 주의하고 당연히 기준이 되는 마구리면은 수평과 수직이 잘 잡혀 있어야 한다.

그 기준선의 끝을 따라 바깥쪽 두 면에 연귀를 그린다.

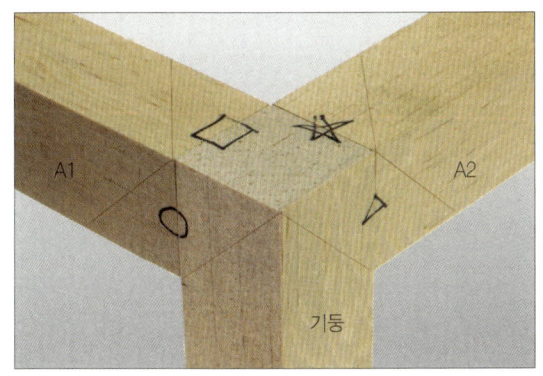
세 개의 부재에 기준선과 연귀선 완성. 세 개의 부재 모두 기준선과 연귀선을 그어 사진처럼 맞대어보며 앞으로 진행될 과정들을 먼저 머릿속에 그려본다.

앞서 연습했던 연귀 장부 맞춤의 내용들을 잘 떠올리며 칼금을 그어보자.

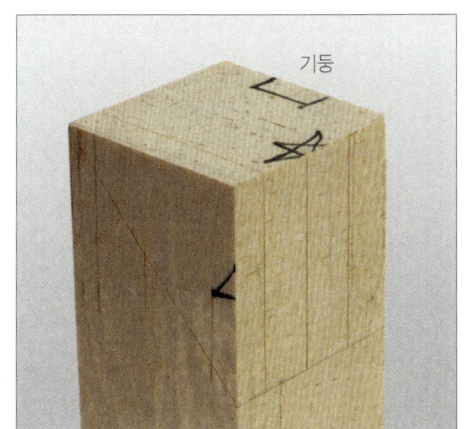
4분할.

연귀 장부 맞춤과 동일한 분할이다. 즉 연귀 부분(여기서는 5㎜로 해보자)을 제외하고 3분할을 하면 된다.

그무개 1 - 연귀용 5㎜

각재의 두께를 36㎜라고 가정한다면, 36−5=31이고, 31을 3분할하면 10/11/10이 된다.

그무개 2 - 15㎜ (5+10)

그무개 3 - 26㎜ (15+11)

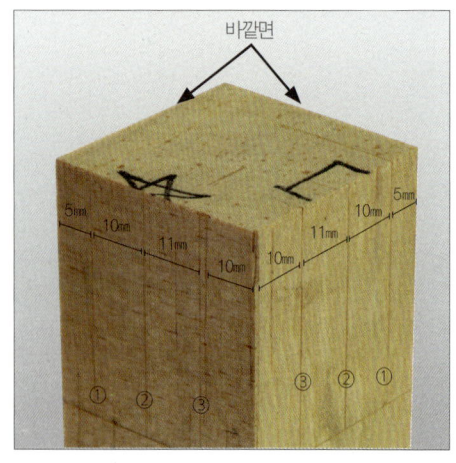

그무개는 모두 연귀가 그려진 바깥쪽 면을 기준으로 해서 그어야 한다.

이렇게 준비된 세 개의 그무개를 가지고 바깥쪽 면(연귀를 그려 놓은 면)을 기준으로 안쪽으로 차례로 선을 그어주면 된다. 사진처럼 한쪽 연귀면을 기준으로 세 개의 선을 긋고, 다른 연귀면을 기준으로 또 세 개의 선을 긋는다.

분할 선 긋기 1.

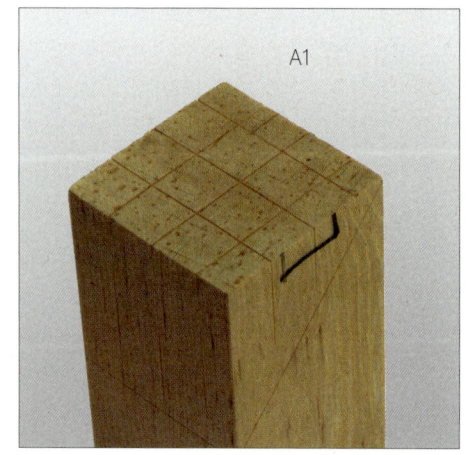

분할 선 긋기 2.

두 개의 쇠목도 동일하게 그리면 된다. 쇠목은 연귀면까지도 이어서 선을 그린다. 톱질할 때 정확하게 하기 위해서인데, 이때 결코 연귀선을 넘어가선 안 된다.

사진처럼 쇠목의 연귀 부분 ㉠과 쇠목의 장부 부분인 ㉡을 확실하게 표시하고, 두 부분이 만날 기둥에도 표시한다.

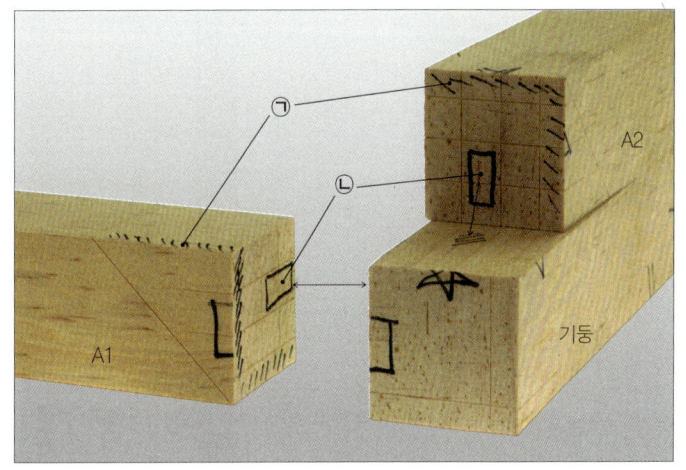

장부 구멍 및 연귀 부분을 표시.

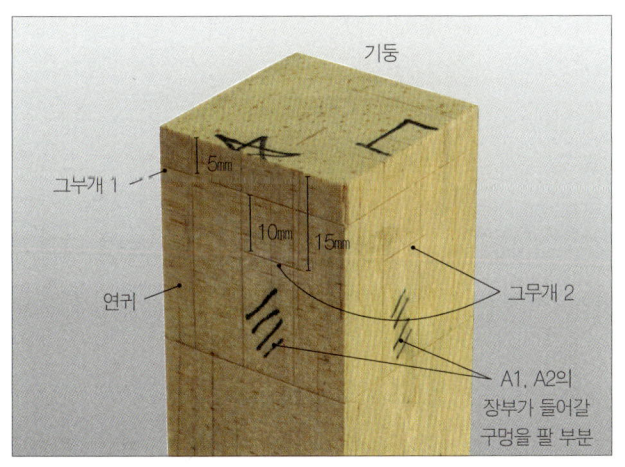

기둥에 표시하기.

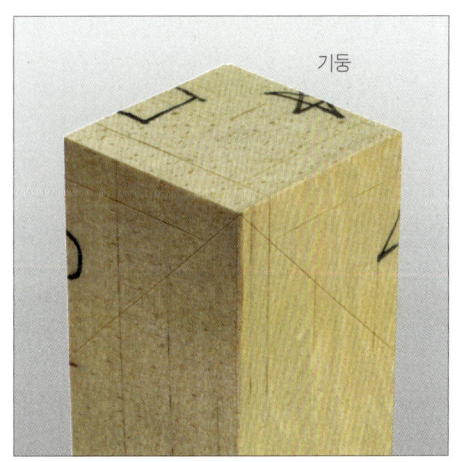

연귀선을 넘지 않도록 조심.

그무개 1(연귀용 5㎜)과 그무개 2를 이용해 마구리면을 기준으로 쇠목의 머리 연귀가 들어갈 부분과 장부가 들어갈 장부 구멍의 선을 기둥에 그려야 한다. 기둥에 그려 놓은 5㎜ 부분을 잘라내면 그 공간으로 양 쇠목의 연귀 부분이 들어오는 구조이다. 그런데 처음 기준선을 그릴 때 부재의 두께보다 살짝 크게 그렸던 것을 떠올려 보자. 두께 사이즈인 36㎜에서 5㎜를 잘라내면 기둥에 남은 부분은 31㎜여야 하는데, 기준선 자체를 살짝 크게 그렸기 때문에 5㎜를 잘라내고 남은 부분 역시 31㎜ 보다 조금 크다. 그렇다면 쇠목의 연귀가 들어오면 너무 빡빡해서 부러질 수도 있을 것이다. 이에 대한 해결 방법은 톱질할 때 다시 언급하도록 한다.

칼금을 긋는 작업은 끝이 났다. 전체적인 구조만 이해하고 있다면 기존의 결구 방식들보다 크게 어렵지 않을 것이다. 하지만 초보자에게는 그려 놓은 선이 너무 많고 복잡하기 때문에 실수할 확률도 높을 수 있다. 그러므로 확실하게 잘려 나갈 부분과 남길 부분을 자신만의 방식으로 표시해 놓아야 한다.

톱질에 들어가기 전 먼저 몇 가지 포인트를 정리해보자.

1. 삼방 연귀 숫장부(쇠목)를 톱질할 때는 연귀선을 건드리지 않아야 한다.

2. 삼방 연귀는 그 구조가 다소 취약할 수 있어 암수의 결합이 헐거워지면 치명적인 결함이 될 수도 있다. 정확한 칼금을 긋고 그에 맞는 톱질과 끌질로 다듬어야 한다. 조립할 때도 조금 뻑뻑하다고 해서 함부로 숫장부나 암장부를 건드리면 안 된다.

3. 삼방 연귀는 각 부재가 만나는 연귀면은 물론 세 꼭짓점이 정확히 만나야 하므로 톱질이나 끌질을 할 때 연귀 부분이 훼손되지 않도록 주의한다.

4. 연귀 부분은 항상 마지막에 떼어낸다.

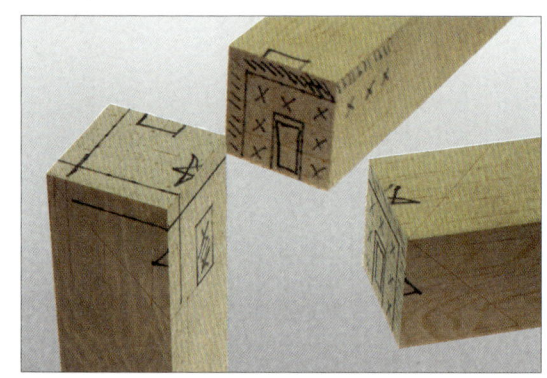

칼금 긋기 완성.

3) 가공하기

이제부터 쇠목(숫장부)의 톱질을 시작해보자. 마구리면에 먼저 톱길을 내고 톱을 짧게 잡고 서서히 일어나면서 45°로 조금씩 위쪽을 톱질해 나간다. 장부 부분에 명확히 표시해서 톱질할 때 실수로 ⓐ 선을 톱질하지 않도록 주의한다.

① → ② 순서로 톱질한다.

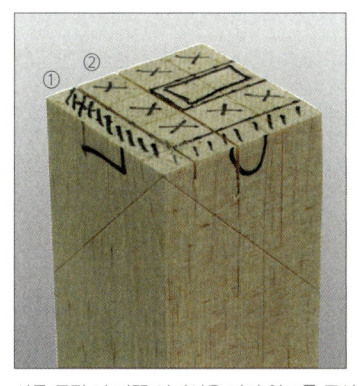 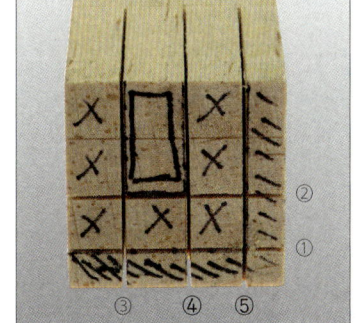 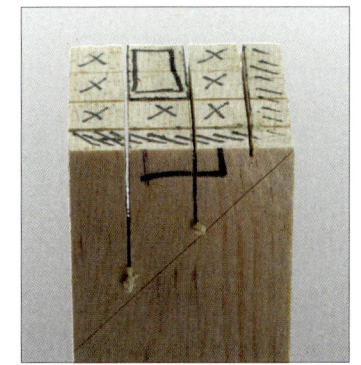

쇠목 톱질 시 뒤쪽 연귀선을 넘지 않도록 조심.

특히 반대쪽에 보이지 않는 연귀선을 넘어가지 않도록 한다. 옆으로 돌려서 ③④⑤번의 톱질을 한다. 마찬가지로 반대쪽 면의 연귀선을 침범하지 않도록 주의한다.

기둥의 장부 구멍은 각끌기 등을 이용해서 파내고 끌로 다듬는다. 안쪽에 남아 있는 살이 없는지 확인하고 끌로 다듬는다.

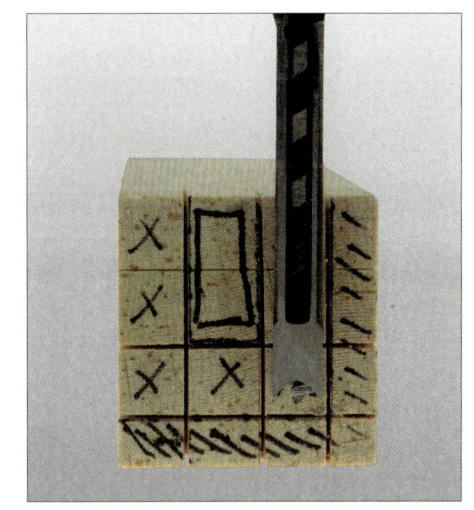

기계를 이용할 땐 깊이 조절에 신경을 써야 한다.

다음은 기둥의 연귀 부분을 톱질한다. ①선을 톱질할 땐 칼금의 왼쪽을 톱질하지 않도록 주의한다. 역시 바닥면의 반대쪽 연귀선을 자르지 않도록 신경 써야 한다. ③번 선과 연귀선은 지금 톱질하지 않고

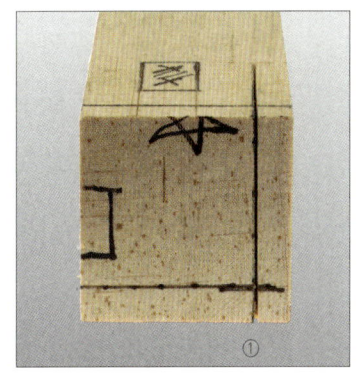 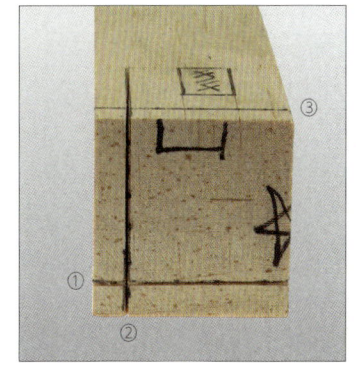

기둥 연귀 톱질.

삼방 연귀 맞춤 **245**

나중에 한다.

다음으로 쇠목의 장부를 가공한다.
두 개의 장부가 구멍 안에서 만나기 위해서는 사진처럼 나중에 장부를 45°로 잘라줘야 한다.

두 개의 장부가 45°로 만날 수 있도록 잘라준다.

미리 장부의 바닥면에 45°의 선을 그어주면 나중에 장부를 자를 때 편리하다.

끌질은 연귀에 닿아 있는 안쪽 부분(ㄱ자 형태)부터 떼어낸다.

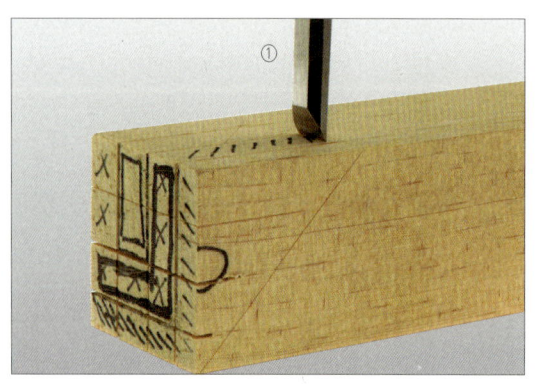

끌질은 기존의 방식과 동일하다.

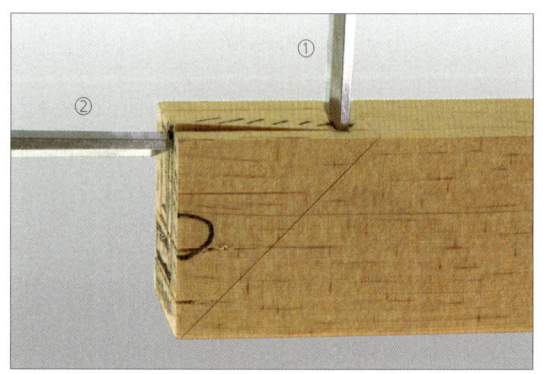

각끌기 등을 이용하면 쉽게 떼어낼 수 있지만 없어도 크게 문제될 것은 없다.

끌질 후 내부의 살들을 정리한다.

끌이나 각끌기로 조각을 떼어내면 내부를 깔끔하게 다듬어야 한다. 조금이라도 살이 남아 있으면 제대로 조립될 수 없으므로 확실하게 점검한다.

참고 - 안쪽의 끌질 상태 확인 방법

연귀 부분을 확인하려면 바닥의 연귀 부분에 직각자를 밀착시키고 몸통에 다른 직각자나 연귀자를 맞대어본다. 사진처럼 아래쪽에 틈이 벌어지는 게 좋다. 연귀 부분이 안쪽으로 갈수록 미세하게 파여 있다는 증거다.

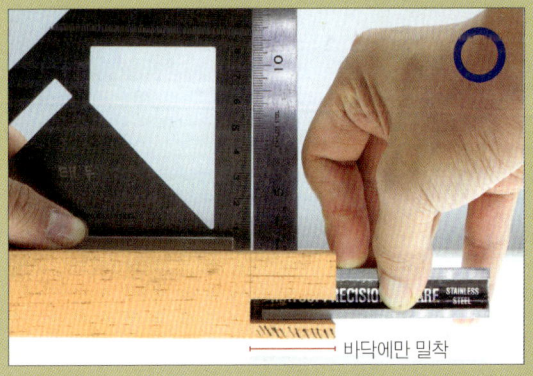

바닥 연귀 부분에 직각자를 대고 몸통에 연귀자를 댄 후 두 개를 겹쳐본다. 사진과 같이 아래쪽이 살짝 공간이 있어야 정상이다.

반대로 위쪽에 틈이 벌어지면 안에 살이 남아 있다는 의미이므로, 끌을 이용해서 남은 살들을 제거해줘야 한다.

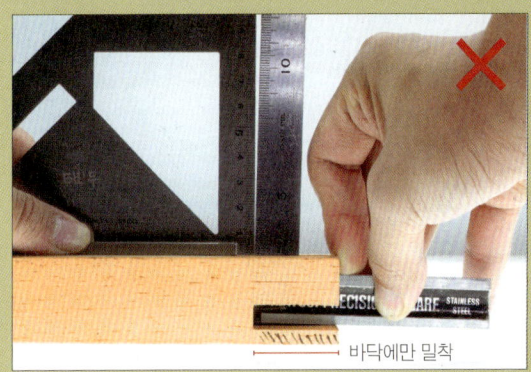

위쪽이 뜨면 연귀 안쪽에 살이 더 있어 추가로 가공해야 한다.

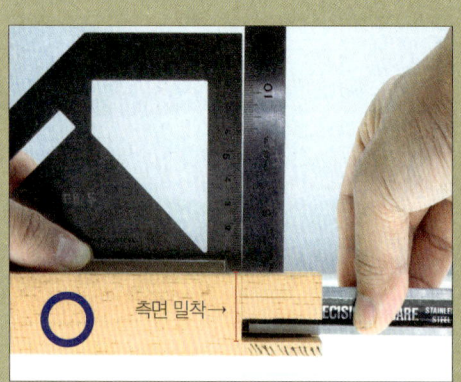 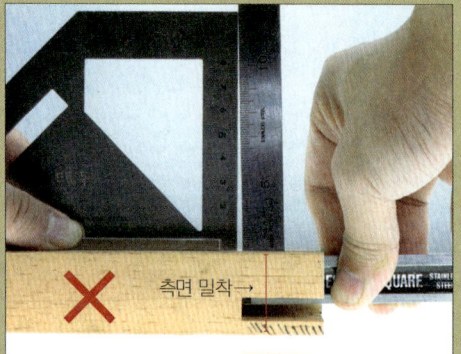

수직면 가공 상태 확인은 직각자를 측면에 대고 연귀자는 몸통에 댄 후 두 자를 겹쳐본다. 위쪽에 살짝 공간이 있어야 수직 가공이 정상이다.

아래쪽에 공간이 있으면 수직 가공면 아래쪽에 살이 있어서 추가로 가공해야 한다.

수직면의 가공 상태 확인도 동일한 방법으로 한다. 이번엔 직각자를 수직면에 밀착시키고 틈이 벌어지는 모양을 살펴보자. 왼쪽처럼 위로 갈수록 틈이 벌어지면 미세하게 안쪽으로 파여 있기 때문에 제대로 가공이 된 상태다. 반면 오른쪽은 안쪽에 살이 남아 있다는 의미이므로 추가로 가공해줘야 한다.

두 개의 쇠목 모두 사진처럼 연귀와 닿아 있는 안쪽부터 톱과 끌을 이용해서 가공하고, 수평과 수직을 확인해가며 끌로 깔끔하게 다듬어야 한다.

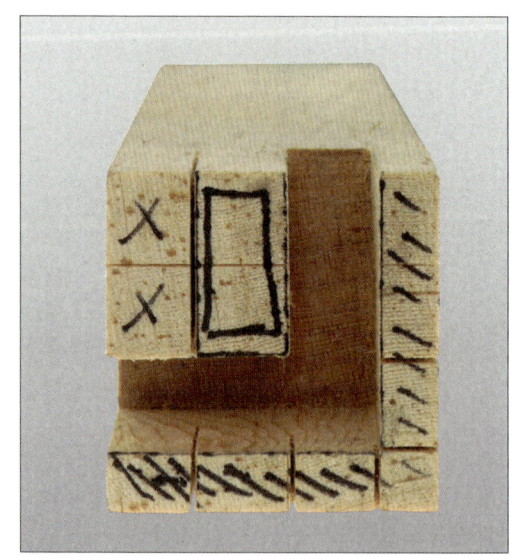

수평과 수직을 체크해야 한다.

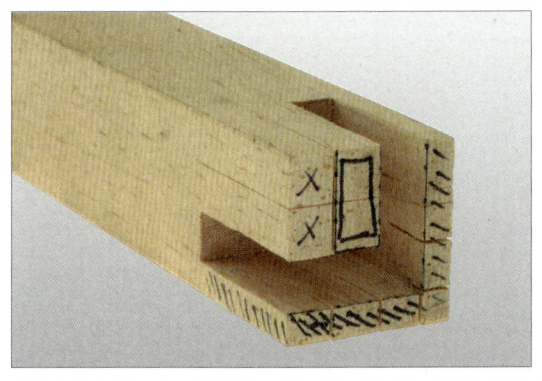
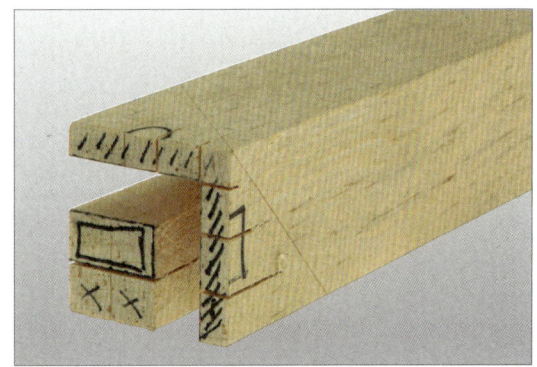

안쪽에 살이 남아 있는지 확인하고 꼼꼼하게 마무리한 뒤 다음 단계로 넘어간다.

다음은 바깥쪽에 남은 부분을 떼어내야 한다. 톱으로 한 번에 잘라버리면 편하지만, 연귀에 걸리기 때문에 톱질은 사선으로 할 수 있는 곳까지 한 뒤 끌로 떼어내면 된다.

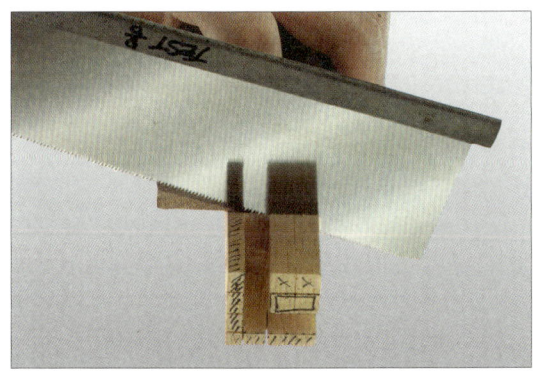
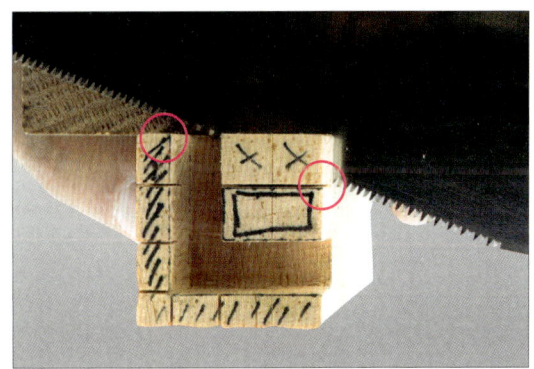

나무 연귀자를 이용하여 톱질.

톱이 연귀와 촉 양 끝을 자르지 않도록 주의한다.

나무 연귀자 등의 가이드를 대고 톱질하면 된다. 이때 연귀 부분과 바로 아래에 있는 장부까지 톱질이 되지 않도록 특히 주의한다.

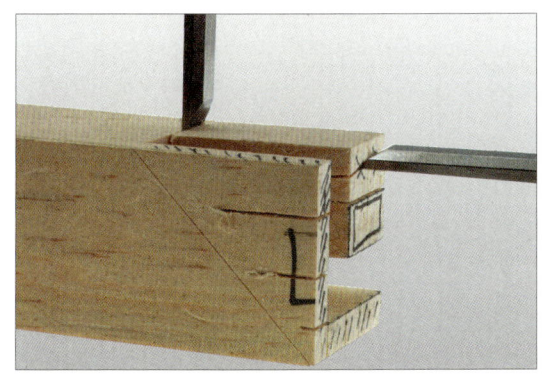

톱질 후 끌로 가공한다.

절반쯤 톱질한 뒤엔 끌로 조각을 떼어내야 한다. 타격끌을 사용할 때는 너무 힘껏 내려쳐서 촉이 부러지지 않도록 주의한다. 바깥쪽 조각을 떼어낸 다음엔 구석에 남아 있는 살이 없는지 확인하고 끌로 다듬어준다.

연귀 톱질하기.

연귀 한 개만 톱질한 쇠목의 모습.

마지막으로 쇠목당 두 개의 연귀 톱질을 하고 역시 끌로 다듬어준다. 두 개의 쇠목이 완성되면 두 개의 장부가 45°로 만날 수 있도록 잘라줘야 한다.

쇠목당 두 개씩 연귀 톱질한 모습.

숫장부 촉을 45°로 톱질.

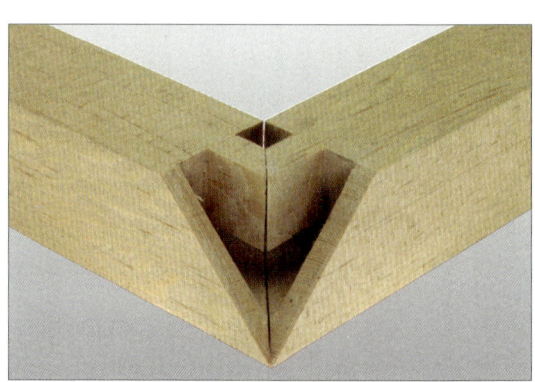

완성된 쇠목.

숫장부 촉을 45°로 톱질해서 잘라낸다. 나무 연귀자를 연귀에 밀착시키고 수직으로 톱질하면 된다. 촉의 바닥엔 앞서 그려 놓은 45° 선이 있으니, 그 선을 참조하면서 끌로 다듬는다.

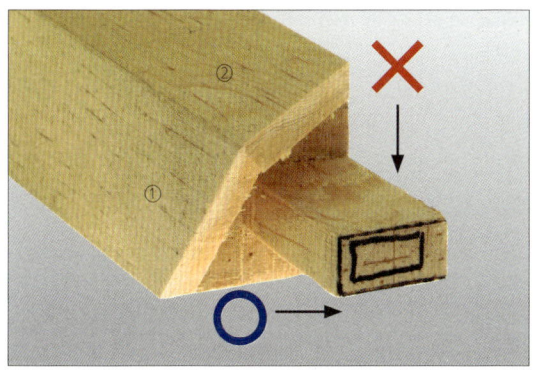

이때 사진처럼 촉을 옆으로 눕혀 놓고 자르는 실수를 하지 않도록 한다.

촉의 짧은 면쪽 방향에서 톱질한다. 즉 사진의 ①번 면을 가이드삼아 톱질한다.

쇠목 촉을 톱질한 후

바깥 연귀가 맞는지 확인.

쇠목의 촉을 톱질하고 나면 일단 두 개의 쇠목을 맞대어보고 바깥쪽 연귀가 맞는지 확인한다.

다음엔 뒤집어서 ①, ②, ③ 세 개의 접점이 모두 일치하는지 체크한다. 장부를 연귀에 맞춰 45°로 잘라낼 때 한 번에 정확히 되기 어렵다. 대부분 Ⓐ를 밀착시키면 ①, ②, ③ 가운데 한쪽의 틈이 벌어지는 경우가 많다. 그대로 조립하면 장부 구멍 안에서 두 개의 촉이 만날 때 바깥쪽 연귀가 붙지 않게 된다. 반대쪽에 미리 그려 놓은 45° 선을 확인하며 끌로 다듬는다.

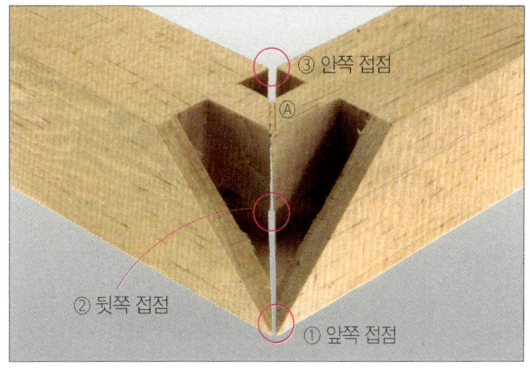

①, ②, ③번 접점이 하나라도 맞지 않다면 Ⓐ부분이나 ①번 ②번 접점 사이 연귀 부분을 다듬어서 밀착되도록 한다.

하지만 수정한다고 너무 과하게 다듬으면 두 개의 장부 사이가 너무 벌어지게 되고 힘을 받을 수 없어 헐거워질 수 있다.

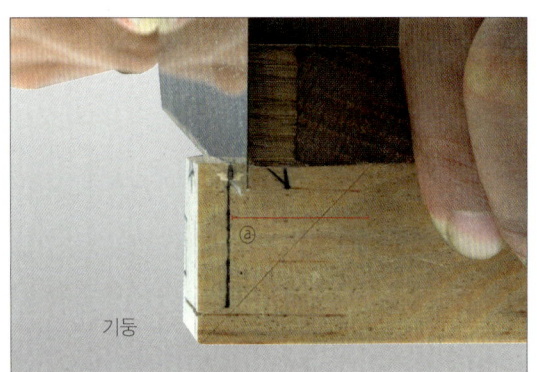

기둥 머리 톱질하기(연귀 들어올 곳).

쇠목의 가공이 끝나면 기둥의 머리 부분을 톱으로 떼어낸다. 즉 쇠목의 연귀가 들어와서 덮을 공간을 마련하는 셈이다. 삼방 연귀의 핵심적인 부분이므로 각별히 신경 써야 한다. 앞서 설명한 것처럼 처음 기준선을 두께보다 살짝 크게 했기 때문에 기존의 톱질 방식대로 칼금에 맞춰 톱질하면 ⓐ의 길이가 31㎜보다 살짝 크게 된다.

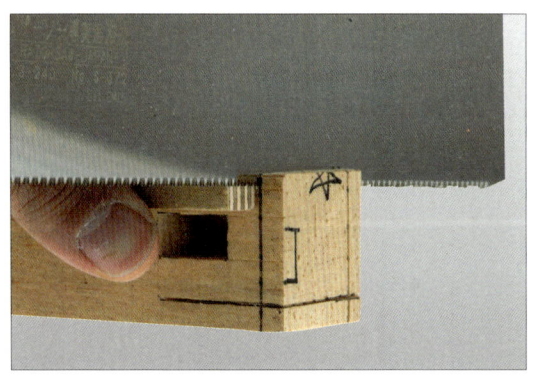

칼금선이 살짝 보이게 톱질한다(톱날 오른쪽 날이 칼금선을 스치게).

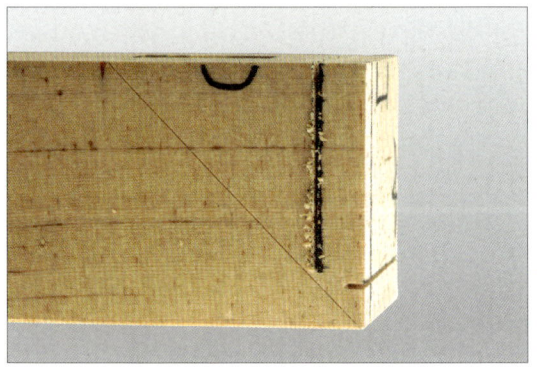

칼금을 살짝 먹게 톱질한다.

따라서 이 부분을 톱질할 땐 가이드 밖으로 칼금이 살짝 보이도록, 처음에 크게 했던 부분을 없앤다는 기분으로 해야 한다. 그렇다고 칼금이 너무 많이 보이게 톱질하면 기둥의 마구리면과 쇠목의 연귀 사이에 틈이 벌어져서 약해질 수 있으므로 주의한다.

톱이 아래쪽 연귀선을 침범하지 않도록 주의한다.

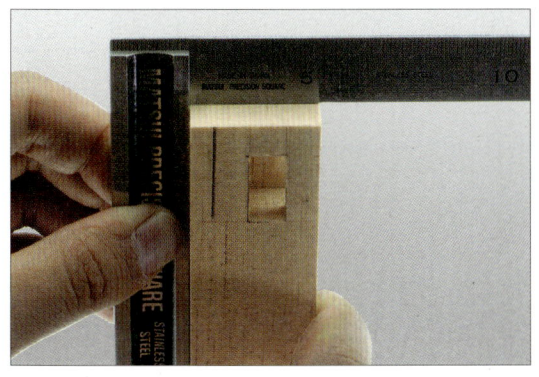

마구리면을 잘라낸 후에는 반드시 직각자를 이용해 수직 상태를 확인해야 한다. 톱질을 수직으로 정확히 하기 어렵기 때문에 마구리면에 불필요한 살이 남아 있는 경우가 많다. 조립할 때 문제가 발생할 수 있으므로 직각 상태를 파악해서 끌로 잘 다듬어서 마무리 한다.

절단면의 직각상태를 확인한다.

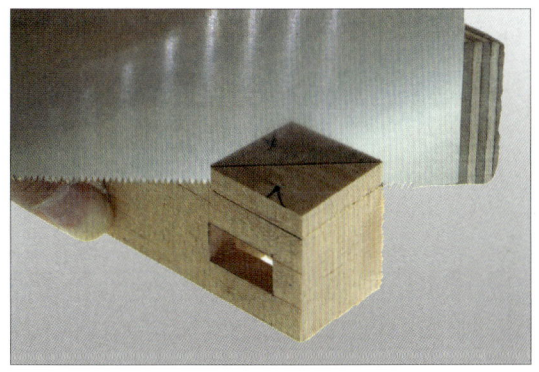

기둥 연귀를 톱질한다.

기둥과 쇠목 연귀를 뒤집어 대어 보고 살이 남아 있는지 확인하고 가공한다.

다음엔 기둥의 연귀 두 곳을 톱질해서 떼어낸다. 톱질 후엔 끌로 남아 있는 살들을 정리한다. 제비촉이나 연귀 장부 맞춤에서 했던 것과 동일하게 조립 전에 쇠목의 연귀를 뒤집어서 맞대어 보고 살이 남아 있는지 여부를 확인한다.

4) 조립하기

먼저 두 쇠목이 들어올 방향의 모서리에 모를 잡아준다.

끌로 모서리를 다듬어준다.

삼방 연귀 맞춤 **253**

기둥과 쇠목의 암수 장부 두께와 높이가 맞는지 확인.

다음엔 기둥과 쇠목의 장부의 두께와 높이가 맞는지 확인한다.

완성된 부재 1.

완성된 부재 2.

한쪽 쇠목과 기둥을 조립하고

반대쪽 쇠목과 기둥을 조립하여 완성.

한쪽 쇠목을 기둥과 조립하고 반대쪽 쇠목을 끼워 넣어 완성한다.

완성된 삼방 연귀의 모습.

14. 숨은 주먹장

1) 결구법 연습에 앞서

이제 마지막 과정이다. 그동안 배운 것들만으로 단 시간 내에 수공구를 손에 익히고 단련시키기엔 턱 없이 부족하지만 이 배움의 과정은 짜맞춤 가구 제작을 위한 기초 출발점으로 유용한 기본 사항들이다. 반복 연습을 통해 자신만의 노하우를 발전시켜서 앞으로 가구를 제작하는데 도움이 되길 바란다.

실용적인 내용들을 채우려고 노력하였음에도 이 책은 하나의 이론서에 불과하다. 가구라는 구조물을 만드는 것은 이론만으로는 부족하다. 예를 들어 짜맞춤 구조의 기본에 속하는 연귀 장부 맞춤은 책을 토대로 수차례 혼자 연습 하면서 실력이 조금씩 늘어 갔을 것이다. 이 책으로 배운 지식을 직접 연습을 통해 익혀나갔다면 어느 순간 스스로 감탄이 나올 만큼 완벽한 연귀 장부 맞춤을 만들어내고 거기서 멈추지 않고 구조를 확장시켜 나갔을 것이다.

연귀 맞춤1.

반대쪽의 연귀 맞춤 역시 완벽히 만들어 냈다면 이 책의 교육 과정은 여기까지이다. 단순히 두 개의 각재를 연귀 장부로 맞추는 것일 뿐 아쉽게도 가구를 만드는 건 전혀 다른 이야기일 수도 있다는 의미다.

연귀 맞춤 2.

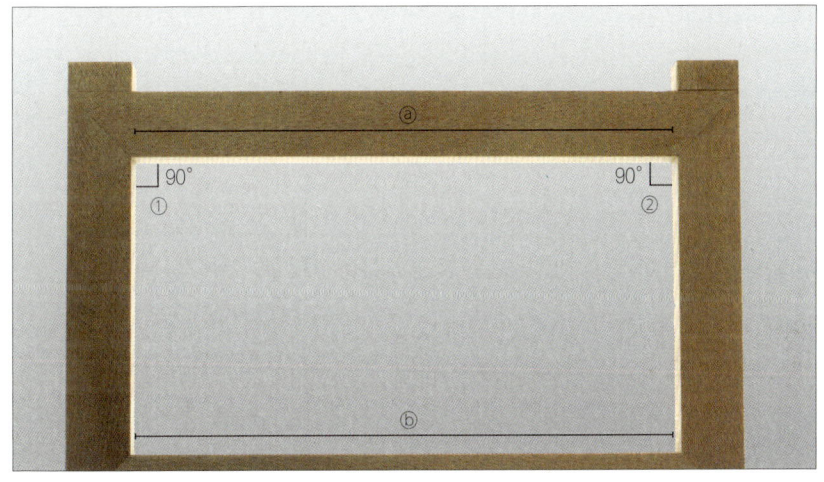

양쪽 연귀.

당신은 지금까지의 교육 과정을 잘 수행했을까? 이를 위해서는 충족되어야 할 것들이 있다.

1. ①과 ②의 각도가 정확히 90°이어야 한다.
2. 90°라면 내경인 ⓐ와 ⓑ의 길이가 정확히 같아야 한다.
3. 바닥에 눕혀 놨을 때 바닥에서 떨어지는 부분이 없어야 한다.
4. 1~3의 내용이 만족스럽지 않을 때, 어떤 방식으로 어떻게 보완 수정할 것인가?

단순 결구 연습을 넘어서 3차원의 구조물이 됐을 때는 체크해야 할 사항들이 더 많아진다. 결구법의 연습은 일부분일 뿐이며 이 외에도 많은 노력과 시간이 필요하다. 가구라는 구조물을 만들 때 발생하는 많은 변수나 노하우들에 대해서는 다음 시리즈에서 다룰 예정이다.

그럼 마지막 결구법인 숨은 주먹장을 시작해보자. 앞에서 연습한 삼방 연귀가 각재로 구현하는 3차원 구조의 꽃이라면, 연귀 숨은 주먹장은 판재로 구현하는 구조물의 핵심이라 해도 무방하다. 삼방 연귀는 견고함에 다소 취약하고 만드는 것도 다른 결구법에 비해 다소 복잡하다. 숨은 주먹장 역시 비슷하다. 만드는 방식은 기본적으로 주먹장과 비슷하지만, 삼방 연귀처럼 결구하는 암수 장부는 전부 안에 숨겨져 있다. 가구의 표면 무늬나 결의 연속성을 유지하면서 상판과 측판을 결구하는데는 월등한 효용을 자랑하지만, 다소 복잡하고 어려울 수도 있다.

숨은 주먹장 작품.

숨은 주먹장을 가구 제작에 활용할 것인지는 목수의 취향에 따라 다르겠지만, 이 책의 마지막에 숨은 주먹장을 배우는 것은 다소 어려울 수도 있는 결구법의 학습을 통해 자신감 키우기와 더불어, 그동안 배운 기초적인 사항들을 총 복습해보는 의미가 있다.

숨은 주먹장의 주요 특징들을 살펴보자.

① 기본 구조는 주먹장과 동일하다.
② 삼방 연귀와 비슷한 내용이 많다. 겉면에서 암수 장부의 촉이 보이지 않기 때문에 대부분 안쪽에만 칼금을 긋게 되고, 톱질을 45°로 해야 한다.
③ 삼방 연귀 때 장부와 장부 구멍이 정확히 맞아야 하고, 수직과 직각이 정확하지 않

연귀 주먹장.

으면 헐거워졌던 것처럼, 주먹장의 암수촉을 안으로 숨기기 위해서는 정확한 수직과 수평을 유지해야 하고 너무 헐거워서도 안 된다.

④ 삼방 연귀에서 기둥의 마구리면을 쇠목의 연귀 두께로 잘라냈다. 이때 직각을 유지하지 못하거나 살이 남아 있으면 깔끔한 마무리가 될 수 없었다. 숨은 주먹장도 연귀 두께만큼 암수 장부의 마구리 부분을 잘라내야 포개질 수 있다. 삼방 연귀 때 기둥 마구리면에서 연귀 두께 5㎜를 떼어냈듯 숨은 주먹장도 결국은 그것이 핵심이다.

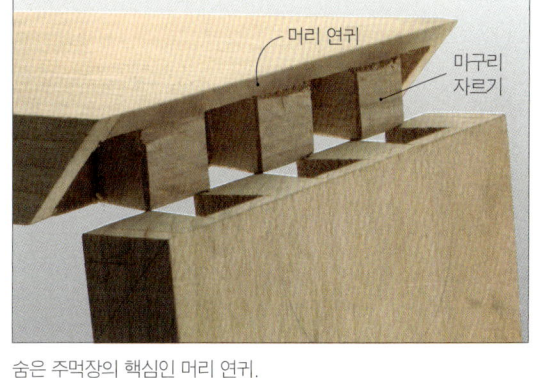

숨은 주먹장의 핵심인 머리 연귀.

⑤ 삼방 연귀에서 칼금을 그리거나 톱질을 할 때 연귀를 침범하지 않도록 강조했듯이 숨은 주먹장도 밖으로 드러나는 선인 연귀가 다치지 않도록 주의한다. 바깥 두 면인 숫장부와 암장부가 만나는 면에 빈틈이 보이면 숨은 주먹장은 실패한 것과 같다. 주먹장처럼 후작업을 통해 보완하기도 쉽지 않다.

바깥 두 면이 만나는 선에 틈이 없어야 한다.

이상의 내용들을 숙지하고 작업을 시작하자.

2) 부재 준비 및 숫장부 칼금 긋기

부재를 준비한다. 주먹장의 경우와 동일하다.

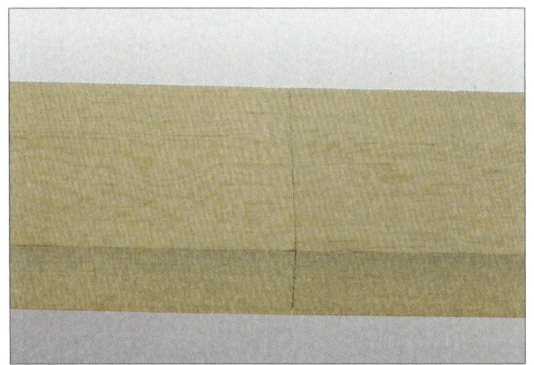

1. 대패로 판재 뽑기.

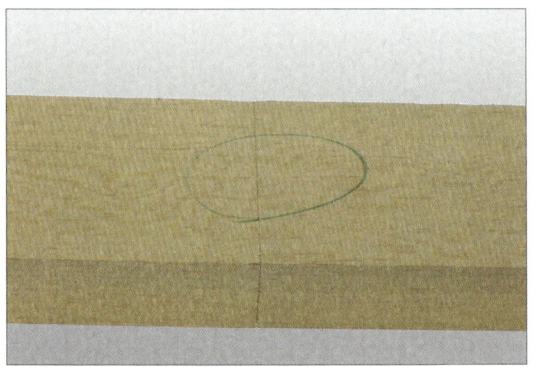

2. 어느 부재를 숫장부 혹은 암장부로 할 것인지 결정한 후 표시.
3. 어느 면을 바깥면으로 할 것인지 결정한 후 표시. 숨은 주먹장은 바깥면에 칼금선이나 톱질이 들어가지 않는다. 또한 무늬의 결정에 신경 써야 한다.

지난 모든 결구법을 학습할 때와 마찬가지로 부재의 암수와 방향 등이 결정됐으면 기준선을 그린다. 삼방 연귀처럼 부재의 두께보다 아주 살짝 크게 해서 그무개를 고정한다. 그동안 기준선은 보이지 않은 안쪽 면에 그렸다. 숨은 주먹장은 더욱 신경 써야 하며 완성했을 때 바깥쪽 면엔 그 어떤 가공의 흔적도 남지 않아야 한다.

부재 두께보다 0.2㎜ 정도 두껍게 설정해서 기준선을 그을수 있게 그무개를 준비한다. 기준선을 정치수로 하면 머리 연귀가 밀착하지 않고 0.2㎜보다 크게 하면 결합 후 안쪽에 공간이 생긴다.

암수 부재의 안쪽에 그무개로 기준선을 긋는다.

① 그무개를 부재의 두께보다 0.2㎜ 가량 크게 고정시킨 후 마구리면에 대고 부재 안쪽에 기준선을 긋는다.

② 기준선을 긋는 그무개의 기준면이 되므로 마구리면은 정확히 부재와 직각이고 수평이어야 한다. 기준이 되는 마구리면이 휘어지거나 직각, 수평 상태가 아니라면 기준선이 제대로 그려질 리가 없고, 숨은 주먹장은 실패하게 된다.

③ 선의 끝을 기준으로 연귀를 그린다(이제 '연귀'라는 말이 나오면 자동적으로 떠올려야 한다. 1. 연귀를 그릴 때는 기준선보다 살짝 크게 그려야 하며 2. 항상 맨 마지막에 연귀를 톱질한다).

기준선에서 양쪽으로 연귀선을 그어준다.

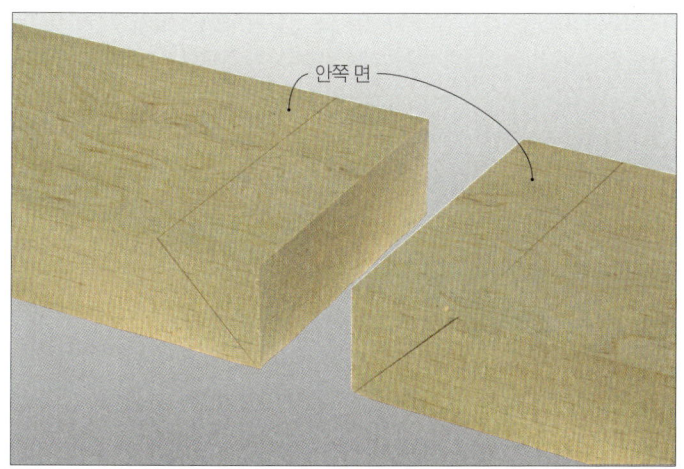

기준선과 연귀선이 그어진 암수 부재의 모습.

먼저 숫장부를 그려보자. 그리는 방법은 주먹장과 동일하다. 숨은 주먹장의 바깥면에 마킹 흔적이 남지 않도록 한다.

숨은 주먹장 **261**

두께가 25㎜, 폭이 112㎜라고 가정하고 주먹장과 동일하게 적용되는 핵심 내용을 다시 살펴보자.

① 전체 등분은 홀수다.
② 두께가 25㎜이므로 한 등분의 간격은 25㎜ 내외가 무난하다.
    25×3＝75
    25×5＝125
    25×7＝175
    그러므로 5등분 정도가 적당할 것이다.
③ 하지만 112를 5로 나누면 소숫점이므로 정확한 표시가 어렵다. 1등분의 간격을 25라고 가정하면 25×5＝125가 된다.
④ 부재 양 끝점에 0 ～ 125가 되도록 자를 기울여 5분할을 하고 기준점을 찍는다.

주먹장과 같은 방식으로 정분할하고 기준점을 찍는다.

⑤ 5개의 기준점으로부터 직각자를 이용해 모서리와 기준선 중간쯤에 표시한다.

분할점에서 교차점을 만들기 위해 세로 기준선을 긋는다.

가로 기준선을 만들기 위해 중앙을 찾아

가로 기준선을 그어 교차점을 찾는다.

⑥ 마구리면과 기준선의 중앙을 찾아서 이미 그려 놓은 5개의 선과 교차되는 부분에 선을 그어 +표시가 되도록 한다.

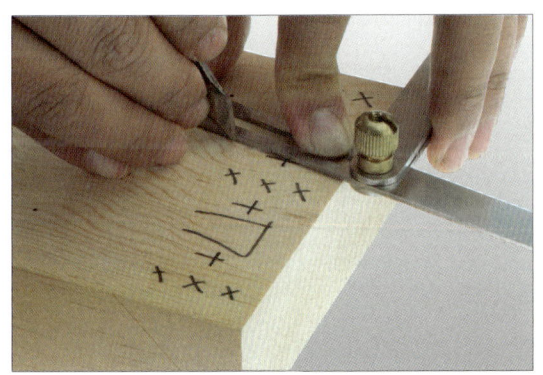
교차점을 금긋기 칼로 찍고 주먹장 사선을 긋는다.

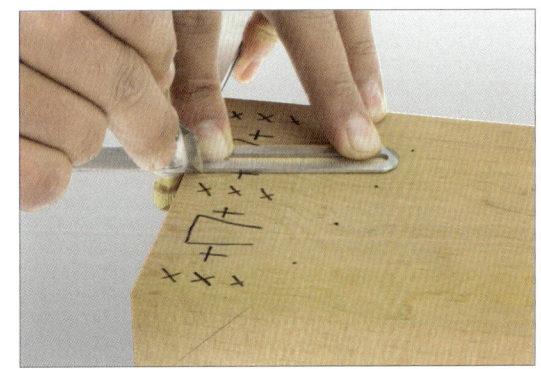
반대쪽 주먹장 사선도 긋는다.

⑦ 표시해 놓은 +를 기준으로 분도기와 자유 각도자를 이용해 선을 긋는다. 여기서는 10°로 한다. 사선의 방향이 헷갈리면 미리 알아보기 쉽게 자신만의 방식으로 표시해두는 것이 좋다.

⑧ 사선의 끝 선을 기준으로 마구리면에 직각자를 이용해 직선을 긋는다. 이때 주의할 것은 앞서 설명한 것처럼 숨은 주먹장의 핵심은 암수의 면이 만나는 ⓐ선이다. 이 선이 절대 훼손되거나 상처를 입어서는 안 된다. 칼금을 그을 때는 ⓐ선에 닿지 않도록 짧게 그려야 한다.

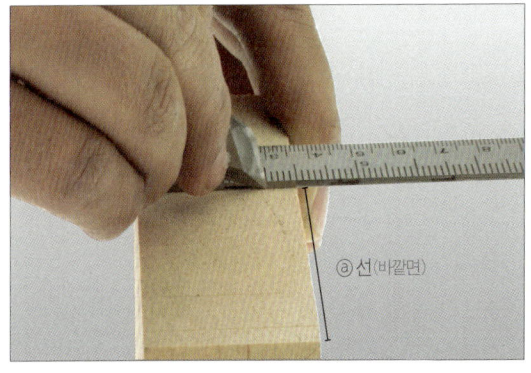
안쪽 기준선을 이어서 마구리 부분도 칼금을 긋는다.

숨은 주먹장

⑨ 그무개를 이용해 연귀 부분의 선을 긋는다. 보통 5-6㎜ 가량인데, 여기서는 6㎜로 한다. 이때도 ⓐ선에 닿지 않도록 해야 하며, 그무개나 자유 각도자는 작품이 최종적으로 완성될 때까지 풀지 않는다.

연귀 부분도 그무개로 긋는다.

동일한 그무개로(6㎜) 잘려나갈 숫장부 머리 연귀 부분을 그린다.

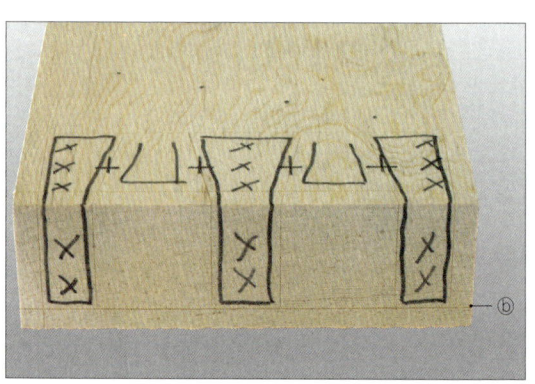

마구리면 ⓑ도 그무개로 그려준다.

⑩ 삼방 연귀 기둥의 마구리면을 연귀 두께만큼 잘라 떼어냈던 것을 떠올리자. 동일한 선이다. 암장부에도 선이 그려지게 되는데 나중에 잘라내는 ⓒ의 공간으로 암장부의 ⓓ의 두께가 들어오는 셈이다. 숨은 주

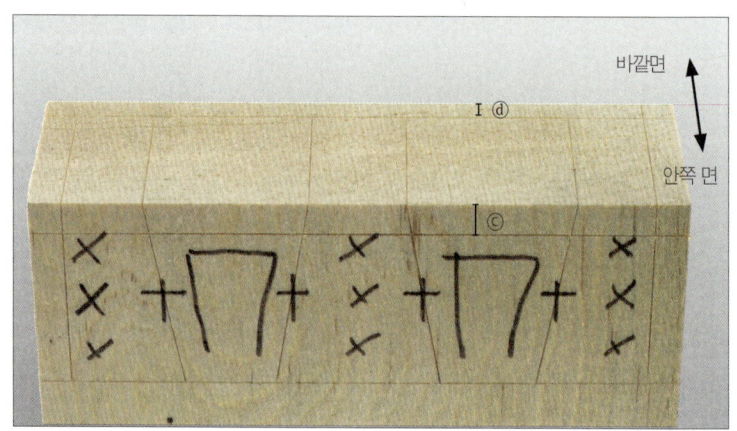

바깥쪽 선에 칼금이 닿지 않도록 주의한다.

먹장 역시 첫 기준선이 상대 부재의 두께보다 미세하게 크기 때문에 나중에 톱질해서 잘라낼 때는 선을 스치듯 잘라서는 안 되고 살짝 가린다는 느낌으로 (약 0.2㎜ 가량을 더 잘라 낸다는 느낌으로) 톱질해야 한다.

이것으로 숫장부의 칼금 긋기는 끝이다. 일반 주먹장과 마찬가지로 암장부는 숫장부의 가공을 끝낸 후에 복사하는 방법으로 한다.

다음은 톱질이다. 하지만 바로 톱질에 들어가면 실수할 확률도 높아진다. 가공에 들어가기 전에 빠짐 없이 버릴 곳과 남길 곳을 표시한다.

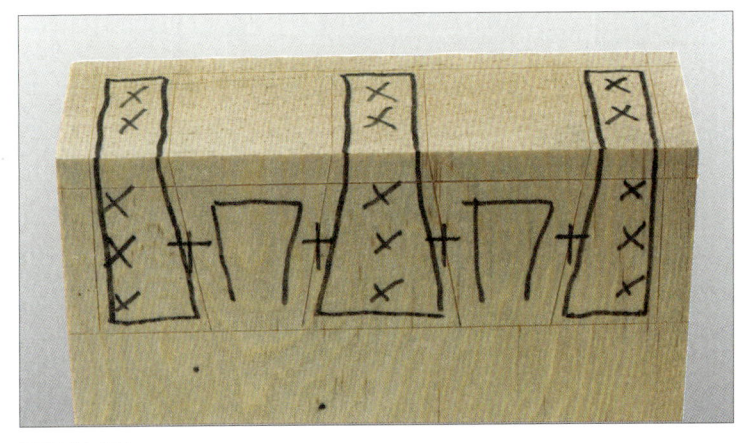
버릴 부분 표시.

3) 숫장부 가공하기

보통 앉아서 45°만 톱질해야 할 경우 마구리면에 먼저 길을 내고 윗방향으로 조금씩 톱질해 나갔다. 하지만 숨은 주먹장에선 바닥 모서리 선이 결코 다쳐서는 안 된다.

사선톱질(위 아래선).

따라서 숨은 주먹장의 숫장부를 톱질할 땐 반대로 윗면에 먼저 길을 내고 마구리면 쪽으로 조금씩 내려와야 한다. 사선 톱질인데다가 40°만 톱질해야 하고, ⓐ와 ⓑ 선을 넘어가면 안되므로 주의를 기울여야 한다. 쉽지 않은 톱질이므로 자투리 나무를 가이드로 이용해 톱길을 내고 시작하는 것이 좋다.

부목 대고 톱질하기.

위쪽의 톱길이 명확하게 나면 부목을 치우고 마구리면의 칼금을 보면서 스치듯 톱질해서 내려온다.

끝 부분 톱질은 상대 부재를 옆에 놓고 한다.

사진처럼 왼쪽 끝 부분에 부목을 올려 놓고 톱질하기가 어렵다. 이때는 준비해 놓은 상대 부재를 옆에 겹쳐 놓고 가이드를 올리면 수월하다.

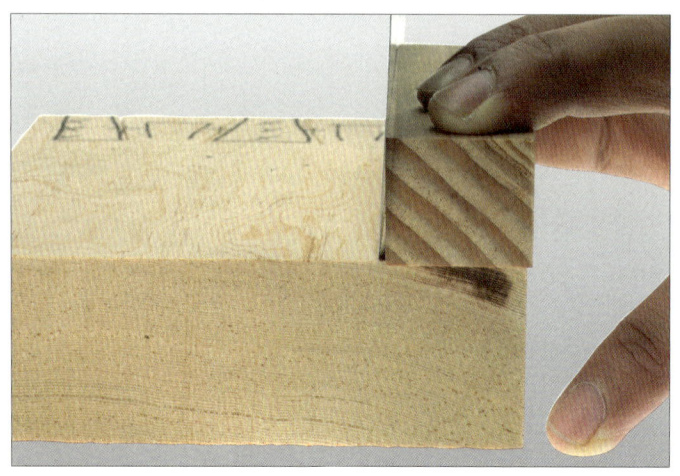
부목을 대고 자연스럽게 톱질한다.

이처럼 각재를 가이드로 활용해서 톱질을 하는 경우 가이드에 톱을 정확히 일치시켜야 한다는 생각에 톱을 가이드 쪽으로 과하게 힘을 줘서 붙이는 경우가 많다. 그렇게 되면 자세가 흐트러지거나 가이드가 움직여 톱질을 망칠 수도 있으니 부목에 밀착시키되 힘을 빼고 자연스럽게 톱질해야 한다.

나중에 머리 연귀선도 가이드를 활용해서 톱질한다. 이때 아래쪽 머리 연귀선에 닿지 않도록 톱질 시 주의한다.

아랫선까지 톱질하면 안 된다.

마지막 교육이므로 끌질의 핵심 내용을 정리해보자.

① 끌 작업을 앞두고 작업에 들어가기 전에 미리 끌을 숫돌에 갈아 준비해 놓는다. 작업 전, 혹은 작업 중이라도 무뎌지는 느낌이 들면 수시로 끌을 갈아야 한다.
② 연마한 끌은 날카롭다. 가장 사고 발생이 빈번한 수공구가 끌이다. 날의 진행 방향에 손가락을 비롯한 신체의 일부분을 위치시켜선 안 된다.
③ 밀끌의 경우 손과 팔의 힘에만 의존해선 안 된다. 끌을 쥔 손을 가슴에 대고 몸의 힘을 이용해 눌러야 안정감이 있고 힘을 제어하기 쉽다.
④ 처음부터 칼금선에 끌을 대고 한 번에 힘을 주면 대부분 선을 밀고 넘어간다. 최대한 살을 없애서 저항을 줄인 후에, 칼금에 붙은 살을 살짝 떼어내고 그 부분을 가이드 삼아 끌질을 해야 선이 살아남는다.
⑤ 촉이나 장부 등을 끌로 다듬을 때는 먼저 칼금이 보이는 곳부터 정리한 후 안쪽에 남아 있는 살을 떼어내야 한다.
⑥ 날을 아무리 예리하게 갈아도 목재의 섬유질을 따라 끌은 움직이게 된다. 항상 작업 전에 부재의 결을 파악해야 한다.
⑦ 관통해야 하는 끌질의 경우 양쪽에서 절반씩 작업해야 한다.
⑧ 떼어낼 부분이 클 경우에는 각끌기나 라우터, 드릴(프레스)를 이용하거나, 1㎜ 간격으로 얇게 톱질한 후에 끌로 잘라내야 쉽고 빠르게 작업할 수 있다.
⑨ 끌질 후에는 끌의 뒷면을 이용해 가공면의 수평 상태를 파악하고 안쪽에 남아 있는 살이 있는지 반드시 확인한다.

숫장부의 끌질을 시작해보자. 주먹장은 위아래 모두 톱질이 되어 있기 때문에 수월했지만 숨은 주먹장은 톱질이 40°만 되어 있다. 끌질을 해서 내려갈수록 저항도 심해진다는 생각을 하고 시작한다.

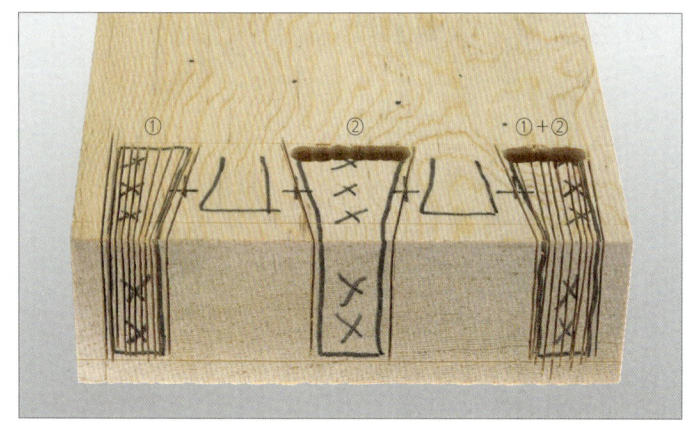
좁은 간격 톱질과 드릴 가공.

① 좁은 간격으로 톱질을 하고 윗면과 마구리면에서 번갈아가며 끌질을 해서 떼어내거나

② 각끌기와 라우터, 트리머 등을 이용해서 구멍을 뚫은 후 끌질을 하면 수월해진다. 기계 사용 시에는 항상 비트가 내려가는 깊이에 주의한다. ①과 ②의 방식을 합쳐서 작업하기도 한다.

안쪽에 남아 있는 살이나 거스러미가 없는지 확인하고 끌로 깔끔하게 다듬어야 한다. 숨은 주먹장은 조립 시 내부가 보이지 않기 때문에 칼금에 따라 정확히 가공하는 것이 중요하다.

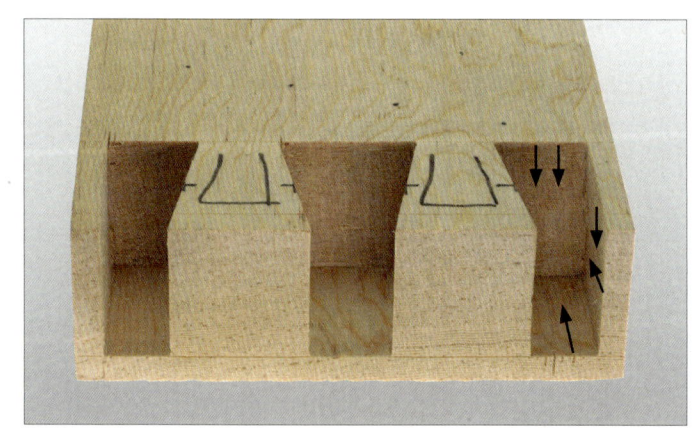
끌로 안쪽 살 정리.

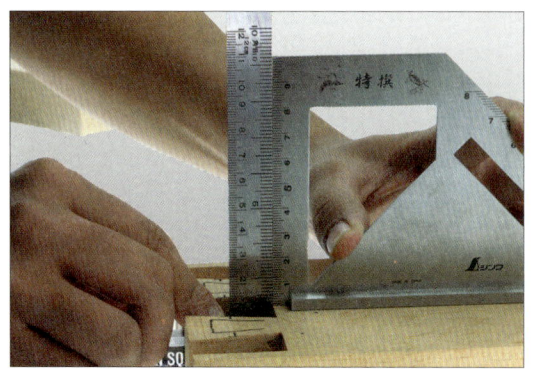
삼방 연귀 연습 시와 동일하게 직각과 수평 상태를 확인한다.

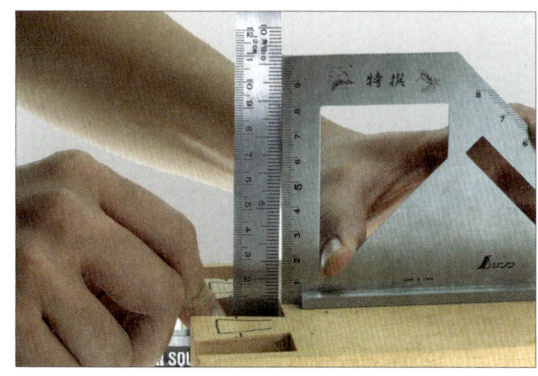
바닥면 가공 상태 확인.

4) 암장부 칼금 긋기 및 가공하기

여기까지 숫장부의 기본 가공이 끝났다. 일반 주먹장처럼 가공이 끝난 숫장부를 복사해서 암장부의 칼금을 그린다.

주먹장 때와 마찬가지로 숫장부를 암장부보다 약간 나오게 맞댄 후 클램프로 고정시키고 복사한다.

클램프 등으로 두 부재를 고정하고 옮겨 그리기.

숫장부가 암장부보다 살짝 나오게 위치를 잡는다.

안쪽에 기준선을 찍는다.

손으로 만졌을 때 살짝 턱이 느껴질 정도 (0.3~0.4㎜)가 적당하다. 숫장부의 안쪽에 금긋기 칼로 기준선을 찍는다. 이때도 마찬가지로 암장부의 끝 선이 훼손되지 않도록 주의한다. 특히 바깥쪽을 향해 힘껏 금긋기 칼을 당기지 않도록 한다.

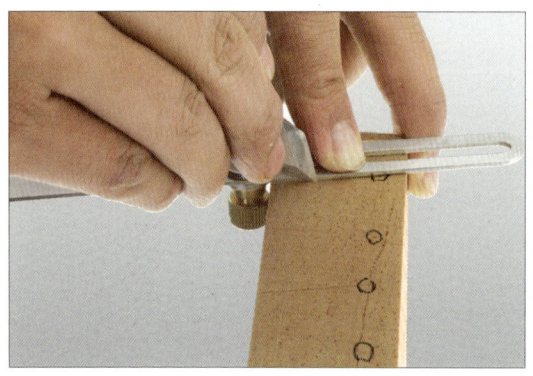
암장부 머리 사선 긋기 1.

암장부 머리 사선 긋기 2.

숫장부를 맞대어 찍어 놓은 기준점을 바탕으로 숫장부를 그릴 때 고정시켜 놓은 자유 각도자를 이용해 사선을 그려준다. 이때도 바깥쪽 모서리 선에 칼금이 닿지 않도록 주의한다.

① 직각자를 이용해 암장부 안쪽 면에 직선의 칼금을 긋는다.

② 숫장부 때 사용한 연귀용(6㎜) 그무개로 양쪽 연귀를 그린다.

③ 동일한 6㎜ 그무개로 잘려나갈 선, 즉 암장부 머리 연귀 부분을 그린다.

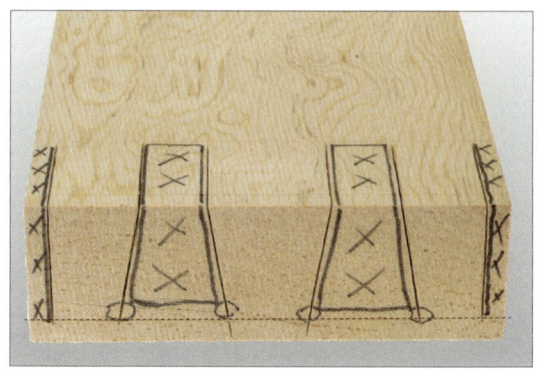
④ 동일한 그무개로 마구리에 아랫선을 그린다. 끝나면 숫장부와 같은 방식으로 버릴 곳과 남길 곳을 잘 구분해 표시한다.

계속해서 톱질에 들어가보자. 숨은 주먹장은 안쪽이 전혀 보이지 않기 때문에 조립하면서 다듬는 것이 쉽지 않다. 처음부터 정확하게 칼금을 긋고 그 선에 따라 꼼꼼하게 가공한다.

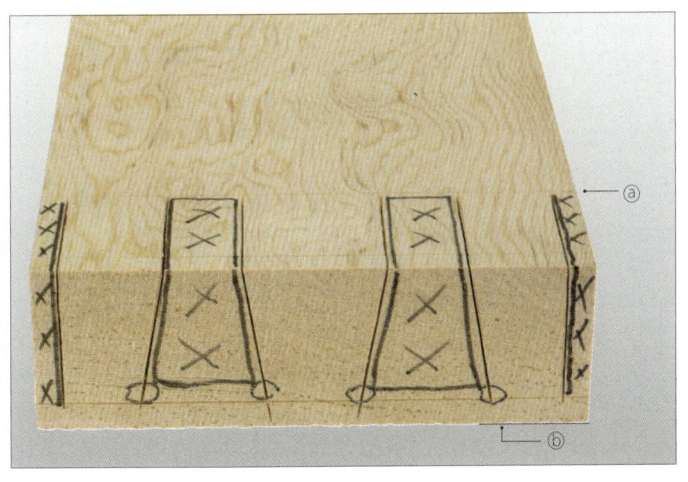

톱질할 때는 항상 칼금을 스치듯이 잘 지키며 톱질하고, 위쪽 ⓐ선을 넘지 않도록 하며 아래쪽 맨 끝 선ⓑ에 톱날이 닿지 않도록 주의한다.

사선 톱질 시 기준선을 넘지 말아야 한다.

암장부 1차 가공 완료.

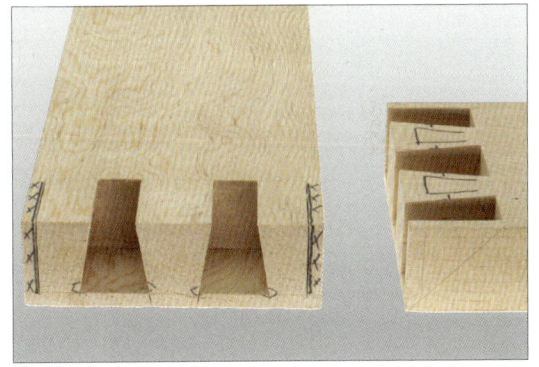

암수 장부 1차 가공 완료.

숫장부와 동일한 방식으로 버릴 부분을 떼어내고 끌로 다듬으면 기본 가공은 끝난 셈이다. 이제 연귀 부분과 마구리 쪽 머리 연귀 6㎜ 구간을 톱질해서 떼어내면 된다.

여기서 잠시 중요한 포인트를 정리해 보자. 숨은 주먹장은 조립할 때 내부가 보이지 않기 때문에 다른 결구법보다 훨씬 정교하게 작업해야 하고, 암수 장부가 잘 맞지 않고 헐거워지면 만족스러운 결과물을 만들기 어렵다. 칼금에 따라 끌질을 깔끔히 했다고 해도 그냥 넘어가지 말고 안쪽의 직각 상태를 확인하고 남은 살이 없는지 점검한다.

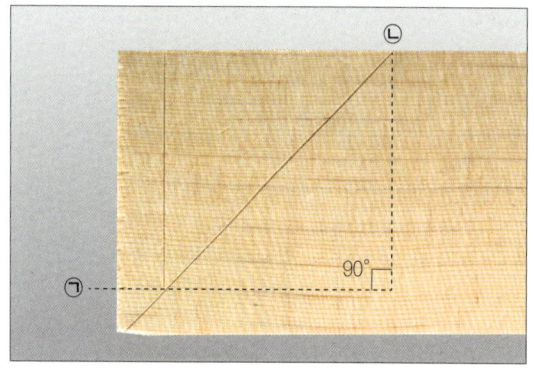

㉠과 ㉡의 칼금선에 따라 끌질을 마쳤다면 점선처럼 그 내부는 원칙적으로는 직각인 90°를 유지해야 한다.

가공 시 안쪽 90° 유지.

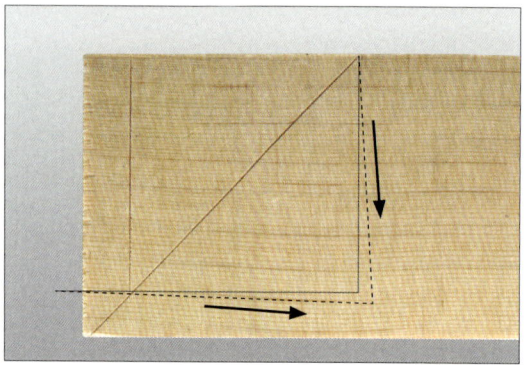

예각일 때.

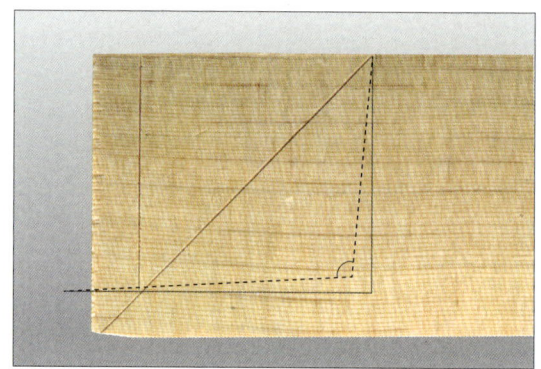

둔각일 때.

하지만 실제로는 왼쪽 사진처럼 살짝 안쪽으로 파는 것이 좋다. 단 너무 많이 파게 되면 구조가 약해지므로 주의한다. 오른쪽 점선처럼 안쪽에 살이 남아 있으면 암수가 정확히 맞을 수 없다.

먼저 바닥면을 확인해보자.

바닥 가공 시 안쪽 살이 남아 위쪽에 공간이 뜨는 경우.

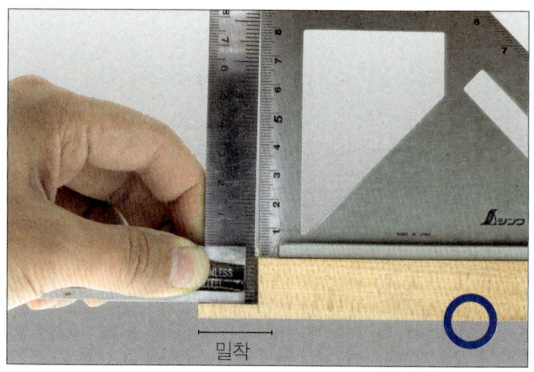

바닥 가공 시 안쪽 살이 살짝 더 파여 있어야 한다.

사진처럼 직각자와 연귀자를 이용한다. 체크하려는 면은 직각자를 바닥면 쪽에 정확히 밀착시켜야 한다. 왼쪽처럼 바닥 안쪽에 살이 남아 있다면 두 개의 직각자가 위로 올라갈수록 틈이 벌어지게 된다. 안쪽이 더 파여 있을 경우에는 반대로 위로 올라갈수록 직각자 사이의 틈이 없어진다. 이론상으론 두 개의 직각자가 정확히 붙어야겠지만, 실제로는 이처럼 직각자 사이에 살짝 빛이 들어올 정도로 바닥면이 파이는 것이 좋다.

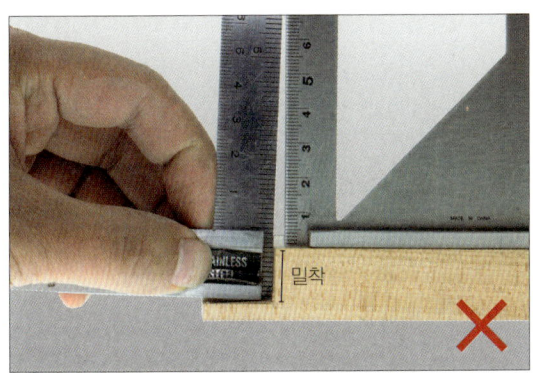
수직 가공 시 안쪽 살이 많이 남은 경우.

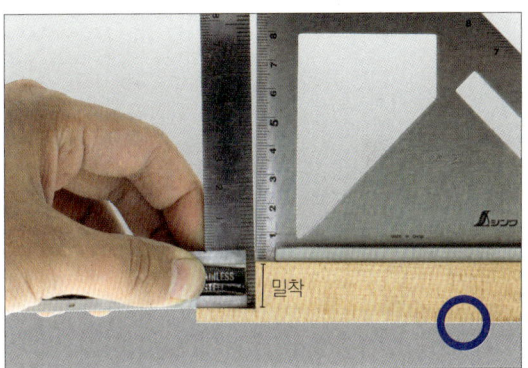
수직 가공 시 안쪽이 살짝 파여 있어야 한다.

수직면을 체크하는 방식도 동일하다. 이번엔 직각자를 바닥면이 아닌 수직면에 밀착시켜보자. 왼쪽처럼 불필요한 살이 남아 있는 경우에는 위로 올라갈수록 직각자 사이의 틈이 좁아지고, 반대로 살이 살짝 파였을 때는 위로 올라갈수록 틈이 벌어진다. 이와 같은 방식으로 수평면과 수직면을 반드시 꼼꼼하게 체크해야 한다. 살이 남아 있다면 끌로 다시 다듬고 직각자로 재확인 후 다음 단계로 넘어간다.

5) 나머지 부분 가공하고 조립하기

끌 작업이 마무리되고 수평, 수직 확인이 끝나면 숫장부의 머리 연귀 부분을 톱질한다.

머리 연귀 부분 가이드 대고 톱질하기.

머리 연귀 부분 톱질 모습.

① 이 선을 톱질할 땐 폭이 넓기 때문에 반드시 가이드를 대고 톱질한다. 처음 기준선을 0.2㎜가량 크게 그렸기 때문에 일반적인 톱질을 할 때와 달리 칼금이 살짝 보이도록 가이드를 대고 자른다. 톱날 오른쪽 날이 칼금선을 스치게 가공한다.

숫장부 머리 부분 톱질 시 양 옆의 연귀선에 닿지 않도록 조심한다.

연귀 부분 톱질.

이때 양쪽의 연귀선을 절대 넘어가지 않도록 주의한다. 마구리면 쪽의 선은 굳이 따로 톱질하지 않아도 쉽게 조각이 떨어진다. 양쪽 연귀를 잘라내고 끌로 다듬는다. 동일한 방법으로 암장부 역시 톱질한다.

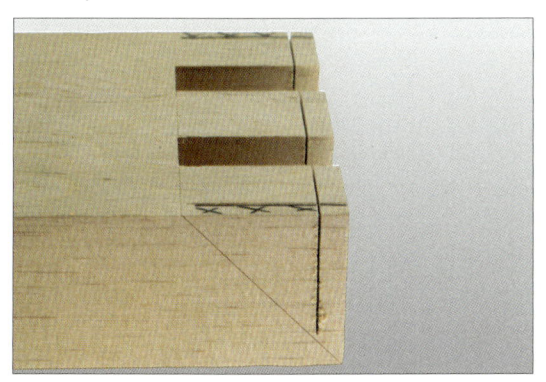
암장부도 머리 부분을 톱질하고

톱질된 부분을 떼어낸다.

머리 부분을 톱질하고 톱질한 부분을 떼어낸다.
다음엔 연귀 부분을 톱질해서 떼어낸다.

연귀 톱질하여 완성한다.

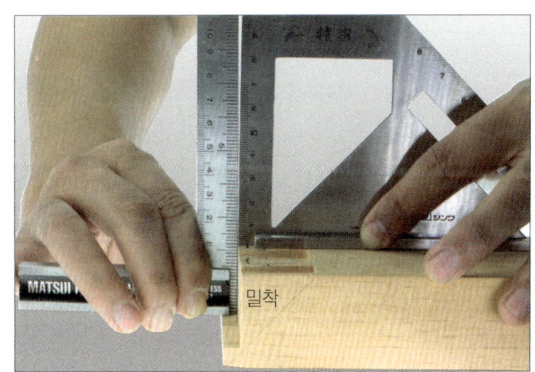
머리 부분 톱질 후에는 꼭 수직 여부를 확인한다.

톱질이 끝나면 직각 상태를 확인한다. 수직면에 직각자를 밀착시켰을 때 두 직각자의 간격이 올라갈수록 살짝 벌어지는 게 적당하다. 반대의 경우일 땐 반드시 끌로 다듬는다.

여기까지 완성이 되면, 숨은 주먹장의 가장 중요한 포인트만 남은 셈이다. 숨은 주먹장은 두 판재가 조금의 빈틈도 없이 만나야 하므로 암수 장부의 끝에 남아 있는 머리 연귀 부분을 45°로 떼어내서 두 부재의 끝 선을 정확히 밀착시켜야 한다.

머리 연귀 부분만 남은 사진.

마구리대에 부재를 올리고

턱대패를 이용하여 머리 연귀 가공.

암장부 역시 마찬가지다. 바깥면엔 칼금이 그어져 있지 않기 때문에 눈으로 확인하면서 가공할 기준선이 없는 셈이다. 가공을 위해 마구리대와 턱대패를 사용한다.

가공 시 양쪽 연귀와 머리 연귀를 넘어가지 않도록 조심.

대패질을 할 때는 양 끝의 연귀를 넘어가지 않도록 한다. 부재의 끝 선을 넘어서는 순간 지금까지 작업해온 모든 것은 물거품이 되므로 주의한다.

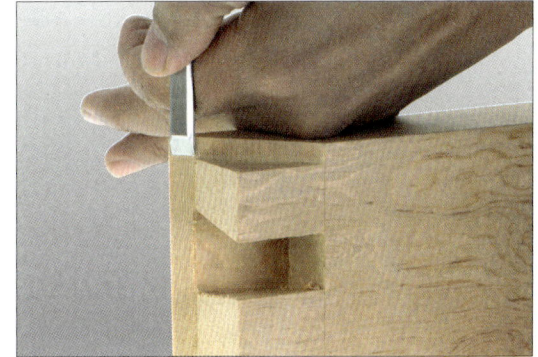

미세하게 남은 부분은 끌로 다듬는다.

암수 장부 머리 연귀 완성.

머리 연귀 부분 완성 모습.

암수 장부 사이즈가 맞는지 확인하고

양쪽 연귀 부분 사이즈도 확인하고

암수 장부의 가공이 마무리되면 먼저 장부의 크기가 맞는지 확인하고, 양쪽 연귀도 겹쳐서 문제가 없는지 체크한다.

암수 장부가 만나는 부분에 모를 잡아주면 모든 준비는 끝난다.

암수 장부 진입 부분 모를 잡아준다.

완성 1.

완성 2.

완성 3.

찾아 보기

ㄱ

가이드	54, 252
각끌기	147
결구법	114, 183
고각	41, 51
관통 장부	117, 165
귀접이	69
그라인더	44
그무개	82, 85, 135, 174
금긋기 칼	91
기준선	122

ㄴ

나무 연귀자	105, 142
나이테	188
날물	27, 31, 37

ㄷ

다이아몬드 숫돌	32, 59
대패	27, 76
대패질	29, 72
대팻밥	68, 74
대팻집	28, 62
덧날	29
둔각	42
뒷날 평	33
뒷날내기	37
드레서	45
드릴 프레스	147
등대기톱	96

ㄹ

라우터	147

ㅁ

마구리대	120, 190
마구리면	57, 120, 150, 158, 183, 190
마무리 대패	56, 74
머리 연귀	274
면잡이 숫돌	39
모루	38
물매각	31, 41
물숫돌	32, 39
밀끌	107

ㅂ

받을장	219
배잡기	38, 43
버^{burr}	48
분도기	199

ㅅ

사괘 맞춤	215, 216, 229
사선 톱질	104, 106
사포	64
삼방 연귀	236, 238, 258
샌더기	89
석정반	65
소프트우드	196
쇠목	216, 242
쇠정반	39
수압 대패	85
순결	30
숨은 장부	117
숨은 주먹장	258

ㅇ

어미날	28, 33
엇결	30
옆을장	219
연귀 맞춤	238
연귀 장부 맞춤	116, 167
연귀 주먹장	186
연귀 톱질	250
연귀면	242
연귀자	100, 130, 194
연귀틀	168
연필선	103
울거미	168, 183
이중각	48, 51, 60

ㅈ

자동 대패	85
자유 각도자	199
잔재	48, 109
장대패	70
장부	116
장부 구멍	116
저각	41
전동 샌딩기	88
절단면	253
정각재	80
제비초리	115, 116
제비촉	116, 125, 165, 238
제비촉 맞춤	168
주먹장	185
지그 jig	54
직각끌	145
직각자	81, 90, 122
직각재	80

ㅊ

초벌 대패	56, 74

ㅋ

칼금선	155
클램프	205

ㅌ

타격끌	107
테이블쏘	193
톱길	100
톱질 가이드	209
트리머	147

ㅍ

파지법	110
평잡기	37

ㅎ

하단자	29
하드우드	196

내용	페이지	QR code
intro	목차	

1. 대패의 이해

내용	페이지	QR code
1) 대패의 구조	26	
2) 대패질이 잘 안 되는 4가지 원인	27	
4) 대팻집에서 날물 빼기	31	

2. 어미날 갈기

내용	페이지	QR code
다이아몬드 숫돌 연마	32	
1) 어미날 뒷날 갈기	33	
2) 사용한 숫돌을 면잡이 숫돌로 평잡기	39	
3) 어미날의 각도와 앞날 배잡기	41	
잘 연마된 날물 확인 방법	50	

내용	페이지	QR code
3. 덧날 갈기		
1) 덧날 뒷날 갈기	51	

내용	페이지	QR code
5. 4면 각재 뽑기		
1) 대패질 복습하기	73	

내용	페이지	QR code
4. 대패질하기		
1) 대팻집에 날물 끼워 넣기	62	
2) 대패 바닥 평 잡기	63	
3) 대패질의 이론적 이해	65	
4) 대패질의 자세	70	

내용	페이지	QR code
6. 톱		
1) 칼금 긋기 요령	91	
2) 톱질연습용 칼금 긋기	93	
3) 직선 톱질 연습	96	
4) 사선 톱질 연습	104	

내용	페이지	QR code

7. 끌

1) 끌의 날에 대해	107	
3) 끌질의 자세	109	

8. 제비촉 장부 맞춤

1) 결구법 학습에 앞서……	114	
3) 칼금 긋기	121	

9. 톱과 끌로 가공하기

2) 암장부 가공하기	141	

내용	페이지	QR code

10. 연귀 장부 맞춤

1) 시작하기에 앞서	166	
2) 연습용 부재 준비 및 칼금 긋기	169	
3) 톱과 끌로 가공하고 다듬기	176	

11. 주먹장

1) 주먹장의 특징	185	
4) 숫장부 가공하기	193	
5) 암장부 가공하기	205	

내용	페이지	QR code
12. 사괘 맞춤		
1) 사괘 맞춤의 이해	215	
2) 부재 준비 및 칼금 긋기	220	
3) 부재 가공하기	230	
13. 삼방 연귀 맞춤		
1) 삼방 연귀의 이해	236	
2) 부재에 칼금 긋기	238	
3) 가공하기	244	

내용	페이지	QR code
14. 숨은 주먹장		
1) 결구법 연습에 앞서	256	
2) 부재 준비 및 숫장부 칼금 긋기	260	
4) 암장부 칼금 긋기 및 가공하기	269